Biología 2

tinta fresca

Biología 2

tinta fresca

Gerente general
Claudio De Simony

Directora editorial
Alina Baruj

Coordinación autoral
Débora Demarchi

Autoras
Cecilia de Dios
Mariana Rogolino
Silvina Rosa

Editor
Alexis Tellechea

Corrector
Diego Kochmann

Jefa de arte
Eugenia Escamez
Coordinadora de arte y diseño de maqueta
Lorena Morales
Diseño de tapa
Héctor Horacio Chivih Steinig
Diagramación
Paula Fernández

Ilustraciones
Nelson Castro
Federico Combi
Fabián Slongo
Daniel Zilberberg
Carla Mariel Barcic Zupan

Jefa de preprensa y fotografia
Andrea Balbi
Selección de imágenes
Leandro Ramírez

Fotografías
Archivo Clarín
Roberto Cinti
Martín Katz
Pablo Picca

Asistente editorial
Carolina Pizze

Producción editorial
Gustavo Melgarejo

Agradecemos la colaboración de los siguientes docentes:
María Virginia Alberro (Entre Ríos), Mariela Basso (Ciudad de Buenos Aires), María Verónica Bellocchio (Buenos Aires), Ivana Borra (Mendoza), Silvina Cordoves (Buenos Aires), María Eugenia Cufré (Buenos Aires), Marta Elena González Fernández (Ciudad de Buenos Aires), Solange Greco (Buenos Aires), Vanesa Lucía Lagarde (Río Negro), Graciela Liliana Minutti (Chaco), Sonia Ornat (Mendoza), Ana María Ortega (Mendoza), Romina Rinaldi (Buenos Aires), Sabrina Salomón (Buenos Aires), Sandra Sánchez (Buenos Aires), María Fernanda Uran (Buenos Aires), Beatriz Dalla Valle (Buenos Aires), Graciela Beatriz Varela (Buenos Aires).

Corrientes 534, 2do piso
(C1043AAS)
Ciudad de Buenos Aires

Hecho el depósito que establece la ley 11.723.
Libro de edición argentina.
Impreso en la Argentina.
Printed in Argentina.

ISBN 978-987-576-771-3

Rosa, Silvina
Biología 2 / Silvina Rosa; María Cecilia Coral de Dios; Mariana Andrea Rogolino. - 1a edición para el alumno 2a reimp. - Ciudad Autónoma de Buenos Aires: Tinta Fresca, 2018.
208 p. ; 28 x 22 cm.

ISBN 978-987-576-771-3

1. Biología. I. Coral de Dios, María Cecilia II. Rogolino, Mariana Andrea III. Título
CDD 570.71

Este libro se terminó de imprimir en el mes de abril de 2018, en New Press Grupo Impresor S.A. Paraguay 268, Avellaneda, Buenos Aires, Argentina.
La tirada consta de 2.000 ejemplares.

En español, el género masculino en singular y plural incluye ambos géneros. Esta forma propia de la lengua oculta la mención de lo femenino. Pero, como el uso explícito de ambos géneros dificulta la lectura, los responsables de esta publicación emplean el masculino inclusor en todos los casos.

Índice

Parte III: Los seres vivos y su entorno

Parte IV: La continuidad de la vida

Origen de la vida

1

Contenidos

Los guías del zoológico acompañaban a los visitantes, aportando información a su paseo. Cerca del sector acuático, algunos niños se maravillaban mientras otros hacían preguntas.

"¿De qué se alimentan los cocodrilos? ¿Por qué se parecen a los dinosaurios?".

El guía les explicó que los dinosaurios y los cocodrilos tuvieron un mismo antepasado, que vivió en la Tierra hace aproximadamente 250 millones de años. La respuesta generó una nueva pregunta: "Y ese antepasado, ¿tuvo un antepasado?".

El guía les contó que todos los seres vivos tenemos un mismo antepasado, y que por eso compartimos ciertas características. La explicación generó tal curiosidad en los visitantes que no pudieron dejar de volver a preguntar.

¿Cómo y dónde se originó ese primer antepasado de todos los seres vivos? ¿Qué características tenía? ¿Cómo eran las condiciones del planeta en ese momento? ¿Existe una única explicación sobre el origen de la vida en la Tierra?

Contenido digital adicional

www.tintaf.com.ar/BIO2C1

EN ESTE CAPÍTULO...

Se explican las características y composición de los seres vivos y las diferentes teorías sobre el origen de la vida en el planeta Tierra. Además, se describen las condiciones ambientales de la Tierra primitiva y la nutrición de las primeras células.

Características de los seres vivos

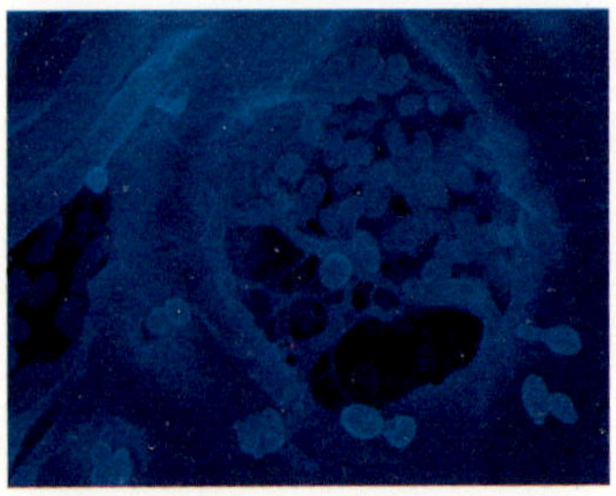

Las levaduras son organismos unicelulares.

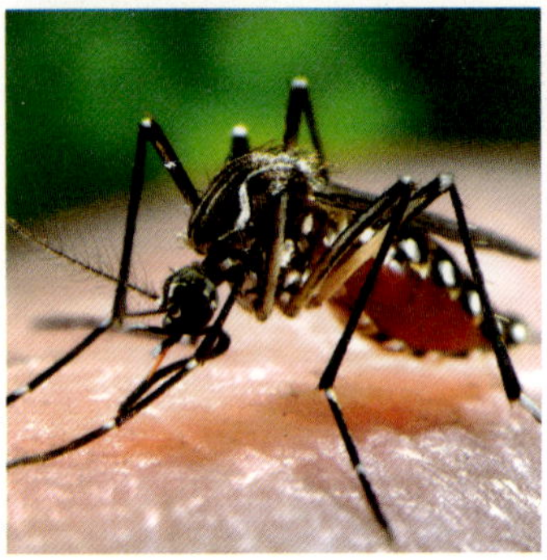

Los insectos son organismos pluricelulares.

Si observamos atentamente a nuestro alrededor, encontraremos que estamos rodeados de infinidad de seres. Algunos son más grandes, y los podemos ver a simple vista, mientras que otros son más pequeños, y solo los podemos observar a través de un microscopio. Aunque pueden ser muy diferentes entre sí, todos los seres vivos tienen características en común que nos permiten reconocerlos como tales. Para estudiar cómo se originó la vida, es necesario definir esas características.

Los seres vivos están formados por células. La **célula** es la parte más pequeña que compone el cuerpo de todos los organismos y que es capaz de realizar todas sus funciones. Los seres vivos pueden clasificarse en **unicelulares**, cuando son una única célula, y **multicelulares** o **pluricelulares**, si su cuerpo está formado por muchas células. En estos últimos, las células no solo están agrupadas, sino que además están conectadas entre sí para funcionar de manera coordinada.

Los seres vivos son **sistemas abiertos** ya que intercambian materia y energía con el ambiente que los rodea. Estos intercambios ocurren, por ejemplo, cuando los organismos se nutren. La **nutrición** es el conjunto de procesos biológicos a través de los cuales ingresan los nutrientes*, se distribuyen hasta las células, y se transforman para obtener materiales y energía que se usan para diversas actividades. Los nutrientes pueden obtenerse a partir de otros seres vivos que sirven de alimento, o el mismo organismo los puede fabricar a partir de sustancias más simples que toma del ambiente. El primer tipo de nutrición recibe el nombre de **heterótrofa** y el segundo, **autótrofa**.

Los organismos heterótrofos intercambian materia cada vez que ingieren alimentos y eliminan desechos. Los organismos autótrofos, como las plantas, fabrican sus nutrientes durante el proceso de **fotosíntesis**.

El conjunto de transformaciones de la materia y la energía que ocurren en el interior de cada célula se llama **metabolismo**. Esta es otra de las características comunes a todos los seres vivos, ya que no solo un ser vivo debe hacer intercambio de materiales y energía con el ambiente, sino que debe transformar esos materiales en sus células para poder aprovecharlos.

Glosario

nutriente: sustancia que utiliza la célula como fuente de materia y energía para construir su estructura y cumplir sus funciones.

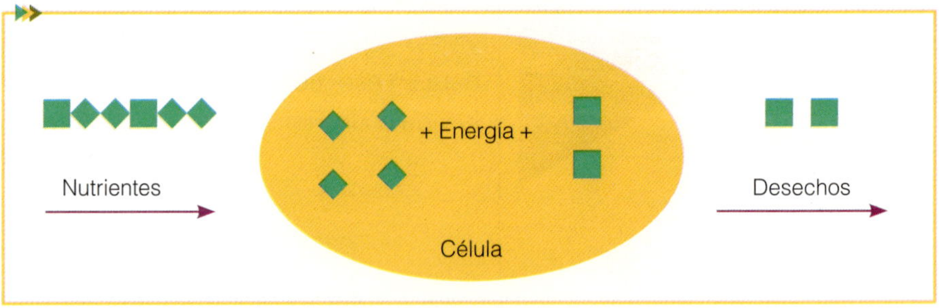

Representación de la entrada de nutrientes a una célula, su transformación en el interior y la eliminación de desechos.

Los seres vivos tienen mecanismos de autorregulación para evitar que sus condiciones internas se modifiquen cuando hay cambios en el ambiente que los rodea. Por ejemplo, la temperatura es una condición que debe mantenerse constante en nuestro cuerpo. La transpiración durante el verano permite disminuir la temperatura interna cuando la externa es elevada. Esta característica de los organismos de mantener la estabilidad de su medio interno constante se llama **homeostasis**.

Curiosidades

El oso polar tiene una gruesa capa de grasa subcutánea que le permite aislarse del ambiente y mantener su temperatura interna a aproximadamente 37 °C, incluso cuando en el exterior la temperatura es menor a -37 °C.

Los seres vivos se reproducen, es decir, originan otros organismos similares a ellos. La **reproducción** es fundamental para asegurar la continuidad de la especie a través del tiempo, pero no lo es para la supervivencia del individuo en sí. Por tal motivo, esta es la única característica que puede estar ausente en un ser vivo, y aun así seguir considerándolo como tal. La mayoría de los animales tienen **reproducción sexual**, que es aquella en la que intervienen dos organismos de distinto sexo. En los organismos más simples, como los microorganismos, la forma de reproducción más común es la **asexual**. En este caso, el nuevo organismo se origina partir de un único progenitor, y es idéntico a él. Esta forma de reproducción puede estar presente también en animales y plantas.

Los seres vivos poseen también **irritabilidad**, la capacidad de percibir estímulos o cambios del ambiente, y generan una respuesta. Esto ocurre, por ejemplo, cuando tocamos algo muy caliente con la mano y la alejamos rápidamente para no quemarnos. Los animales tienen un sistema nervioso especializado en captar las señales externas y generar una reacción. Pero no son los únicos que presentan irritabilidad. La orientación de las plantas hacia la luz o el reconocimiento de las bacterias del género *Rhizobium* de su organismo hospedador* (las plantas) son otros casos menos intuitivos que muestran esta capacidad.

Los seres vivos están **adaptados al ambiente** en el que viven. Por ejemplo, las alas son adaptaciones de las aves que les permiten volar. Las **adaptaciones** son características de los organismos que les aportan ventajas para vivir en el ambiente en el que habitan. Se clasifican en:

- **estructurales**: cuando están relacionadas con la forma del cuerpo, como el caso de las alas de las aves.
- **fisiológicas**: cuando tienen que ver con el funcionamiento del organismo. Por ejemplo, la capacidad que tienen los lirones de hibernar.
- **comportamentales**: cuando están relacionadas con las conductas de los seres vivos, como el canto de las aves macho para atraer a las hembras.

Durante la hibernación, ciertos animales, como el oso pardo, permanecen en un estado similar al sueño debido a que disminuye su actividad metabólica interna.

Actividades

1. Escriban un ejemplo para cada una de las características de los seres vivos.
2. Expliquen por qué la birome que usan no está viva y sí lo están ustedes. Tengan en cuenta las características estudiadas en esta sección.

Curiosidades

La mayoría de los **híbridos***, como el ligre (cruce de león y tigresa), no tienen la capacidad para dejar descendencia debido a incompatibilidades genéticas, pero nadie dudaría de que están vivos.

Glosario

híbrido: organismo procedente de la cruza de dos organismos de distintas especies.
hospedador: organismo que alberga a otro en su interior o que lo porta sobre sí.

Bulto redondeado sobre la raíz de una planta, que contiene en su interior bacterias del género *Rhizobium*.

Composición química de los seres vivos

Glosario

elemento químico: tipo de sustancia que no puede descomponerse en otras, como el hidrógeno, el oxígeno y el carbono.

enlace químico: fuerza de unión que existe entre dos átomos.

fórmula química: representación simbólica de la molécula, en la que se indican el tipo y la cantidad de átomos que la forman.

Todos los seres vivos están formados por células. Las células tienen una composición química única y muy compleja. Están formadas por millones de millones de *moléculas*, algunas de ellas simples, como el agua, y otras de mayor tamaño, como los azúcares. La **molécula** es la partícula más pequeña que presenta todas las propiedades de una sustancia. Un vaso con 250 mℓ de agua contiene en su interior muchísimas moléculas de agua, alrededor de 8.355.760.000.000.000.000.000.000. ¿Pueden imaginarse lo minúsculas que son? Las moléculas están formadas a su vez por partículas más pequeñas, llamadas **átomos**, que se unen mediante enlaces químicos*. La molécula de agua, por ejemplo, está constituida por dos átomos de hidrógeno (H) y uno de oxígeno (O), y por eso se representa con la fórmula química* H_2O.

Una manera de representar las moléculas es a través de modelos moleculares. Un **modelo** es la representación de algo que no es perceptible a simple vista, y que nos facilita su comprensión. En los modelos moleculares se utilizan en general esferas de un mismo color para simbolizar a los átomos de un mismo tipo o elemento químico*. Por ejemplo, los átomos de oxígeno con esferas rojas y los de hidrógeno con esferas blancas. De este modo, podemos dibujar la molécula de agua con una esfera roja rodeada de dos esferas blancas. Conviene recordar que ese dibujo no es la verdadera molécula de agua, sino una representación de ella.

Las moléculas que componen a los seres vivos pueden separarse en dos grandes grupos: inorgánicas y orgánicas. Las **moléculas inorgánicas** contienen pocos átomos y pueden estar también presentes en estructuras no vivas. Algunos ejemplos son el agua (H_2O), el oxígeno (O_2) y el dióxido de carbono (CO_2).

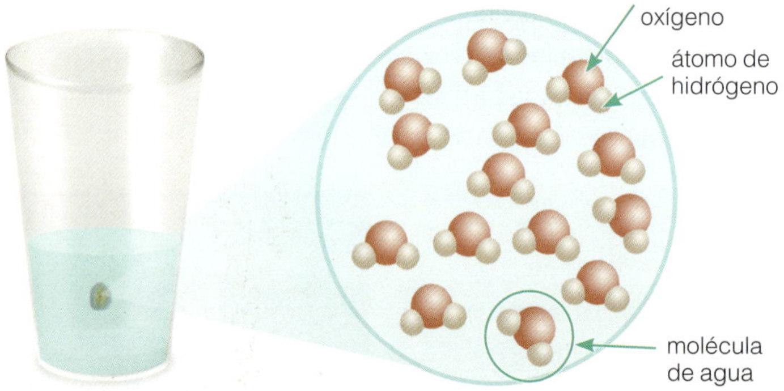

Vaso con agua. Sustancia formada por moléculas de agua, constituidas a su vez por átomos de hidrógeno y oxígeno.

Las **moléculas orgánicas** son todas aquellas formadas por átomos de carbono (C) unidos a otros átomos de carbono o de hidrógeno. Recordemos que en los enlaces químicos se almacena energía, que se denomina **energía química**. Podemos diferenciar dos tipos de moléculas orgánicas: aquellas más sencillas, constituidas por unos pocos átomos de carbono, como el metano (CH_4) o el alcohol común (CH_3CH_2OH) y otras más complejas, que reciben el nombre de **biomoléculas**. La glucosa y el almidón son ejemplos de biomoléculas.

Modelo del alcohol común o etanol (molécula orgánica sencilla). Las esferas grises representan los átomos de carbono; las blancas, los de hidrógeno, y la roja, el único átomo de oxígeno que tiene esta molécula.

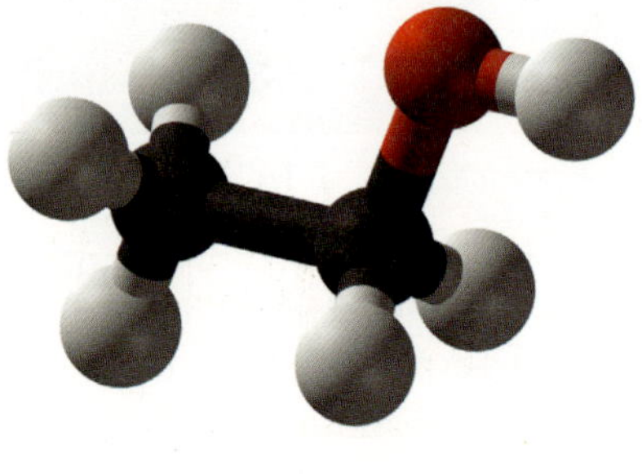

Actividades experimentales

Construcción de modelos escolares de moléculas

El objetivo de esta experiencia es mostrar los distintos niveles de complejidad que pueden tener las moléculas que forman a los seres vivos. Para ello, representaremos los átomos de los distintos elementos químicos con clips de metal, y los uniremos para construir moléculas.

Necesitan:

- 7 clips de metal de color rojo para representar los átomos de carbono (C)
- 8 de color azul para representar los de oxígeno (O)
- 12 de color amarillo para representar los de hidrógeno (H)

Paso 1. Representen la molécula de dióxido de carbono (CO_2) utilizando un clip rojo y dos azules.

Paso 2. Copien en la carpeta el modelo de molécula de dióxido de carbono, señalando los átomos que la componen.

Paso 3. Representen la molécula de glucosa ($C_6H_{12}O_6$) con los restantes clips. Para esto, unan primero los clips rojos que representan los átomos de carbono formando una cadena. Luego, sobre esta cadena, vayan agregando los clips de los otros colores, tratando que cada clip rojo lleve la misma cantidad de los otros colores.

Paso 4. Comparen los modelos de molécula de glucosa construidos por los distintos grupos. ¿Son todos iguales? Es posible que con los mismos clips hayan construido modelos de moléculas distintas pero en realidad, en cada molécula los átomos que la forman están unidos de una manera determinada.

Paso 5. Copien en la carpeta el modelo de molécula de glucosa que armaron. Escriban cuántos átomos la forman.

Paso 6. Construyan ahora una parte de la molécula de almidón. El almidón es una molécula muy compleja, formada por la unión de cientos de moléculas de glucosa. Para hacerlo, cada grupo deberá unir primero los dos extremos de la cadena de clips rojos, y obtener una molécula circular. Luego, con la ayuda del docente, unan todas las moléculas de glucosa que hayan construido en el aula.

Paso 7. Cuenten cuántos átomos contiene el fragmento de la molécula de almidón que armaron y escríbanlo en la carpeta.

Paso 8. Redacten una conclusión sobre las diferencias que encontraron entre la complejidad, el tamaño y el número de átomos que componen las moléculas de dióxido de carbono, glucosa y almidón. Clasifíquenlas en inorgánicas, orgánicas sencillas o biomoléculas.

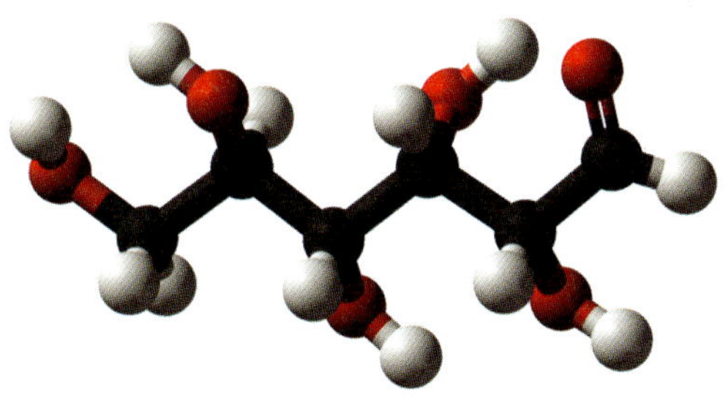

Modelo científico.

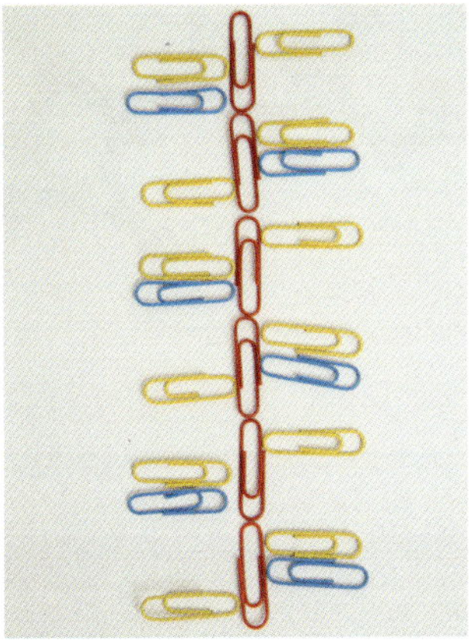

Modelo escolar.

En el modelo científico de glucosa se utilizan esferas para representar los distintos átomos y se respeta la forma en que se ubican en el espacio en la molécula real. En el modelo escolar, los clips representan los átomos y no es necesario que se unan igual que en la molécula real.

Así se trabaja en ciencias

Los modelos científicos se construyen a partir de teorías y de los datos obtenidos de las investigaciones. Los modelos escolares son aquellos que podemos construir en la escuela, y también sirven para representar la realidad, pero de una manera menos formal.

Las biomoléculas

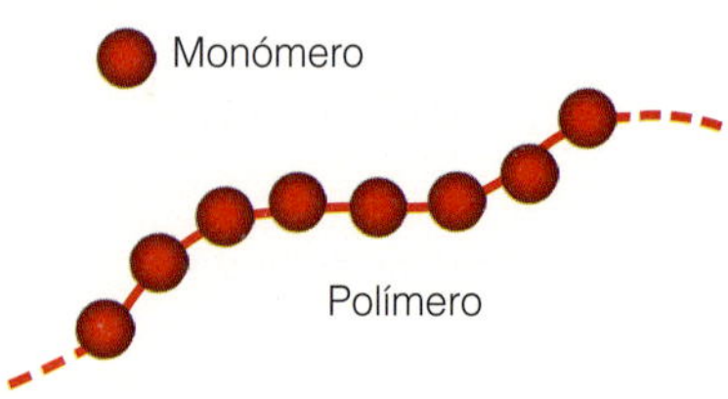

Un polímero está formado por la unión de unidades similares más pequeñas, llamadas monómeros.

Las **moléculas biológicas** o **biomoléculas** solo están presentes en los seres vivos y en los derivados de ellos. Están formadas por átomos de carbono (C), a los que se unen átomos de hidrógeno (H), oxígeno (O) y en algunos casos nitrógeno (N), fósforo (P) y azufre (S). Existen cuatro tipos básicos de biomoléculas: los hidratos de carbono, las proteínas, los lípidos y los ácidos nucleicos. Pueden ser relativamente pequeñas o tener miles de átomos. Las moléculas grandes se llaman **polímeros** y están constituidas por la unión de otras de menor tamaño y complejidad, que se denominan **monómeros**.

Existen distintos tipos de monómeros, según los tipos de átomos que contienen. Los **hidratos de carbono** están formados por un tipo de monómero que tiene solamente carbono, hidrógeno y oxígeno, y recibe el nombre de **monosacárido**. La glucosa es un monosacárido. Cuando muchas moléculas de glucosa se unen, forman polímeros, como el almidón. Los **aminoácidos** son otro tipo de monómero, constituidos por átomos de carbono, hidrógeno, oxígeno y nitrógeno. Existen 22 clases de aminoácidos diferentes, según cómo se unan esos átomos y cuántos sean. La cadena formada por la unión de aminoácidos se llama **proteína**. La hemoglobina y la insulina son ejemplos de proteínas.

Los ácidos nucleicos son polímeros constituidos por la unión de otro tipo de monómeros, llamados **nucleótidos**. Los nucleótidos tienen átomos de carbono, hidrógeno, oxígeno, nitrógeno y fósforo. Su estructura química es bastante compleja. El ADN es un ejemplo de un ácido nucleico, que está formado por dos largas cadenas de nucleótidos unidos entre sí. Finalmente, los **lípidos** no forman polímeros y tienen la particularidad de ser moléculas de gran tamaño que no se disuelven en agua. Entre ellos podemos nombrar los aceites y las grasas.

Referencias ▼

- gris: átomos de carbono (C)
- rojo: átomos de oxígeno (O)
- blanco: átomos de hidrógeno (H)
- azul: átomos de nitrógeno (N)

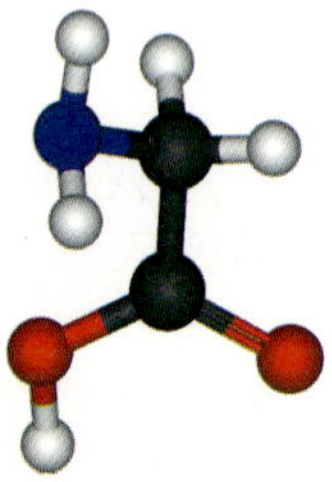

Modelo de glicina (aminoácido).

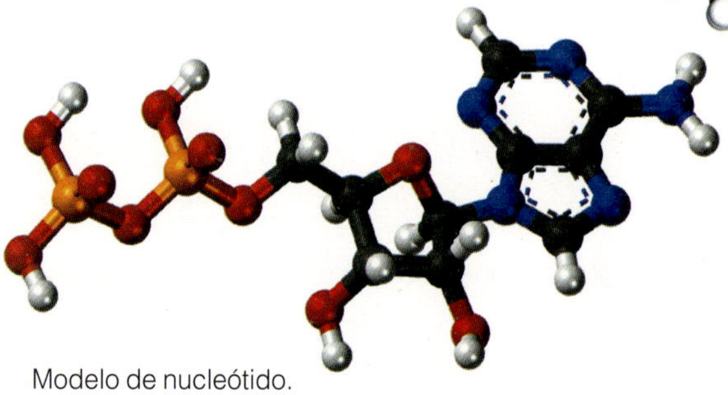

Modelo de nucleótido.

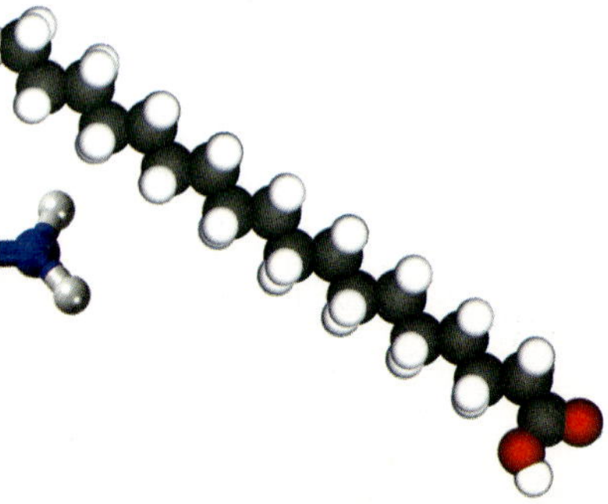

Modelo de ácido graso (lípido).

Actividades

1. Completen el siguiente cuadro.

	Hidratos de carbono	Lípidos	Proteínas	Ácidos nucleicos
Nombre del monómero que las compone				
Ejemplo				

2. Averigüen cuál es la molécula más abundante en los seres vivos.
Propongan algunas razones que permitan explicarlo.

Virus: entre la vida y la muerte

La palabra virus se refería originalmente a cualquier emanación venenosa y más tarde se utilizó para designar a cualquier agente causal de una enfermedad infecciosa. En 1889, Friedrich Loeffler y Paul Frosch investigaban la causa de una enfermedad que afecta gravemente la piel de los animales, la glosopeda. Encontraron que el causante era un agente muy pequeño, capaz de pasar a través de los filtros que no podían atravesar las bacterias. Un año después, el microbiólogo holandés, Martinus Beijerinck publicó su trabajo sobre la enfermedad del mosaico del tabaco, que daña las hojas del tabaco y de los tomates. Años antes, Dmitri Ivanowski, en Rusia, había demostrado por primera vez que el agente causal de la enfermedad del mosaico del tabaco era filtrable, pero Beijerinck fue mucho más lejos y presentó pruebas de que aun cuando el agente causal fuera filtrable, tenía muchas de las propiedades de un organismo vivo. Lo llamó "Contagium vivum fluidum" (fluido vivo contagioso). Propuso que el agente debía ingresar a la célula viva a fin de reproducirse y que su reproducción se debía efectuar en forma paralela a la célula. Más tarde, en 1915, se descubrieron los virus que atacan bacterias, también conocidos como bacteriófagos.

Un virus es una estructura situada entre lo animado y lo inanimado. Es básicamente una diminuta partícula infecciosa que contiene un ácido nucleico central (el material genético), rodeado por una capa de proteínas llamada cápside. Se considera que no son organismos verdaderos porque no pueden realizar actividades metabólicas de manera independiente y carecen de los componentes necesarios para la reproducción celular o para fabricar proteínas y otras moléculas. Los virus pueden reproducirse, pero únicamente dentro del complejo ambiente de las células vivas a las que infectan. En cierto sentido, los virus "cobran vida" solo cuando infectan una célula.

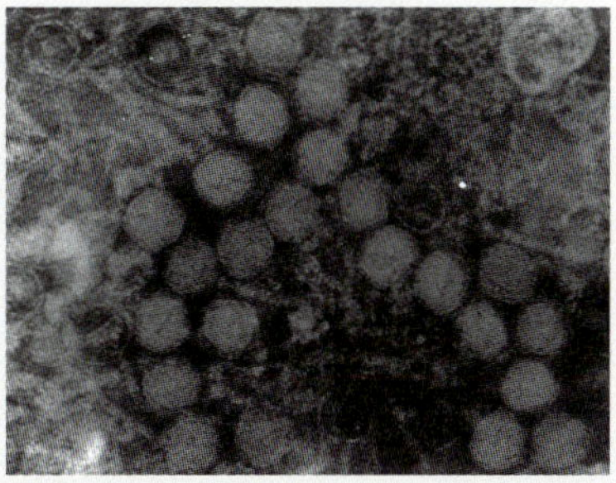

Fotografía de un virus tomada con una cámara conectada a un microscopio electrónico.

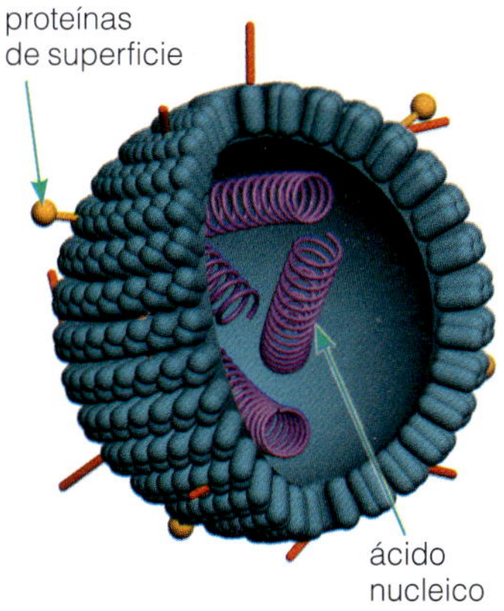

Esquema de un virus que muestra su estructura básica, que es un ácido nucleico central rodeado por una capa de proteínas.

Rosa María Catalá: "Virus. Entre la vida y la muerte", *¿Cómo ves?*, volumen 22, año 2000, México. (Adaptación).

Actividades

Luego de leer el artículo, resuelvan las siguientes consignas.

1. ¿Qué es un virus? ¿A qué tipo de organismos puede afectar?

2. ¿Cómo demostraron Loeffler y Frosch que los virus no eran bacterias? ¿Qué pudieron determinar acerca de su tamaño?

3. ¿Cómo están formados los virus? ¿Son organismos constituidos por células?

4. Indiquen si los virus tienen alguna de las siguientes características de los seres vivos. Justifiquen su respuesta.

a. Metabolismo.

b. Reproducción.

5. ¿Puede considerarse a los virus como seres vivos? ¿Por qué?

6. Expliquen el título del artículo "Virus. Entre la vida y la muerte".

Explicaciones sobre el origen de la vida

El creacionismo y la teoría de la generación espontánea

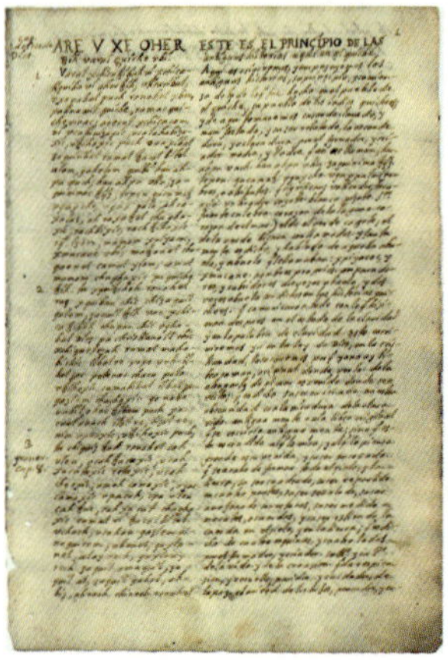

Primera página del manuscrito del *Popol Vuh*.

Las células tienen características muy particulares y cumplen funciones únicas. Conocer los orígenes de la vida es uno de los grandes interrogantes para el hombre desde tiempos muy remotos. Distintas civilizaciones han intentado responder esta pregunta a través de historias en las que se describen los comienzos del universo, de la Tierra y de la vida como actos de creación de diferentes dioses. Estos relatos forman parte de los libros sagrados de los pueblos. Seguramente el más conocido sea la Biblia. Pero existen muchos otros, entre ellos el *Popol Vuh*, perteneciente a la cultura maya. En él se describe cómo al principio solo existían las deidades mayores (el Creador, el Formador, los Progenitores, Tepeu y Gucumatz y el Corazón del Cielo) sobre un mar inmóvil. Más adelante relata cómo los dioses dispusieron la creación y el crecimiento de los árboles y las plantas trepadoras, y el nacimiento de la vida y la creación del hombre. Como en los mitos de creación de otras religiones, la culminación tiene lugar cuando aparece el hombre. A este tipo de explicaciones sobre el origen de la vida a partir de actos de dioses creadores, inspiradas en creencias religiosas o populares, se las llama creacionistas.

El **creacionismo** carece de bases científicas, ya que no es posible verificar los fenómenos sobrenaturales ni la existencia de entidades no materiales. Las teorías científicas se basan en los resultados de investigaciones, en las que se ponen a prueba **hipótesis**. Para ello se aplica una serie de pasos, técnicas y procedimientos, que en conjunto podemos denominar **metodología científica**. La elaboración de las reglas que utilizamos en la actualidad en las investigaciones ha llevado muchos años, y es el producto del aporte de gran cantidad de protagonistas.

La cultura científica actual tiene sus bases en el Renacimiento (siglos XV y XVI), período histórico en el que tuvo lugar un fuerte cambio en el panorama intelectual de Europa. En la Antigüedad y en la Edad Media, las teorías sobre la naturaleza estaban muy influenciadas por las ideas de Aristóteles. En lo que respecta al origen de la vida, este gran pensador griego sostenía que los peces e insectos podían originarse espontáneamente a partir del rocío, la humedad y el sudor. Esta explicación fue aceptada y generalizada por otros pensadores, lo que dio lugar a la **teoría de la generación espontánea** o **abiogénesis**. Según ella, los seres vivos pueden generarse de manera espontánea a partir de la materia inerte*.

Así se trabaja en ciencias

Una **hipótesis** es la respuesta a una pregunta sobre un hecho u observación, que puede ponerse a prueba mediante la experimentación. Las hipótesis siempre deben redactarse en modo afirmativo y en tiempo presente. En general, son oraciones simples y específicas. Una **teoría** es un conjunto de ideas e hipótesis que permiten explicar un fenómeno.

Aristóteles (384-322 a.C.). Filósofo y naturalista griego. Sus ideas han influenciado el pensamiento de Occidente por más de 2.000 años. Dejó obras escritas sobre una gran variedad de áreas del conocimiento, entre ellos la filosofía, la ética, la lógica, la política y las ciencias naturales. Es considerado como el fundador de la lógica y la biología.

Actividades

1. Busquen la explicación que propone la Biblia para el origen de la vida.

2. Compárenla con la explicación que se presenta en el *Popol Vuh*.

a. ¿Qué similitudes y diferencias encuentran?

b. ¿Por qué será que en muchas culturas se ha utilizado la figura de los dioses para explicar el origen de la vida y de los fenómenos naturales?

Glosario

inerte: sin vida.

Refutación de la teoría de la generación espontánea

La idea de que los seres vivos simples, como los gusanos e insectos, podían originarse de manera espontánea en el polvo o en la materia en descomposición fue aceptada prácticamente durante 2.000 años. Fue recién en el siglo XVII que la teoría de la generación espontánea recibió fuertes cuestionamientos. En ese momento histórico comenzaron a realizarse los primeros experimentos biológicos para explicar los fenómenos naturales. Uno de ellos fue la experiencia de Francesco Redi, que permitió demostrar que la teoría de la generación espontánea carecía de validez.

El objetivo del experimento de Redi era demostrar que los seres vivos (moscas en este caso) no se generaban a partir de materia en descomposición (particularmente carne). Para hacerlo, utilizó tres frascos de vidrio, dentro de los cuales colocó la misma cantidad de carne. A uno de los frascos lo tapó herméticamente, a otro lo dejó abierto, y al tercero lo cubrió con una gasa. Después de unas semanas observó que solo había moscas, huevos y larvas de ellas en la carne que estaba dentro del frasco abierto. La carne en los otros dos frascos estaba podrida y olía mal, pero no había sobre ella ninguna forma de vida macroscópica*. Sobre la gasa del tercer recipiente encontró huevos que habían dejado las moscas.

Frasco destapado | Frasco tapado | Frasco cubierto con gasa

Experiencia de Redi.

A pesar de los claros resultados de Redi, las discusiones continuaron casi 200 años más. El descubrimiento de los microorganismos, descriptos por primera vez por Anton van Leeuwenhoek en el año 1674, dio nuevas ideas a quienes apoyaban la generación espontánea. Estos científicos sostenían que a partir de los **caldos nutritivos** podían desarrollarse formas de vida muy simples. Los caldos nutritivos eran agua con nutrientes disueltos, que se utilizaban para hacer crecer microorganismos en los experimentos que se realizaban en ese momento. El nombre que en la actualidad usan los científicos es "medio de cultivo". Hoy en día sabemos que los medios de cultivo deben esterilizarse antes de realizar cualquier tipo de actividad experimental ya que, de lo contrario, los microorganismos que están en el ambiente utilizarán esos nutrientes para crecer. Pero en aquella época se desconocían las técnicas de esterilización.

Así se trabaja en ciencias

Cuando se realiza un experimento para poner a prueba una hipótesis, pueden darse dos situaciones. Si los resultados demuestran que la hipótesis era incorrecta, esta se descarta o refuta. Luego, en general, se plantean nuevas hipótesis, que requerirán nuevos experimentos. Contrariamente, si los resultados indican que la hipótesis es correcta, se acepta como válida. Conviene tener en cuenta que las hipótesis son verificadas de manera temporal, ya que nuevos conocimientos y experimentos en el futuro pueden aportar evidencias para refutarla.

Glosario

macroscópico: que puede observarse a simple vista, sin la necesidad de utilizar un microscopio.

Actividades

1. Elaboren la posible hipótesis que Redi puso a prueba con su experiencia.
2. ¿Por qué les parece que incluyó el frasco con la gasa?
3. ¿Qué conclusiones pueden sacar de la experiencia de Redi?
4. ¿Por qué piensan que la carne se pudrió? ¿Cómo afecta esto a su objetivo, que era demostrar que la generación espontánea era falsa?
5. ¿Cómo podrían mejorar el experimento para evitar que la carne se pudra?

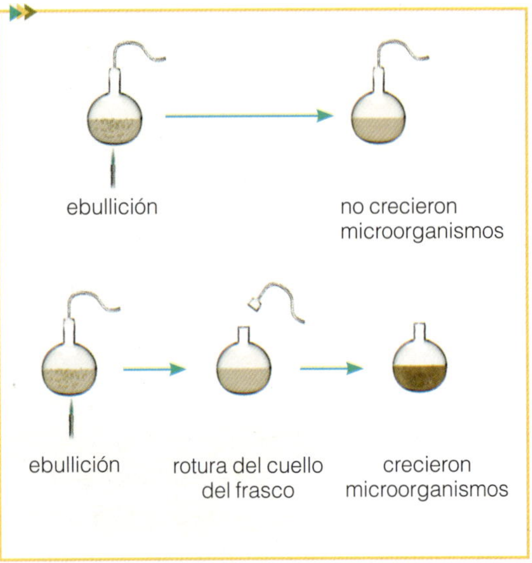

Experiencia de Pasteur.

El aporte de Pasteur para resolver el dilema

Las discusiones sobre la generación espontánea concluyeron en el año 1864, con los contundentes resultados de las investigaciones de Louis Pasteur. Este científico diseñó un interesante dispositivo para demostrar que las formas de vida muy simples (los microorganismos) no se desarrollaban directamente a partir de los caldos nutritivos, sino que provenían del aire. Para hacerlo, colocó distintos medios de cultivo en frascos esféricos con cuello largo. Luego, dobló los cuellos en forma de "S" utilizando calor, y a continuación hirvió el líquido a fin de esterilizarlo. Después de algunos días de incubación, no creció ningún tipo de microorganismo en el interior de los frascos. Por último, Pasteur cortó los cuellos de los recipientes, y pasado un tiempo encontró que dentro de ellos habían crecido microorganismos.

Las explicaciones más aceptadas en la actualidad

Los hallazgos de Pasteur permitieron establecer que todo ser vivo, incluso los microorganismos, proviene de otro ser vivo preexistente. Ahora bien, esto es cierto para todos los seres vivos, excepto para los primeros... ¿de dónde provienen entonces estos primeros seres vivos?

Las primeras formas de vida no han dejado registros fósiles, y por lo tanto las explicaciones que los científicos pueden elaborar se basan en teorías químicas y matemáticas, experimentos de laboratorio y en las condiciones primitivas que se supone había en la Tierra. Si bien es posible que la vida se haya originado en más de una oportunidad, se cree que todos los organismos que conocemos provienen de un único ancestro en común, ya que todos ellos comparten características únicas. La teoría más aceptada hasta el momento es aquella que propone que las primeras células se desarrollaron como complejos de moléculas, luego de un largo proceso de evolución química. Fue elaborada por el bioquímico ruso Alexander Oparin y el biólogo inglés John Haldane, y ha recibido el nombre de **teoría quimiosintética** o de la **síntesis prebiótica**.

Fotografía del meteorito ALH84001.

Existen actualmente otras explicaciones científicas acerca del origen de la vida. La **hipótesis de la panspermia** sostiene que los primeros organismos en la Tierra habrían llegado como esporas* desde el espacio exterior, tal vez en meteoritos o cometas. Según este abordaje, la vida no procedería directamente de nuestro planeta. Las evidencias que la apoyan son la capacidad que tienen algunas bacterias de vivir en condiciones extremas, y el hallazgo de materia orgánica en los cometas y en el meteorito ALH84001. Este meteorito, proveniente de Marte y hallado en la Antártida, contiene formaciones en su interior que podrían haber sido originadas por formas de vida microscópicas. Sin embargo, es una evidencia dudosa, ya que estas estructuras podrían ser resultado de una contaminación terrestre.

Glosario

espora: estructura de resistencia que puede sobrevivir por largos períodos en condiciones adversas.

Actividades

1. Sinteticen qué plantean las cuatro explicaciones sobre el origen de la vida estudiadas en este capítulo.
2. Aclaren cuál o cuáles son actualmente aceptadas por los científicos y cuáles no.
3. Averigüen si existen otras explicaciones sobre el origen de la vida y anótenlas en la carpeta.

El diseño experimental

Los experimentos que refutaron la teoría de la generación espontánea tenían ciertas características especiales, necesarias para que los resultados obtenidos fueran confiables. Por ejemplo, Pasteur no solo controló las condiciones de esterilidad, sino que además utilizó diferentes caldos nutritivos para asegurarse de que sus observaciones finales no dependieran del medio de cultivo con el cual realizaba el experimento. La estructura que debe tener un experimento para que los resultados obtenidos nos permitan decidir si nuestra hipótesis es válida, se llama **diseño experimental**.

El primer paso para diseñar un experimento es definir con qué variables se va a trabajar. Llamamos **variables** a los atributos de los objetos, cosas o seres que pueden medirse, y cuyos valores varían de una situación a otra, por ejemplo, el color, el peso, la temperatura o el tiempo. Una vez planteada la hipótesis que se quiere probar, los investigadores deciden qué variables se manipularán, cuáles se medirán y qué condiciones deberán mantenerse **constantes**. Por ejemplo, si se desea estudiar cómo la luz afecta el crecimiento de las plantas, podríamos plantear la hipótesis: "Las plantas expuestas a baja intensidad lumínica desarrollan menos hojas nuevas que las expuestas a altas intensidades". Luego haríamos un experimento en el que colocaríamos cinco plantas a una intensidad de luz alta, cinco bajo una luz más tenue y otras cinco en oscuridad. Al cabo de un mes, contaríamos cuántas hojas nuevas desarrolló cada planta. En este caso, la **variable que manipulamos** es la luz, y **la variable respuesta** que se midió es la cantidad de hojas nuevas. Las condiciones que se tienen que haber mantenido constantes son la temperatura, la humedad, el tipo de planta, la cantidad inicial de hojas por planta, etcétera. Lo que se busca entonces en un experimento es analizar cómo los cambios de una condición que podemos controlar (la variable manipulada) afectan a otra, que es la que nos interesa (la variable respuesta).

En el experimento propuesto se utilizaron cinco plantas para cada intensidad lumínica. Si trabajáramos con una única planta en cada caso, y una de ellas muriera en el medio del experimento, no podríamos saber a qué se debe. Para obtener resultados confiables no basta con realizar una única repetición. Estas repeticiones se denominan **réplicas**, y deben ser lo más parecidas entre sí. En el ejemplo anterior, se trabajó con cinco réplicas para cada intensidad lumínica.

Grupo expuesto a alta intensidad lumínica

Grupo expuesto a baja intensidad lumínica

Grupo expuesto a la oscuridad

Grupos de cinco plantas expuestos a distintas intensidades lumínicas.

Actividades

1. La experiencia de Redi tiene un diseño experimental sencillo, que merece la pena ser analizado.

a. ¿Cuáles son las variables que se manipularon, la variable respuesta y las condiciones que se mantuvieron constantes en el experimento?

b. Propongan otras variables que se podrían haber manipulado en este experimento.

c. ¿Piensan que Redi trabajó solamente con tres frascos? ¿Por qué?

d. Expliquen por qué los resultados obtenidos por Redi permitieron refutar la teoría de la generación espontánea.

Louis Pasteur

Químico francés considerado el padre de la microbiología. Hizo importantísimas contribuciones a la Química, la Biología y la Medicina. Inventó los procesos de esterilización por calor y de "pasteurización", que se emplean para disminuir la cantidad de microorganismos (actualmente muy utilizado en la industria alimenticia). También propuso que algunos microorganismos son la causa de enfermedades y sentó las bases para el desarrollo de las vacunas.

Corría el año 1864, y las discusiones científicas sobre la generación espontánea de los microorganismos eran tan intensas que la Academia de Ciencias de París ofreció un premio para quien pudiera demostrarla o refutarla. El ganador fue Louis Pasteur, que desarrolló una inteligente variación de los experimentos anteriores llevados a cabo por John Needham (1713-1781) y Lazzaro Spallanzani (1729-1799). En ese momento aún se desconocían las técnicas de esterilización, pero Pasteur pensaba que la aparición de microorganismos en los caldos nutritivos se debía a que los microorganismos contaminaban el líquido y se reproducían en dicho medio. Dedujo que si se evitaba que los microorganismos llegaran al caldo, se impediría su desarrollo. Para demostrarlo, realizó su famosa experiencia, que relata así:

"En distintos frascos de vidrio coloqué, separadamente, líquidos muy alterables* cuando están en contacto con el aire: agua de levadura de cerveza con azúcar, orina, jugo de remolacha y agua de pimienta. Luego procedí a doblar el cuello de los frascos a la llama, que así quedan curvados en varios sectores. Después herví el contenido de los frascos, de tal forma que el vapor salió por el extremo del cuello de los matraces*. Dejé enfriar y observé al cabo de algunos días que los líquidos no se alteraban. Esto ha dejado sorprendidos a los partidarios de la generación espontánea [...]".

"Si se corta el cuello de uno de estos matraces con una lima, al cabo de pocos días comienzan a aparecer microorganismos, tal como sucede al trabajar al aire libre. Esto demuestra que los microorganismos son transportados por el aire, y que si en su recorrido encuentran obstáculos –como el cuello doblado del matraz– no logran avanzar para hacer contacto con el líquido. En las soluciones nutritivas esterilizadas –que no están en contacto con el aire– no prosperan los microorganismos [...]".

Glosario

líquido muy alterable: caldo nutritivo o medio de cultivo.
matraz: frasco de vidrio con base esférica, y cuello recto y estrecho.

Actividades

1. Elaboren la posible hipótesis que Pasteur puso a prueba con su experiencia.
2. ¿Para qué dobló el cuello de los matraces? ¿Por qué hirvió el contenido de los frascos?
3. En su experiencia, Pasteur incluyó además matraces a los que aplicó el mismo procedimiento, pero no les dobló el cuello. Luego de un tiempo, encontró que en los caldos nutritivos de su interior crecían microorganismos. ¿Para qué habrá incluido estos matraces de cuello recto?
4. ¿Cuáles son las variables que se manipularon, la variable respuesta y las condiciones que se mantuvieron constantes en el experimento de Pasteur?
5. ¿Cuáles son las conclusiones que pueden elaborarse a partir de los resultados obtenidos por Pasteur en su experimento? ¿Refutan o verifican la teoría de la generación espontánea?

Las condiciones prebióticas

Resulta importante no confundir el origen de la vida en la Tierra con el origen de la Tierra en sí. Para tratar de comprender cómo se pudo haber formado el universo, el físico George Gamow planteó en 1948 la teoría del ***Big Bang*** o de la "gran explosión". Esta teoría explica que hace aproximadamente 13.810 millones de años, el universo se habría formado luego de que ocurriera una gran explosión o *Big Bang* a partir de un punto donde se encontraba concentrada toda la materia y energía. A partir de esta gran explosión, el universo comenzó a expandirse y se cree que esta expansión continúa hoy en día. Es decir, que desde ese momento se comenzó a crear el espacio. Luego de este acontecimiento, como consecuencia del descenso de la temperatura del universo y de la acción de la gravedad, se formaron partículas de materia que fueron agrupándose para formar galaxias, estrellas y nubes de gas y polvo, de las cuales surgieron los planetas y otros astros.

El universo tal cual lo conocemos en la actualidad.

La Tierra primitiva

Hace unos 4.600 millones de años, cuando se formó nuestro planeta, las condiciones eran muy distintas a las que hoy conocemos. El planeta Tierra era una masa de roca fundida que se encontraba a una temperatura cercana a 1.500 °C. A estas elevadas temperaturas, los materiales que la formaban se encontraban fundidos, es decir, en estado líquido. Los elementos más pesados, como el hierro y el níquel, se sumergieron y llegaron a su centro, y de esta manera dieron origen al **núcleo**. Los elementos más livianos, como el sílice, el magnesio, el aluminio y el oxígeno, se combinaron y formaron lo que hoy conocemos como el **manto** y la **corteza terrestre**. Su **atmósfera** estaba formada por gases que hoy en día no están presentes y que resultarían tóxicos para la mayoría de los seres vivos. Los rayos del Sol producían una intensa radiación ultravioleta que alcanzaba la superficie terrestre, sobre la que además impactaban meteoritos, que dejaron numerosos cráteres. Para completar el panorama, también había **intensa actividad volcánica** debido a que las rocas se encontraban fundidas por la elevada temperatura. Esto último, como veremos a continuación, resultaría clave para la formación de los primeros seres vivos.

Volcán en erupción.

Actividades

1. Confeccionen una lista de los gases que salían de los volcanes. Averigüen qué gases están presentes en la atmósfera actual y armen otra lista. Comparen ambas composiciones. ¿Qué diferencias encuentran?

2. Copien y completen, en sus carpetas, el siguiente cuadro.

	Universo	Tierra
Tiempo aproximado		
Explicación sobre su origen		

Curiosidades ▶

Se cree que hace 4.330 millones de años, la Luna se pudo haber formado como consecuencia de un choque de la Tierra con un planeta del tamaño de Marte, llamado Tea. Parte de su masa se fundió con la de la Tierra, por lo que aumentaron su tamaño y su gravedad. El resto de los fragmentos salieron despedidos y formaron un anillo de asteroides alrededor de nuestro planeta. Con el tiempo, se agruparon y condensaron hasta formar la Luna.

Glosario

agregado molecular: agrupación de moléculas que funcionan como un conjunto sin llegar a estar unidas.
precursor: entidad que antecede o que significa el primer paso hacia la formación de algo más complejo.

Alexander Oparin (1894-1980)
Bioquímico ruso. Estudió en Moscú, donde posteriormente sería profesor de Fitofisiología y Bioquímica. En 1935, junto con Bakh, fundó y organizó el Instituto Bioquímico de la Academia de Ciencias de la URSS, que dirigió desde 1946 hasta su muerte.

John B. S. Haldane (1892-1964)
Biólogo y genetista evolutivo inglés. Estudió en Eton y la Universidad de Oxford, en la que ingresó para estudiar Matemática y Biología. Se desempeñó como uno de los fundadores de la genética de poblaciones. Fue investigador de Bioquímica en la Universidad de Cambridge y profesor de Genética y Biometría en Londres.

La teoría quimiosintética

El bioquímico ruso Alexander Oparin y el biólogo inglés John Haldane propusieron a comienzos del siglo XX que la vida pudo haber surgido a partir de una evolución química desde moléculas muy simples que se encontraban en nuestro planeta en sus comienzos. A partir de reacciones químicas sencillas, con el paso del tiempo fueron formando moléculas cada vez más complejas, que dieron origen a los primeros agregados moleculares*. Estos agregados, luego de millones de años habrían dado lugar a las primeras protocélulas o células primitivas, muy diferentes en su aspecto y funcionamiento de las que conocemos actualmente.

Origen de las primeras moléculas orgánicas

Como vimos anteriormente, cuando se formó la Tierra había una gran actividad volcánica. Se cree que los volcanes, además de expulsar lava, liberaban moléculas inorgánicas en forma de gas, como vapor de agua, amoníaco, metano, dióxido de carbono, hidrógeno, nitrógeno y sulfuro de hidrógeno. Su acumulación alrededor de la Tierra, por efecto de la fuerza de gravedad, habría originado una **atmósfera primitiva**. Esta atmósfera era muy diferente a la actual y carecía de oxígeno.

Según la teoría quimiosintética, los gases de la atmósfera primitiva habrían comenzado a combinarse entre sí por efecto de la energía proveniente de la radiación ultravioleta (UV), y habrían formado las **primeras moléculas orgánicas** sencillas, que contenían mayor cantidad de átomos que las de los gases inorgánicos. Lentamente, luego de millones de años, la temperatura del planeta comenzó a descender, lo que provocó que el vapor de agua que se encontraba en la atmósfera primitiva se condensara y precipitara. Dicha precipitación de agua líquida sobre la superficie terrestre habría formado los **océanos primitivos**. Las moléculas orgánicas sencillas de la atmósfera habrían sido "arrastradas" por la acción de las lluvias, formando parte de las grandes masas de agua. A partir de estas moléculas orgánicas sencillas se habrían formado moléculas cada vez más complejas, que habrían sido las **primeras biomoléculas**. Así, se habrían originado los primeros monosacáridos, ácidos grasos, aminoácidos y nucleótidos. A su vez, estas biomoléculas pequeñas, o monómeros, se habrían unido formando cadenas, o polímeros, como las proteínas. A esta enorme masa de agua que contenía gran cantidad de moléculas orgánicas sencillas y biomoléculas, Oparin le dio el nombre de **caldo primitivo**. Este caldo primitivo habría sido fundamental para la aparición de agregados moleculares muy simples, llamados **protobiontes** o **coacervados**. Según la teoría, estas estructuras se habrían vuelto más complejas y adquirido nuevas funciones durante un largo tiempo (aproximadamente 1.000 millones de años), lo que dio origen a las primeras células. Por este motivo, los coacervados son considerados los precursores* de las primeras células.

Actividades

1. ¿Cómo se formaron las primeras moléculas orgánicas?
2. ¿Por qué fue fundamental la condensación del agua en la formación de las primeras biomoléculas?

Formación de los protobiontes o coacervados

Para explicar cómo se formaron los coacervados, Oparin propuso que las biomoléculas que se encontraban en el caldo primitivo, como las proteínas y los lípidos, se habrían agrupado formando una capa continua. Esta capa se habría cerrado sobre sí misma originando pequeñas esferas huecas que encerraban agua del caldo primitivo en su interior. Estos agregados moleculares, o coacervados, son considerados por la teoría quimiosintética como el paso de transición entre las biomoléculas y las primeras células. No solo habrían tenido una composición química similar a la de los seres vivos, sino que además habrían presentado algunas de sus características.

La envoltura o membrana de los coacervados habría delimitado un medio interno, independiente del exterior. Así se habría creado dentro de ellos un espacio donde ocurrían reacciones químicas diferentes de las que tenían lugar en el caldo primitivo. Por ejemplo, algunas de las biomoléculas simples o monómeros se habrían agrupado para formar nuevos polímeros, como los ácidos nucleicos y el almidón. Estos nuevos polímeros habrían contribuido a que su forma fuera cada vez más compleja.

Otra de las reacciones que debe haber ocurrido en el interior de los coacervados es la descomposición de las moléculas complejas en otras más simples para obtener energía. Es decir, habrían presentado un tipo de **metabolismo muy simple**. Dicha característica les habría permitido aumentar de tamaño y, como consecuencia, es probable que se fragmentaran y originaran coacervados más pequeños.

La **membrana de los coacervados** también habría sido fundamental para el intercambio de moléculas con el exterior. Algunas sustancias del caldo primitivo habrían podido atravesarla y así ingresar al interior del coacervado. Otras moléculas habrían podido salir de este hacia el exterior. Sin embargo, este intercambio habría sido desorganizado y mucho menos complejo que el de una célula. Es por eso que los coacervados no habrían podido autorregular su medio interno de manera efectiva.

Esquema de los eventos de evolución molecular que dio origen a los coacervados, según la teoría de Oparin y Haldane.

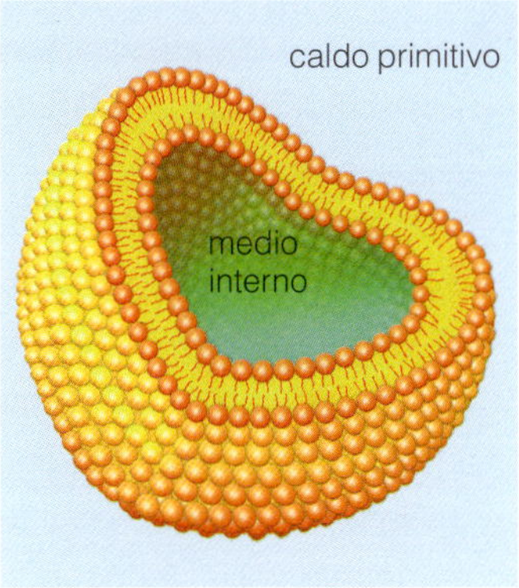

Esquema que sugiere cómo pudieron haber sido las membranas de los coacervados.

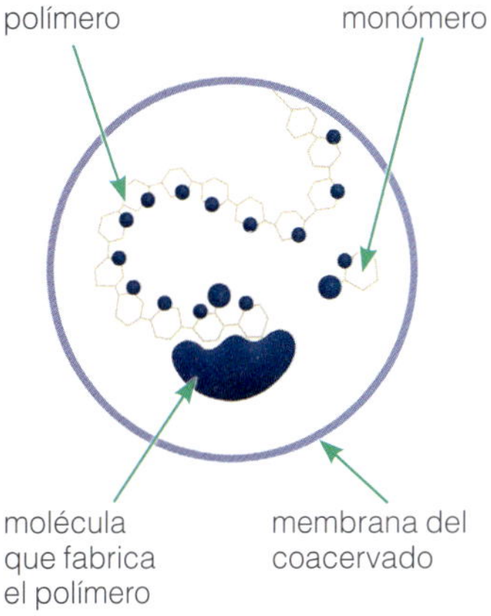

Esquema que muestra el metabolismo interno de los coacervados que les permitió formar los primeros polímeros.

Actividades

1. Los coacervados son considerados los precursores de las primeras células porque presentaban algunas de sus características, mientras que otras habrían estado ausentes en ellos.

a. ¿Qué características de los seres vivos presentaban los coacervados?

b. ¿Qué características de los seres vivos no habrían estado presentes en los coacervados?

Simulación de la formación de coacervados en el laboratorio

Los coacervados, según la teoría quimiosintética, son esferas microscópicas que se formaron a partir de proteínas y lípidos que estaban presentes en el caldo primitivo. Estas estructuras muy simples darían origen a las primeras células luego de millones de años. El objetivo de esta actividad experimental es fabricar coacervados en el laboratorio a partir de materiales de uso cotidiano.

Necesitan:

- 2 pipetas de 5 mℓ
- 3 pipetas Pasteur de plástico de 1 o 2 mℓ
- 3 mℓ de solución de goma arábiga al 6,7%
- 5 mℓ de solución de gelatina al 1%
- 1 tubo de ensayo en una gradilla
- 1 propipeta
- unas gotas de solución de ácido clorhídrico (HCl) al 3,6%
- unas gotas de azul de metileno
- 3 tiritas de papel pH
- un microscopio
- 3 portaobjetos y 3 cubreobjetos

Paso 1. Tomen con la propipeta 5 mℓ de la solución de gelatina utilizando la pipeta de 5 mℓ , y transfiéranla al tubo de ensayo. Con la otra pipeta de 5 mℓ, coloquen en el mismo tubo los 3 mℓ de solución de goma arábiga. Mezclen vigorosamente y midan el pH de la solución.

Paso 2. Tomen una gota del contenido del tubo con una pipeta Pasteur de plástico y colóquenla sobre un portaobjetos. Cubran la gota con el cubreobjetos, de modo que no quede líquido por fuera de sus bordes. Observen el preparado que hicieron al microscopio. Esquematicen sus observaciones en la tabla de resultados que se presenta en el paso 6.

Paso 3. A la mezcla anterior, agréguenle lentamente 4 gotas de la solución de HCl, utilizando una pipeta Pasteur de plástico limpia. Agiten de manera continua hasta que la mezcla se vuelva turbia. Midan el pH.

Paso 4. Elaboren un preparado microscópico temporal siguiendo el mismo procedimiento explicado en el paso 2. Obsérvenlo al microscopio. Esquematicen sus observaciones en la tabla de resultados.

Paso 5. Al tubo anterior, adiciónenle una gota de azul de metileno utilizando una pipeta Pasteur de plástico limpia, agiten vigorosamente y observen al microscopio. Esquematicen sus observaciones en la tabla de resultados.

Paso 6. Completen el siguiente cuadro.

	Solución de goma arábiga y gelatina	HCl	Azul de metileno
Esquematización			
Aumento			
pH			
Forma			
Distribución			

1. Respondan las siguientes preguntas.

a. ¿Qué son los coacervados?

b. ¿Qué efecto tiene el pH en la formación de los coacervados?

c. ¿ Ingresó el azul de metileno al coacervado? ¿A qué se debe esto?

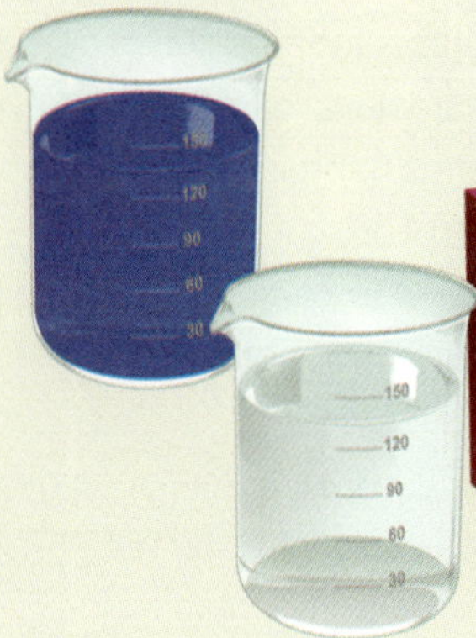
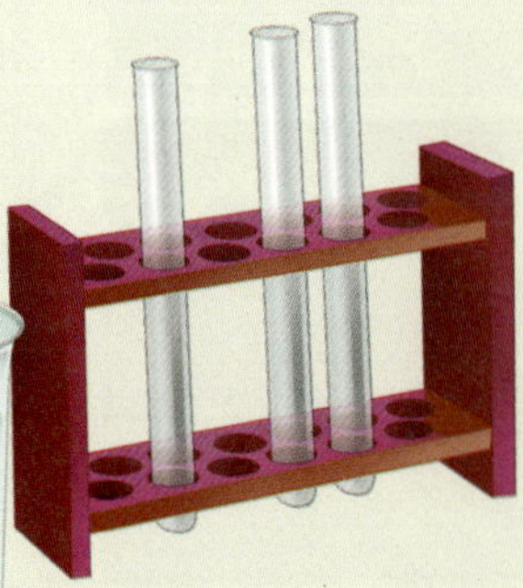

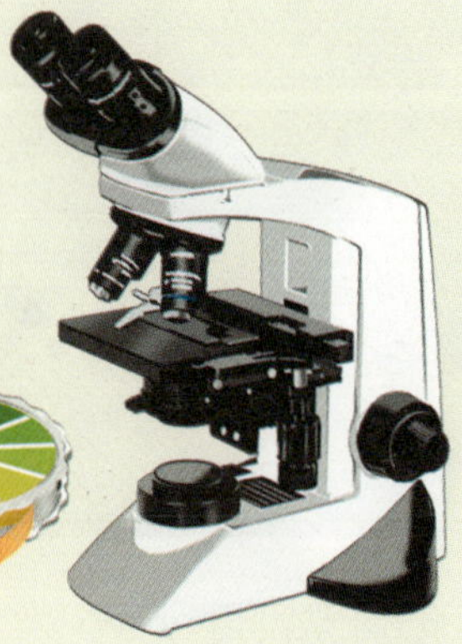

Experiencia de Miller y Urey

En 1953, los químicos estadounidenses Stanley Miller y Harold Urey llevaron a cabo la construcción de un modelo en el laboratorio para recrear las condiciones de la Tierra primitiva y poder poner a prueba cómo se habrían formado las primeras moléculas orgánicas que habrían dado origen a las primeras células. Para ello, Miller construyó un dispositivo que constaba de un matraz con agua caliente (el caldo primitivo propuesto por Oparin) que liberaba vapor de agua, el que ingresaba a otro matraz en el que se encontraban los gases que componían la atmósfera primitiva (amoníaco, nitrógeno, metano, hidrógeno, entre otros) y que a su vez estaba conectado a dos electrodos que simulaban la intensa radiación UV que azotaba la Tierra en sus inicios. Dentro del matraz con los electrodos ocurrían combinaciones entre los gases, y el vapor de agua seguía su camino arrastrándolas. A medida que salía del matraz se encontraba con las paredes frías de un condensador, que provocaba que el vapor de agua condensara y pasara al estado líquido. El condensador simulaba el descenso de la temperatura del planeta. El agua, ahora en forma líquida, descendía y era recolectada en un recipiente para ser analizada. Al analizar la mezcla al microscopio, Miller encontró que se habían formado **aminoácidos**, que son las moléculas complejas que componen las membranas de las células actuales.

Esta experiencia logró demostrar que es posible la formación de moléculas complejas a partir de moléculas simples gracias a las condiciones que reinaban en la Tierra hace 3.600 millones de años.

Actividades

1. Respondan las siguientes preguntas.

a. ¿Qué intentaban poner a prueba en su experiencia Miller y Urey?

b. ¿Qué encontraron en las muestras que recolectaban? ¿Por qué creen que lo que hallaron fue una evidencia para dar apoyo a la teoría quimiosintética?

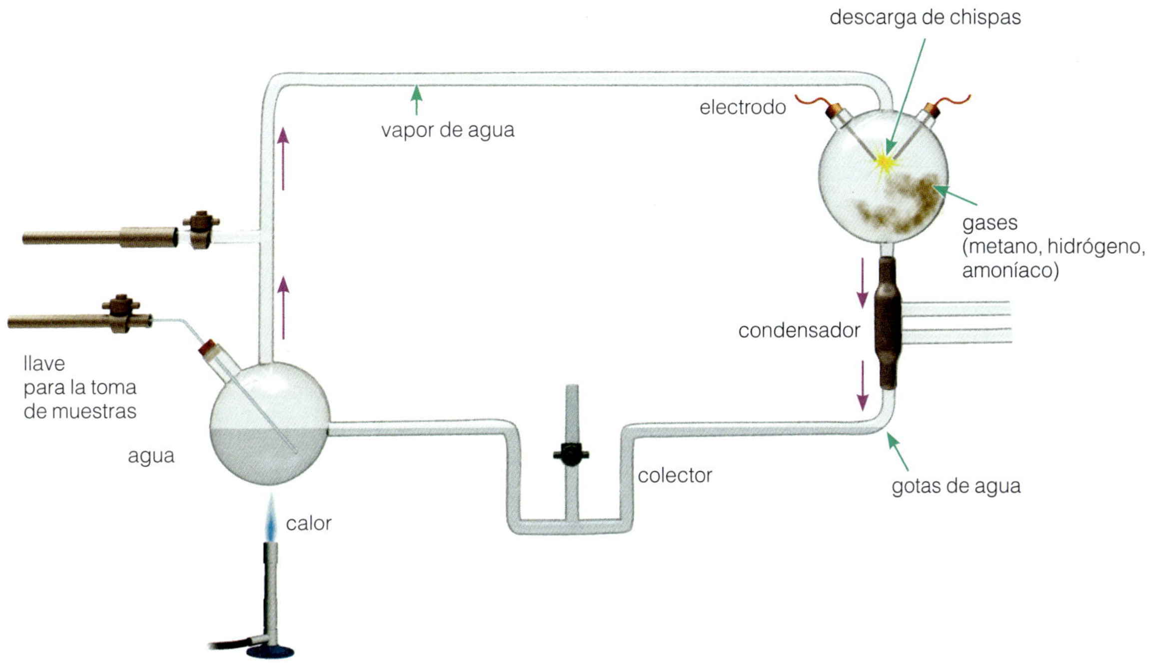

Modelo experimental que utilizaron Miller y Urey en sus experimentos.

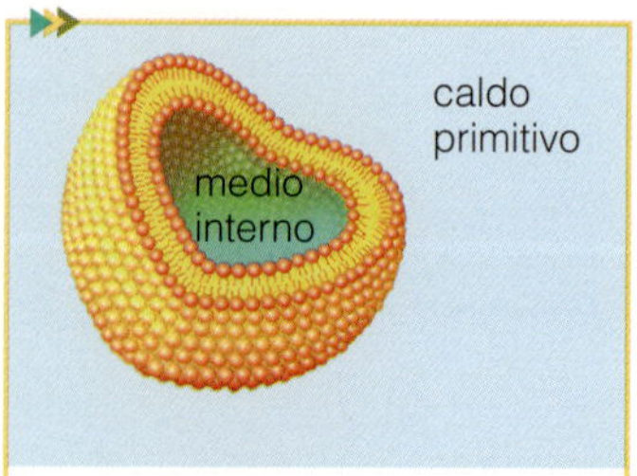

Coacervado.

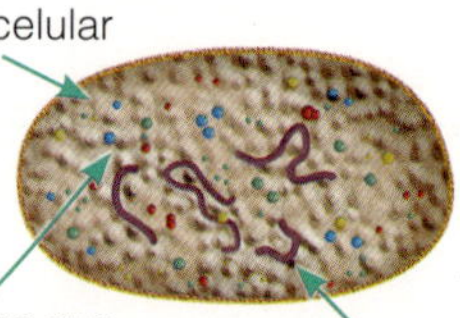

Célula intermedia hipotética.

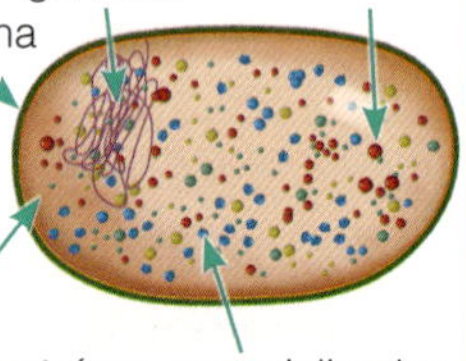

Célula de una bacteria.

Esquema que sugiere cómo podrían haber evolucionado las primeras células a partir de un coacervado.

Origen de las primeras células

No se sabe a ciencia cierta cómo se formaron las primeras células a partir de los coacervados. Los científicos suponen que este largo proceso llevó aproximadamente 1.000 millones de años. Durante ese tiempo, los coacervados se volvieron cada vez más complejos y fueron adquiriendo nuevas funciones. Las estructuras resultantes de este largo proceso evolutivo y que tuvieron todas las características de los seres vivos, fueron las **primeras células**. Estas células debieron de haber sido muy parecidas a las células más simples que existen en la actualidad: las bacterias.

Todas las células poseen **material genético**, un tipo de ácido nucleico, el ADN, que cumple dos funciones fundamentales para la vida. Por un lado, guarda la información para controlar las reacciones químicas que ocurren dentro de la célula. Por otra parte, tiene la capacidad de hacer copias de sí mismo para que esta información sea transmitida a sucesivas generaciones. Es decir, el material genético es indispensable para garantizar la reproducción. Por tal motivo, uno de los pasos fundamentales para la aparición de las primeras células fue la formación de este material genético dentro de los coacervados.

Paralelamente, las **membranas** de los coacervados se fueron volviendo cada vez más especializadas hasta que lograron regular el intercambio de sustancias. Las membranas tienen una composición química especial, con moléculas que permiten reconocer señales externas y otras que posibilitaron regular el paso de ciertas sustancias. Esto habría permitido una autorregulación interna, que le habrían garantizado cierta estabilidad. La formación de membranas fue el paso previo a la capacidad de responder ante los estímulos externos o irritabilidad.

Finalmente, dentro del coacervado se habrían originado **proteínas especializadas**, capaces de cumplir funciones específicas dentro de su medio interno y habrían sido las encargadas de llevar a cabo los procesos metabólicos simples. Es decir, con el paso del tiempo habrían adquirido un verdadero metabolismo.

Actividades

1. ¿Qué características tenían los coacervados para suponer que pudieron ser los que dieron origen a las primeras células?

2. ¿Cuál fue el evento fundamental para que los coacervados dieran origen a las primeras células?

3. Completen las líneas punteadas con el término correcto.

Las moléculas inorgánicas, entre ellas el ...., que eran expulsadas por la actividad volcánica, se acumularon alrededor de la Tierra por efecto de la fuerza de la gravedad, y formaron la ....

Por efecto de la intensa radiación UV, estas moléculas se .... y dieron lugar a .... sencillas.

A medida que descendió la temperatura del planeta, el .... condensó y arrastró las moléculas al................... Estas moléculas orgánicas sencillas se .... dando lugar a ...., entre ellas, proteínas y lípidos. Las proteínas y los lípidos se agruparon formando una capa continua, que se habría cerrado sobre sí misma. Así se originaron pequeñas esferas huecas que encerraban agua del caldo primitivo en su interior. A estas estructuras, Oparin las llamó................ Estos agregados moleculares son considerados por la teoría quimiosintética como el paso de transición entre las biomoléculas y las .... No solo habrían tenido una composición química similar a la de los seres vivos, sino que además habrían presentado algunas de sus................ Las primeras células presentaban ciertas características, ausentes en los coacervados, entre ellas un verdadero................................... y ....

Evolución de las formas de nutrición de los primeros seres vivos

Para que las células pudieran cumplir todas sus funciones, necesitaban energía. Se sabe actualmente que las moléculas orgánicas poseen energía acumulada en las uniones entre los átomos de carbono. Cuando se rompen las uniones entre los átomos de las moléculas, la energía se libera y queda disponible. Se cree que los primeros seres vivos, las bacterias, adquirían energía rompiendo moléculas orgánicas que incorporaban del medio externo. Entonces, las primeras células se habrían alimentado de moléculas orgánicas que estaban presentes en el caldo primitivo, por eso eran **heterótrofos**. Estas primeras células vivían en una atmósfera primitiva sin oxígeno, es decir, no requerían de este gas para poder respirar, eran **anaeróbicas**. El oxígeno es necesario para la mayoría de los seres vivos actuales, ya que lo utilizan en el interior de sus células para extraer la energía del alimento. Estos organismos que requieren oxígeno para respirar se llaman **aeróbicos**.

Durante muchísimo tiempo, estas bacterias que se alimentaban de moléculas orgánicas presentes en el caldo primitivo, eran los únicos habitantes en nuestro planeta. Con el paso del tiempo, estos organismos sufrieron cambios en la manera en que guardaban la información en su molécula de ADN. Gracias a estos cambios surgieron otras formas de alimentarse. Algunos de ellos lograron fabricar su propia materia orgánica a partir de la energía que obtenían de degradar compuestos inorgánicos. Estos organismos recibieron el nombre de **autótrofos quimiosintéticos**.

Con el paso del tiempo, durante los 3.500 millones de años que transcurrieron desde que apareció la vida, siguieron ocurriendo cambios en las moléculas de ADN, y algunos organismos adquirieron la capacidad de utilizar la luz del sol como fuente de energía para combinar moléculas inorgánicas y formar moléculas orgánicas que serían su fuente de alimento. Es así como surgieron los primeros organismos **autótrofos fotosintéticos**. Por medio de la fotosíntesis, estos organismos no solo utilizaban los minerales disponibles del medio, sino que también adquirieron la capacidad de utilizar el dióxido de carbono del aire como fuente de carbono para formar las moléculas orgánicas. Como consecuencia de este proceso, estos organismos liberaban oxígeno a la atmósfera. Como estos organismos empleaban dióxido de carbono para formar sus moléculas orgánicas, y liberaban oxígeno, la cantidad de dióxido de carbono en el aire comenzó a descender y la cantidad de oxígeno comenzó a aumentar. Luego de millones de años, la atmósfera se volvió rica en oxígeno y los organismos que utilizaban moléculas orgánicas para alimentarse empezaron a hacerlo en presencia de este gas, y es así como aparecieron los **heterótrofos aeróbicos**.

Actividades

1. ¿Qué relación encuentran entre la evolución de las formas de nutrición y la creación de una atmósfera oxigénica?

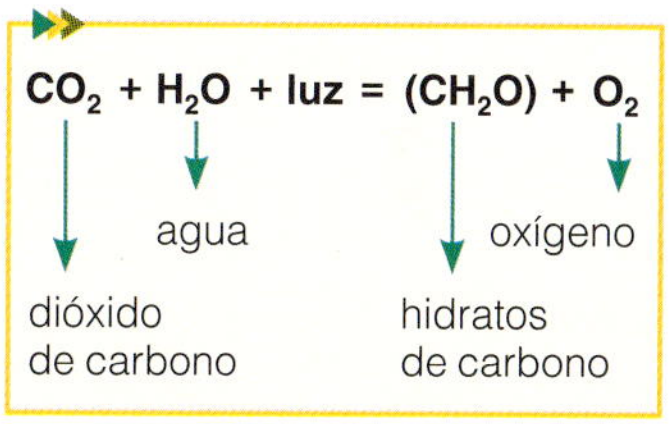

Transformaciones de la materia en la fotosíntesis, proceso por el cual los organismos autótrofos producen su alimento.

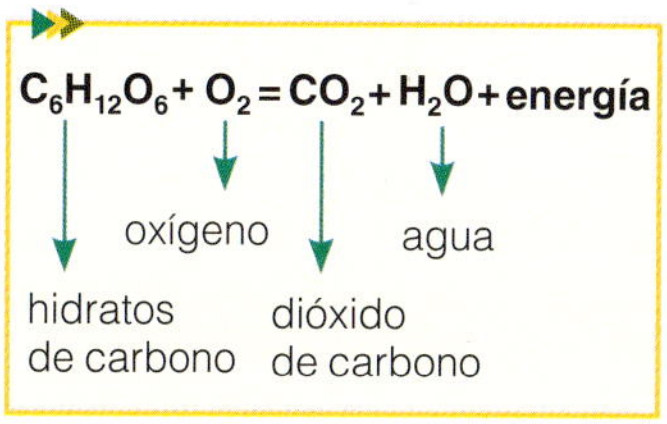

Transformaciones de la materia en la respiración aeróbica.

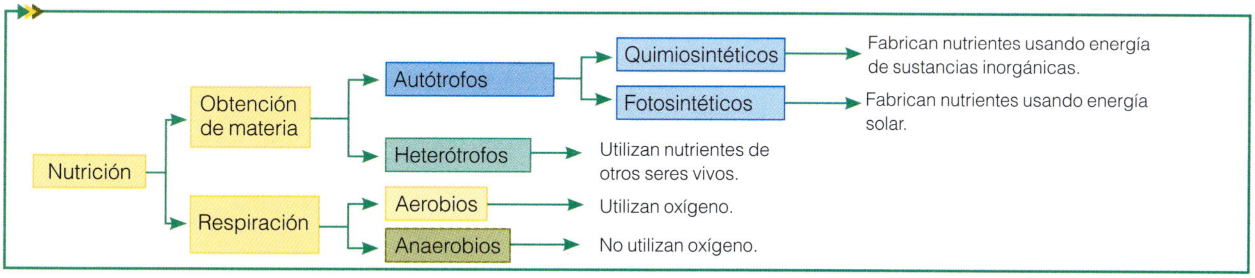

Cuadro sinóptico que muestra los distintos tipos de nutrición de los primeros seres vivos.

De las primeras células a los organismos complejos

Los primeros seres vivos que habitaron la Tierra fueron células muy simples que se habrían originado en los mares hace aproximadamente 4.000 millones de años. A partir de estos microorganismos, y luego de muchísimos años de evolución, se generaron otras formas de vida más complejas. Este proceso dio como resultado todos los organismos que conocemos en la actualidad, y también a los extintos. El hecho de que todos los seres vivos hayan tenido un antepasado en común (las primeras células) explica por qué todos ellos comparten características tan particulares.

Las primeras células tenían una organización básica, como la que presentan las bacterias. En este tipo de células, llamadas **procariotas**, el material genético se encuentra en contacto con el medio interno, ya que no hay una membrana interna que lo separe. La complejización de esta organización interna fue uno de los eventos más importantes en la historia de la vida en la Tierra. Se estima que las primeras células con divisiones internas aparecieron hace 2.100 a 1.800 millones de años. Estas células, con membranas internas que delimitan tanto el material genético como otros subespacios en los que se cumplen funciones específicas, reciben el nombre de **eucariotas**. Todos los organismos complejos que ustedes conocen, desde una planta hasta un mosquito o un caballo, están formados por células eucariotas.

Durante más de 3.000 millones de años, todos los seres vivos que habitaban nuestro planeta eran unicelulares, hasta que hace aproximadamente 1.000 millones de años surgieron los primeros organismos multicelulares. Existen rocas marinas de esa época que contienen rastros fósiles de seres vivos con forma de gusano y otros que podrían haber sido los antepasados de las primeras algas. La **multicelularidad** ofrece importantes ventajas para la supervivencia. Los organismos multicelulares pueden alcanzar mayores tamaños, y evitar más eficientemente a sus predadores. También pueden organizar mejor el trabajo y dividir las funciones entre distintos tipos de células. Esta especialización permitió a los organismos multicelulares desarrollar nuevas características, que les posibilitaron adaptarse a nuevas condiciones. Por ejemplo, las primeras algas que lograron vivir en la tierra tenían células especializadas para adherirse a su **sustrato***, y otras se especializaban en realizar la fotosíntesis. A partir de estos primeros organismos multicelulares simples se originaron otros más complejos: las plantas, los animales y los hongos.

Luego de alrededor de 3.500 millones años de vida exclusivamente acuática, algunos invertebrados y algas marinas multicelulares desarrollaron características que les facilitaron vivir en el ambiente aeroterrestre. Este nuevo hábitat ofrecía numerosos desafíos, pero también había recursos para quien pudiera sobrevivir en él. Fue allí donde ocurrieron nuevos procesos evolutivos que dieron origen a todos los demás organismos terrestres, como el ser humano.

Conviene recordar que las células procariotas, descendientes directos de esas primeras células primitivas, aún habitan nuestro planeta. Paralelamente a los eventos ya descriptos, estos organismos unicelulares dieron origen a nuevos procariotas, algunos de los cuales conquistaron la tierra. Junto con los organismos eucariotas unicelulares, que siguieron su propio camino evolutivo, hoy constituyen la gran diversidad de microorganismos de la Tierra.

A partir de las primeras células se originaron todos los demás seres vivos.

Glosario

sustrato: superficie sólida sobre la que vive un organismo.

Para conocer más

Aljanati, D., Wolovelsky, E., Tambussi, C., *Los códigos de la vida*, Buenos Aires, Ediciones Colihue, 1999.

Audesirk T., Audesirk, G., *Biología. La vida en la Tierra*, México, Prentice-Hall, 2008.

Cervino, C., Jerusalinsky D., *Características de los seres vivos*, Buenos Aires, Oficinas de publicaciones del CBC., 1995.

Curtis, H., Barnes, S., Schnek, A, Massarini, A., *Curtis Biología*, Madrid, Editorial Médica Panamericana, 2008.

Actividades

1. Expliquen por qué las primeras células son los antepasados de las bacterias, las plantas, los cocodrilos y también los mosquitos.

La amenaza de Andrómeda

La amenaza de Andrómeda (The Andromeda Strain) es una novela de ciencia ficción escrita por Michael Crichton. Fue publicada en 1969 y llevada al cine con el mismo nombre dos años después.

La novela trata de la llegada a la Tierra de una forma de vida microscópica a través de un satélite que regresa luego de una fallida misión espacial. Todos los habitantes del pueblo más cercano a la zona de aterrizaje mueren, excepto un bebé y un anciano. Los sobrevivientes y el satélite son entonces trasladados a un laboratorio subterráneo. Allí, un grupo de científicos comienza a estudiar al patógeno* extraterrestre, al que le dan el nombre de “Andrómeda”.

Los investigadores realizan ensayos de laboratorio para caracterizar esta nueva forma de vida con el objetivo de neutralizarla y evitar que desencadene una catástrofe. Pero Andrómeda desarrolla la capacidad de degradar los materiales que la contienen y escapa del aislamiento...

El final de esta historia no será develado para que ustedes mismos puedan averiguarlo... Este relato no solo es sumamente atrapante, sino que además se describen en él ensayos reales de laboratorio. Si bien las novelas de Michael Crichton son de ficción, sus argumentos se basan en avances verídicos del mundo científico. Según el autor, su obra describe la historia de una crisis científica de cinco días en Estados Unidos, y la importancia de narrarla consiste en que los descubrimientos científicos tienen una fuerte incidencia en la vida social y política, y que en el futuro podrían desarrollarse crisis como las que se describen en el libro.

Edición de la novela *La amenaza de Andrómeda.*

Michael Crichton. Nació en Estados Unidos en 1942 y murió en el año 2008. Fue médico, escritor y cineasta. Es considerado el iniciador del estilo narrativo *techno-thriller*, en el que se combinan suspenso, acción y un alto detalle de avances tecnológicos. Además de *La amenaza de Andrómeda*, es el autor de *Parque Jurásico, Acoso, Congo, Sol Naciente* y *El mundo perdido.* También fue el creador de la serie televisiva *ER Emergencias.*

Glosario

patógeno: agente biológico externo que es capaz de producir daño o algún tipo de enfermedad a otro organismo.

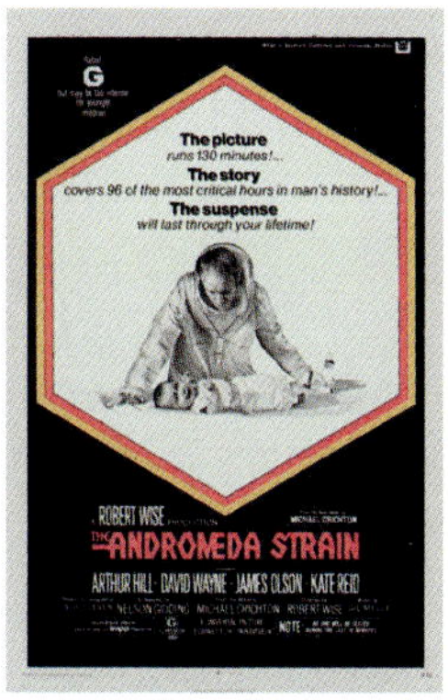

Película *La amenaza de Andrómeda.*

Actividades

1. ¿Qué características de los seres vivos se mencionan en el texto?

2. Esta forma de vida microscópica, ¿a qué tipo de organismo que conocen podría ser similar? Justifiquen.

3. ¿Con cuál de las aproximaciones teóricas sobre el origen de la vida pueden relacionar el relato? Justifiquen.

4. Miren la película basada en la novela, dirigida por Robert Wise en el año 1971, y detallen:

a. técnicas de laboratorio que se utilizaron para caracterizar esta nueva forma de vida;

b. características de los seres vivos que pueden reconocer y las que están ausentes en esta forma de vida.

5. Averigüen en qué contexto histórico fue publicada la novela.

1. La siguiente tabla muestra los principales eventos transcurridos desde el inicio del universo hasta la aparición de los primeros humanos.

Tiempo (millones de años)	Evento
13.800	Big Bang.
4.550	Formación del planeta Tierra.
4.500	Formación de la Luna.
4.000	Primeras células (procariotas).
3.500	Inicio de la fotosíntesis.
2.300	La atmósfera se vuelve oxigénica.
2.100	Primeras células eucariotas.
1.000	Primeros organismos multicelulares.
500	Dominio de invertebrados. Primeros vertebrados.
400	Primeras plantas y vertebrados terrestres.
230	Aparición de los primeros dinosaurios.
2	Aparición de los primeros humanos.

Imaginen que la vida del universo fuera de un día, es decir, que el *Big Bang* ocurrió a las 0 horas y 0 minutos, y que el año 2018 corresponde a las 23 horas 59 minutos.

a. ¿En qué momento del día hubieran ocurrido los otros eventos que se mencionan en la tabla anterior? A modo de ejemplo, para calcular la hora de formación del planeta Tierra, dividimos su antigüedad por el total de millones de años transcurridos (4.550/13.800) y lo multiplicamos por las 24 horas que dura el día. Así se obtiene el número 7,91, que hay que pasar a escala sexagesimal: el resultado es 7 horas y 54 minutos.

2. Escriban si las siguientes afirmaciones son verdaderas (V) o falsas (F). Reescriban las afirmaciones falsas para que resulten verdaderas.

a. Las proteínas son moléculas orgánicas. ☐

b. El agua es un polímero compuesto por los monómeros hidrógeno y oxígeno. ☐

c. La teoría de la generación espontánea sostiene que todo ser vivo proviene de otro ser vivo. ☐

d. Las primeras células fueron procariotas. ☐

e. Los científicos afirman que la vida ha surgido en el caldo primitivo luego de un largo proceso de evolución química. ☐

f. Los científicos creen que las primeras células no utilizaban oxígeno. ☐

g. En las condiciones de la Tierra primitiva, ninguna célula hubiera podido sobrevivir. ☐

h. Según Oparin y Haldane, las primeras formas de vida se habrían originado en el espacio exterior. ☐

i. Miller aportó evidencias a favor de la teoría quimiosintética. ☐

j. Los coacervados tenían todas las características de los seres vivos. ☐

3. El ántrax es una enfermedad infecciosa producida por la bacteria *Bacillus anthracis* que afecta a algunos animales, incluido el ser humano. Este microorganismo es aerobio y puede formar esporas, que le permiten dispersarse a largas distancias. Sus esporas son resistentes al calor, luz solar, sequía y a muchos desinfectantes. Una forma de destruirlas es exponerlas a una temperatura de 121 °C durante un período de al menos 30 minutos. Esta bacteria ha adquirido mucha atención en los últimos años debido a que ha sido utilizada como arma por los bioterroristas y se puede convertir fácilmente en arma biológica como aerosol.

a. ¿Qué característica de la bacteria permite que pueda ser utilizada como arma biológica?

b. ¿Con cuál de las explicaciones sobre el origen de la vida pueden asociar esta característica? Luego de leer el texto, ¿piensan que es muy o poco probable que las esporas puedan resistir las condiciones extremas del espacio exterior?

c. La exposición a 121 °C durante un período de al menos 15 minutos se llama esterilización. ¿Qué científico sentó las bases para el desarrollo de este procedimiento?

d. ¿Por qué piensan que en este caso debe exponerse a las esporas a tan alta temperatura durante 30 minutos en lugar de 15?

e. Sabiendo que las esporas pueden crecer en medios de cultivo (caldo nutritivo), diseñen un experimento que permita probar la siguiente hipótesis: "Las esporas de las bacterias de *Bacillus anthracis* pueden eliminarse si se exponen a 121 °C durante 20 minutos". Detallen qué variables manipularían, cuáles medirían como respuesta, qué condiciones deberían mantenerse constantes y qué resultados esperarían.

La célula: unidad estructural de los sistemas biológicos

2

Contenidos

> La estructura básica de las células
> Microscopios: herramientas para la observación
> Las células procariotas y eucariotas
> Teoría endosimbiótica. Surgimiento de cloroplastos y mitocondrias
> Un ancestro común para todos los seres vivos
> Origen y ventajas de la pluricelularidad
> Teoría colonial
> Teoría sincitial

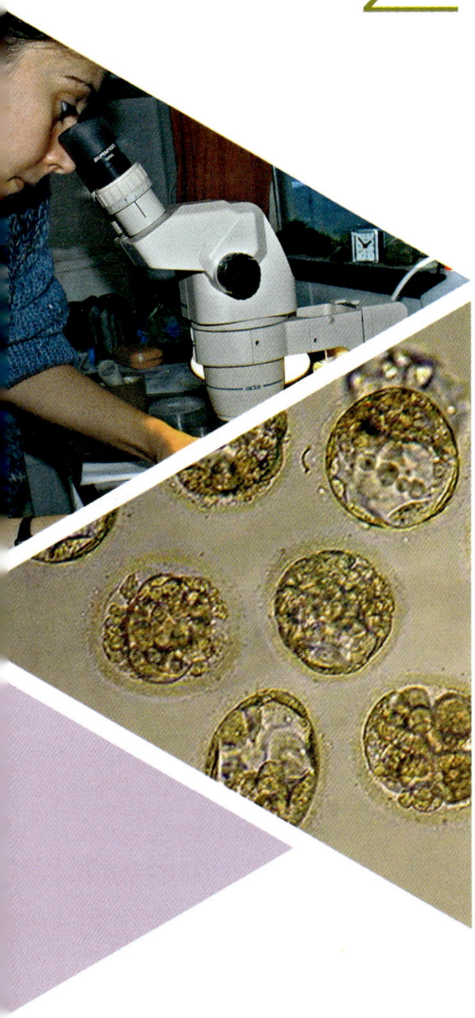

Todos los seres vivos, desde los que se pueden ver a simple vista hasta los que solo se ven a través de microscopios, como las bacterias, están formados por unidades llamadas células. Todas las células, independientemente del organismo del cual estén formando parte, tienen ciertas características que les permiten llevar a cabo todas las funciones vitales inherentes a los seres vivos. El hecho de que todos los seres vivos estén formados por células es una evidencia a favor de que comparten un ancestro en común, y es una característica exclusiva que los separa de aquello que no tiene vida.

El desarrollo tecnológico, como la construcción de instrumentos de observación cada vez más potentes, permitió conocer las características de las células con mayor profundidad y también realizar hipótesis acerca del origen de los seres vivos.

EN ESTE CAPÍTULO...

Se describe a las células como unidades estructurales de los seres vivos. Además, se explica el origen de las primeras células y cómo a partir de estas se originó la diversidad celular que hoy conocemos. También se analizan las teorías que en la actualidad explican el origen en común de todos los seres vivos, así como las teorías que explican el origen de los organismos pluricelulares.

Contenido digital adicional

http://www.tintaf.com.ar/BIO2C2

La célula como unidad de vida

Las imágenes

Las imágenes se vinculan con la información que proporciona el texto. Establezcan una relación entre las imágenes de cada página y los párrafos correspondientes.

Como estudiaron en el capítulo anterior, hace millones de años se formaron las primeras células. Uno de los principales eventos que permitió esto, además de ciertas condiciones ambientales, fue el surgimiento de una membrana que permitía separar el medio interno del medio externo. Este límite recibe el nombre de **membrana plasmática**.

Las células pueden formar parte de un individuo de gran tamaño, como un hongo, un animal o una planta, pero también una sola célula puede constituir en sí misma un ser vivo. En otras palabras, existen seres vivos formados por una sola célula, llamados **unicelulares**, y seres vivos formados por cientos y hasta por millones de células, llamados **pluricelulares**. Como no existen seres vivos formados por una estructura más pequeña o menos compleja que una célula, se dice que la célula es la unidad de vida.

Cada uno de los bastones que se observan en la imagen es una bacteria. Las bacterias son seres vivos formados por una sola célula.

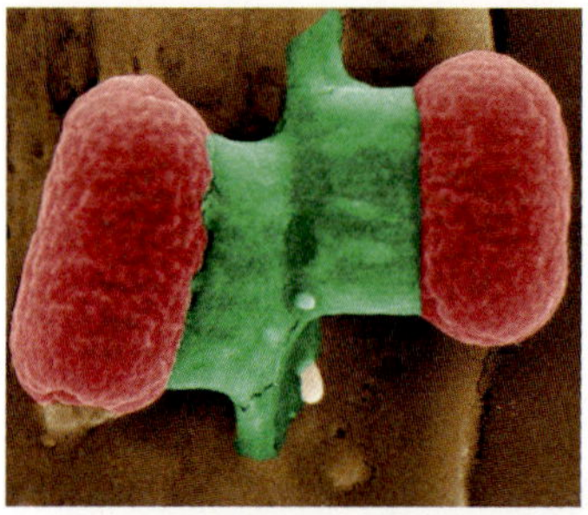

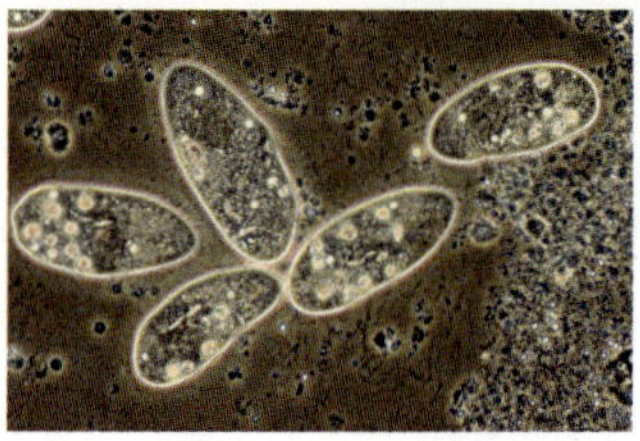

Los paramecios son organismos unicelulares.

Algunas algas son pluricelulares y están formadas por millones de células.

Las hormigas son ejemplos de organismos pluricelulares.

En los seres vivos unicelulares, la membrana está en contacto con el medio externo. En este caso, podemos entender al medio externo como el ambiente que nos rodea pero también como el interior de otro ser vivo. Por ejemplo, los paramecios viven en el agua y, por lo tanto, su membrana está en contacto con ella. En cambio, para las bacterias que habitan en el intestino humano, el medio externo será el interior del intestino. En los seres vivos pluricelulares, las células pueden estar en contacto tanto con el ambiente como con el medio interno. Por ejemplo, en los seres humanos, las células más superficiales de la piel están en contacto con el aire. En cambio, las células del hígado están en contacto con otras células del cuerpo, con la sangre, y los nutrientes y las sustancias químicas que circulan por ella.

Las células tienen un tamaño tan pequeño que solo se observan a través de un microscopio. Todas las células intercambian materia y energía con su entorno y, además, reaccionan frente a cambios que ocurren a su alrededor. Por eso, pueden ser estudiadas como **sistemas abiertos**.

Actividades

1. Respondan las siguientes preguntas.

a. ¿Por qué la célula es la unidad de vida?

b. ¿Por qué se considera que las células son sistemas abiertos? Mencionen las características que permiten sostener esta afirmación y, luego, busquen ejemplos para células de organismos unicelulares y para células de organismos pluricelulares.

2. Indiquen, en cada caso, si la célula está en contacto con el medio interno o con el ambiente.

a. Las amebas son organismos unicelulares que viven en el agua.

b. Las neuronas son células nerviosas que propagan la información por el cuerpo.

c. Los glóbulos blancos son células sanguíneas que protegen el cuerpo de todo microorganismo capaz de producir una enfermedad.

La estructura básica de las células

La aparición de la membrana plasmática fue un evento indispensable en el surgimiento de las primeras células. Pero además, existen otros elementos que lo permitieron.

Todas las células poseen estructuras que intervienen en las procesos vitales de los seres vivos: la alimentación u obtención de materiales, el desecho de materiales o excreción, la respiración, el crecimiento, la capacidad de generar y producir respuestas frente a los cambios del medio u homeostasis, y la reproducción. Todo ser vivo, sea unicelular o pluricelular, lleva a cabo esas funciones. La diferencia está en que en los seres vivos unicelulares, todas esas funciones se llevan a cabo en el interior de la misma célula. En cambio, en los seres vivos pluricelulares, existen millones de células que se organizan en **tejidos**, y los tejidos en **órganos**. Estos, a su vez, forman **sistemas** que llevan a cabo esa función. Por ejemplo, en los humanos hay millones de células que forman parte de los órganos del sistema digestivo, como la lengua, el esófago, el estómago, el intestino, etc. Y estos órganos forman el sistema digestivo, que lleva a cabo el proceso de digestión.

Curiosidades

Si se pudieran extender las membranas plasmáticas de todas las células de una persona adulta, se podrían "alfombrar" casi 6 canchas de fútbol (40.000 m^2).

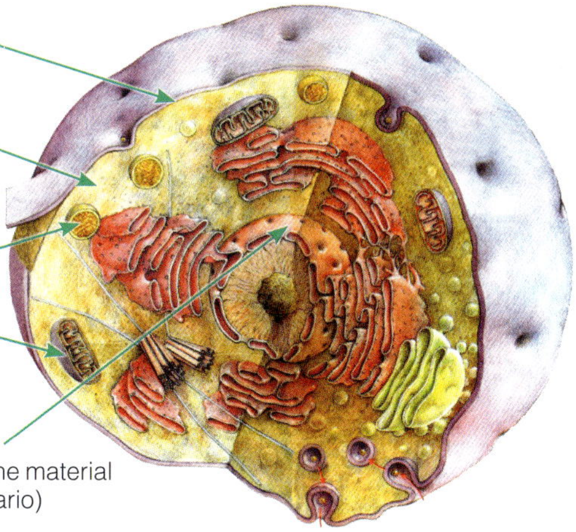

Estructura básica de las células eucariotas.

Todas las células, ya sea las que forman parte de los seres vivos unicelulares o los seres vivos pluricelulares, tienen en común ciertas estructuras.

- **Membrana plasmática**: es el límite entre el interior de la célula y su medio externo. Interviene en el control de sustancias que entran y salen de la célula.
- **Material hereditario**: está formado por un tipo de molécula en particular, el ácido desoxirribonucleico o ADN. En los genes, que son pequeñas porciones de ADN, reside la información acerca de la estructura, forma y función de las células. Cuando las células se dividen, el ADN, también llamado material genético, se transmite desde las células madres a las células hijas.
- **Organelas**: son pequeños sacos membranosos que realizan funciones vitales para la célula, como la digestión de los nutrientes. Según el tipo de célula, las organelas pueden ser muy diferentes.
- **Citoplasma**: es un medio semifluido, compuesto por agua y materiales orgánicos e inorgánicos. En él se encuentran las organelas celulares.

Actividades

1. ¿En qué se parecen una célula de un organismo unicelular y una célula de un organismo pluricelular? ¿En qué se diferencian?

Anton van Leeuwenhoek

Anton van Leeuwenhoek (1632-1723) fue un vendedor de mercaderías, inspector de pesos y medidas, y agrimensor de la corte de Holanda. Aunque no tuvo una formación académica universitaria, era un naturalista que fabricaba microscopios con sus lentes. Con estos instrumentos pudo observar seres vivos unicelulares y describirlos.

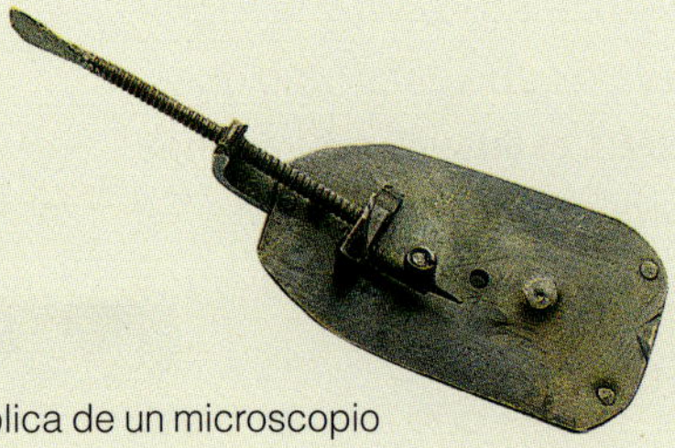

Réplica de un microscopio de van Leeuwenhoek.

"Aunque tengo ahora cincuenta años, poseo una dentadura excepcionalmente bien conservada, debido a la costumbre de frotarme fuertemente los dientes con sal todas las mañanas y, después de haberme limpiado las muelas con una pluma, vuelvo a restregarlos vigorosamente con un trapo.

A pesar de todo ello, cuando un día miré mis dientes con un espejo de aumento, vi entre ellos minúsculas porciones de sustancia blanca. Raspé los dientes para obtener una muestra y la mezclé con agua de lluvia pura. Puse la mezcla en un tubito y lo sujeté a la aguja de mi microscopio.

Encontré allí un ser increíblemente diminuto, que daba saltos en el agua al igual que un pez. Encontré también una segunda clase de animálculo que avanzaba nadando un pequeño trecho, giraba y a continuación, casi repentinamente, daba un hermoso salto mortal. También estaban allí unos seres que se movían perezosamente y se asemejaban a bastoncitos curvos. Se movían; no cabía la menor duda de que estaban vivos. ¡Tenía un parque zoológico en la boca! [...]

Cuando me siento afiebrado, bebo una gran cantidad de tazas de café tan caliente como me es posible soportar, con lo cual rompo a sudar. Una mañana, en medio de uno de los ataques de sudor, miré una vez el sarro formado en mi dentadura. No pude hallar allí ni uno solo de sus animálculos vivos, pues creí ver los cuerpos de millares de individuos muertos, y uno o dos se movían débilmente, como si estuviesen enfermos.

Con la ayuda de un espejo de aumento observé mis muelas y con gran sorpresa vi un número increíblemente grande de animálculos, y todos ellos en una porción extraordinariamente reducida del antes mencionado sarro. [...]

Entonces llevé a cabo un delicado experimento, que consistió en calentar el agua, incluidos sus minúsculos pobladores, hasta una temperatura ligeramente superior a la de un baño caliente. Inmediatamente las criaturillas cesaron en sus ágiles desplazamientos. Dejé enfriar el agua y no por ello volvieron a la vida. Era, sin duda, el café caliente el que había matado a las bestezuelas de mis incisivos.

¡Con qué delicia volví a examinarlos una vez más! No obstante, me encontraba molesto porque era imposible distinguir cuál fuera la cabeza y la cola de aquellos bichillos. ¡Pero debían de tener cabeza y cola, y también debían de poseer hígado y vasos sanguíneos!".

Actividades

1. ¿Por qué les parece que Leeuwenhoek creía observar "bichillos" en las muestras que observaba con su microscopio?

2. Busquen en Internet los dibujos que realizó Leeuwenhoek de los "animálculos" que observaba. ¿De qué les parece que se trataba lo que veía? ¿Por qué?

Microscopios: herramientas para la observación

La mayoría de las células no pueden ser observadas a simple vista. Por esta razón, para poder estudiarlas se utilizan diversos tipos de instrumentos, como los **microscopios**.

A través del microscopio puede observarse una enorme variedad de tamaños y de formas celulares. Por ejemplo, los organismos pluricelulares pueden estar compuestos por células con prolongaciones delgadas, como las neuronas; y otras con forma de disco cóncavo en ambas caras, como los glóbulos rojos. También, con el microscopio pueden observarse las células de los organismos unicelulares, como las bacterias y los protozoos*.

La mayoría de las células son de tamaño pequeño y por eso se utilizan microscopios para observarlas.

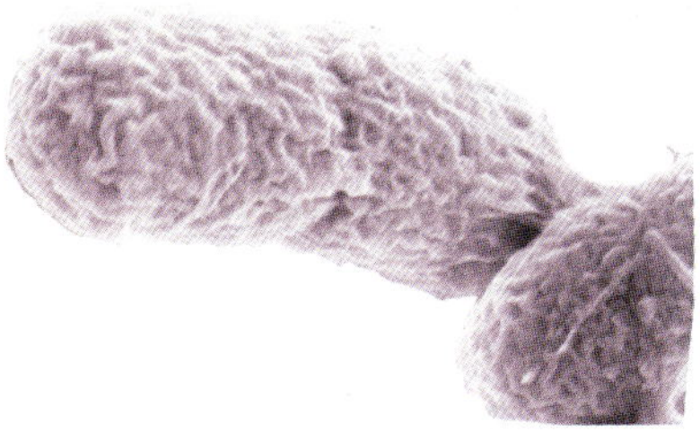

Bacteria (2 µm).

Ameba (700 µm).

Óvulo (150 µm).

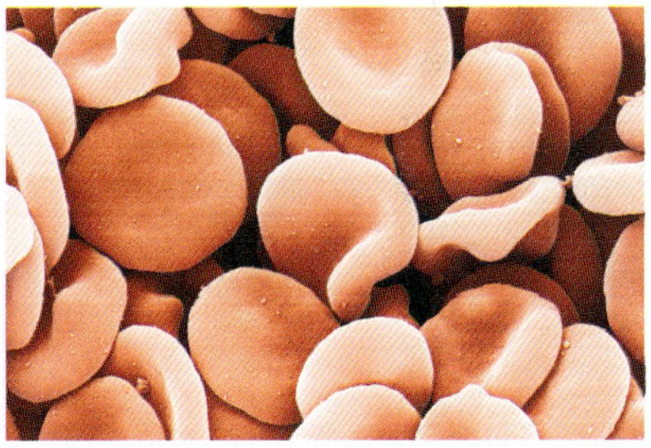

Glóbulos rojos (8 µm).

Célula humana (12 µm).

Célula vegetal (15 µm).

El tamaño de las células es tan pequeño que para medirlas se usa una unidad de longitud especial, llamada **micra** (µm). Una micra equivale a la millonésima parte de un metro (10^{-6} m). Así, en las imágenes, se puede analizar el tamaño relativo de los distintos tipos celulares: por ejemplo, un óvulo humano (150 µm) es diez veces más grande que una célula vegetal (15 µm).

A partir de observar y analizar las imágenes, podemos decir que en la naturaleza hay una gran diversidad celular, y que las células se pueden agrupar según su tamaño. Pero también hay otra forma de agruparlas de acuerdo con su complejidad. Según este criterio, podemos encontrar células **procariotas** y células **eucariotas**.

Los ejemplos

Para saber si comprendieron un concepto o una idea, pueden reemplazar los ejemplos que menciona el texto por otros diferentes.

Actividades

1. Averigüen el tamaño de otras células y escríbanlo en la carpeta.

Glosario

protozoos: grupo de seres vivos formados por una única célula.

El microscopio óptico

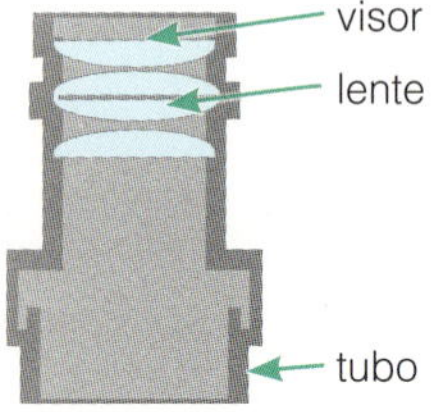

Corte de lente ocular.

El microscopio fue una herramienta trascendente para la evolución de la Microbiología* como ciencia. Su uso se extendió en el ámbito científico a partir del año 1850. El principio básico de un microscopio consiste en producir imágenes aumentadas de una muestra; es lo que comúnmente se llama **aumento**. Existe una gran variedad de microscopios; uno de ellos es el **microscopio óptico binocular**, que tiene un aumento de 40X a 2.000X. En otras palabras, produce imágenes de una muestra desde 40 hasta 2.000 veces más grandes.

Microscopio óptico binocular

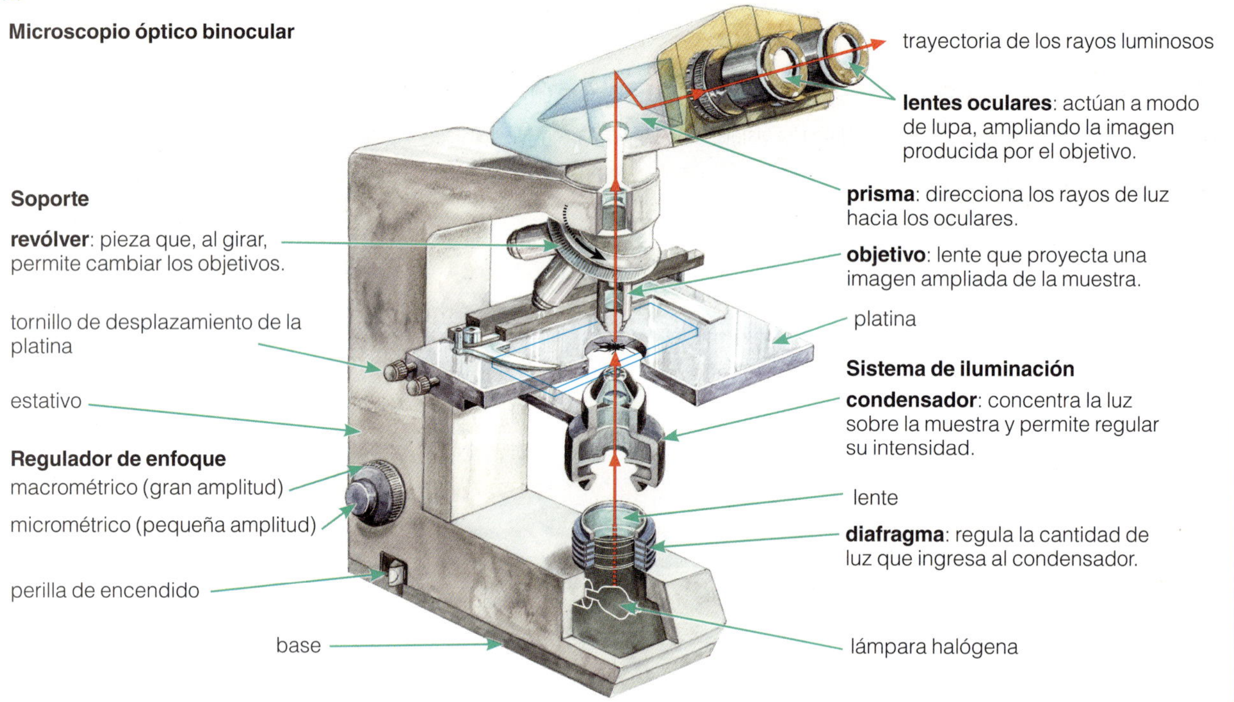

Cómo se forma la imagen

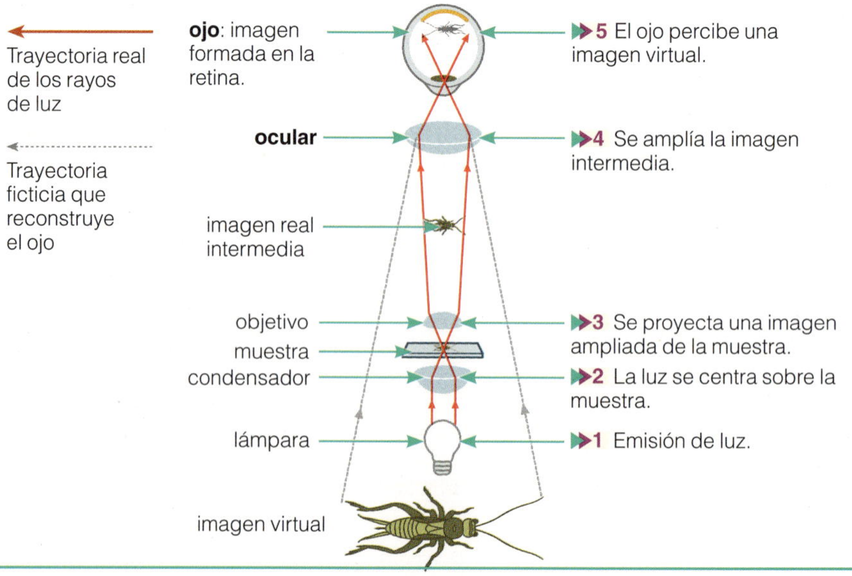

Glosario

microbiología: rama de la Biología cuyo objeto de estudio son los microorganismos.

Otros modelos de microscopios

Para poder ver una muestra al microscopio, es necesario usar una fuente de luz que incida sobre ella. A veces, la fuente de luz utilizada es natural o consiste en una lámpara sencilla, como el caso del microscopio óptico. Pero en otros casos, el microscopio utiliza sistemas de iluminación más sofisticados, como la luz láser. Algunos microscopios, en cambio, usan haces de electrones. Según el tipo de luz empleada y el juego de lentes que tenga el microscopio, se podrán obtener imágenes cada vez más aumentadas de la muestra. En algunos casos, la imagen se observa directamente a través del ocular, mientras que en otros, se proyecta en una pantalla.

Microscopio	Características	Ejemplo
Estereoscópico 	Utiliza luz visible. Forma imágenes tridimensionales.	Estambres de una flor. 
Confocal 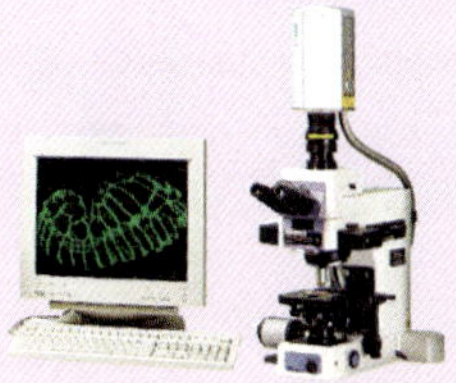	Utiliza luz láser. Luego, la imagen se interpreta por computadora.	Notocordio. 
Electrónico de escaneo 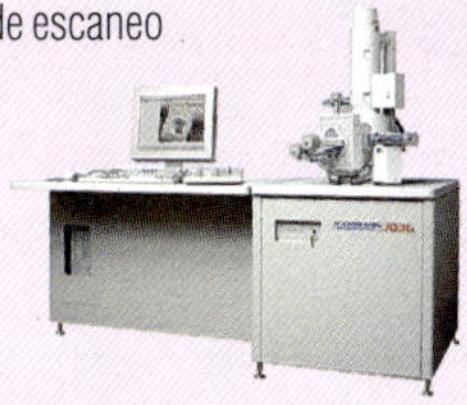	Utiliza un haz de electrones. Puede amplificar la imagen más de 100 mil veces.	Ojo compuesto de un mosquito. 
Electrónico de transmisión 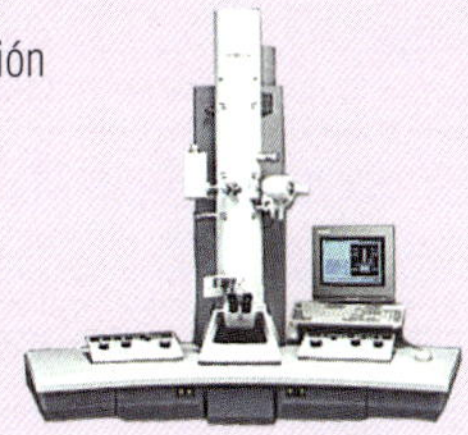	Utiliza un haz de electrones. Puede amplificar la imagen hasta un millón de veces.	Mitocondria (organela celular). 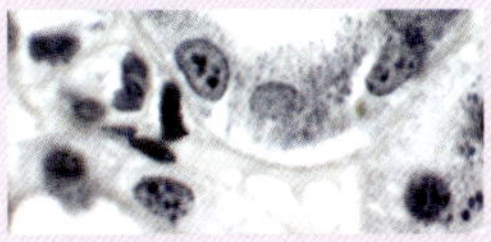
De fuerza atómica 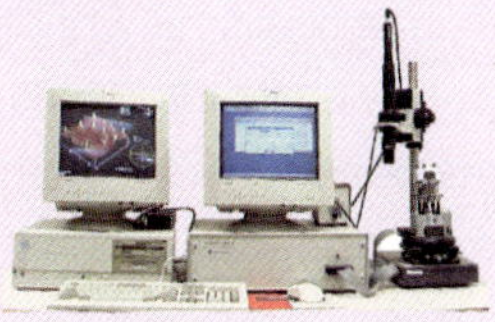	Utiliza una punta de metal del tamaño de un átomo para recorrer la muestra.	Partículas de sulfato de amonio (aerosol). 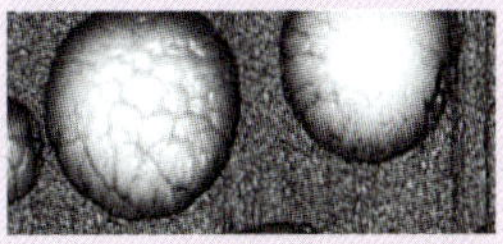

Fuente: Nikon / How stuff works / Colegio industrial de ingenieros industriales de Madrid / Image gallery of fresh eater *Algae* from the Keweenaw Peninsula, Michigan, Jason K. Oyadomari / Fishcope / The Laboratory of Dr. Mark Cooper, University of Washington, Department of Zoology / Dorling Kindesley / Wald S.A. / Pedro Saveff / Héctor Brtuolo / Laura Brtuolo.

Curiosidades ▶

Con la llegada del microscopio electrónico fue posible visualizar la ultraestructura celular. Este instrumento utiliza un haz de electrones generados por calentamiento de un filamento de tungsteno, en reemplazo de la luz visible. Los electrones recorren un tubo al vacío dirigidos por bobinas electromagnéticas que reemplazan las lentes del microscopio óptico. La imagen es captada indirectamente por el observador a través de su proyección en una pantalla fluorescente.

Actividades

1. ¿Por qué los microscopios fueron tan importantes en el desarrollo de la Microbiología?
2. Busquen información sobre los principales usos de los microscopios.
   a. ¿Qué tipo de muestras permiten estudiar?
   b. ¿Con qué finalidades se utiliza cada uno de ellos?

Las células procariotas

Como mencionamos antes, en la naturaleza existen dos tipos celulares que se diferencian principalmente por su complejidad: las células procariotas y las células eucariotas. A continuación estudiaremos en qué consisten esas diferencias.

Una de las principales diferencias que distingue a un tipo celular de otro es la ausencia o presencia de **núcleo**, un compartimiento delimitado por una doble membrana en el cual el material hereditario está aislado del resto de los componentes celulares. Las células procariotas son aquellas que carecen de ese núcleo; en cambio, las eucariotas, tienen núcleo. Las plantas, los animales, los hongos y unos pocos organismos unicelulares, como los protozoos, están formados por células eucariotas. Las bacterias son los únicos seres vivos con células procariotas.

Curiosidades

Las cianobacterias son los únicos organismos procariotas unicelulares acuáticos capaces de fotosintetizar. Al realizar este proceso, generan un residuo mineral. Cada capa de cianobacterias deja unos milímetros de este residuo pero, con los años, muchas capas juntas forman rocas. Algunas son muy antiguas, ya que habitan la Tierra hace 3.500 millones de años. Las rocas formadas de esta manera se denominan **estromatolitos**.

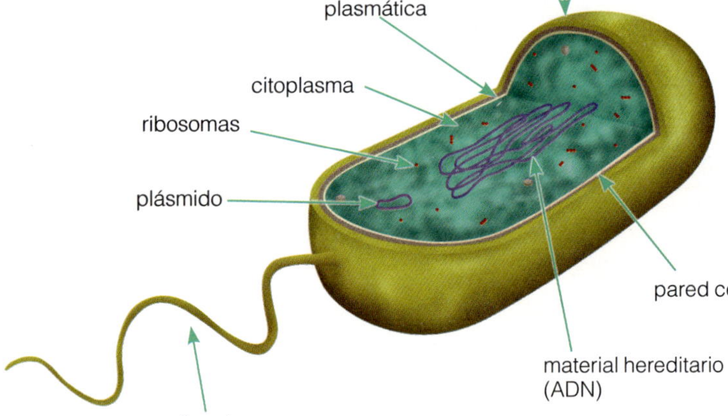

Célula procariota.

Las células procariotas bacterianas tienen algunas características en común con las eucariotas, como la membrana plasmática, el material hereditario y el citoplasma. También tienen en común unas estructuras llamadas **ribosomas**, que permiten fabricar proteínas que utiliza la célula. Sin embargo, tiene algunas diferencias. Por un lado, la estructura de los ribosomas presenta diferencias y la composición química de la membrana no es exactamente la misma. Por otro lado, el ADN se encuentra libre en el citoplasma. Además, la membrana de las células procariotas puede estar rodeada por otras envolturas que tienen función de protección, llamadas **pared celular** y **cápsula**. Los **plásmidos** son un tipo especial de material genético que guardan información de alguna característica en particular y que se pueden transferir o no a otras bacterias, o a bacterias hijas. Finalmente, los **flagelos** son estructuras en forma de látigo que permiten la movilidad.

Las células eucariotas

Las células eucariotas son otro tipo de célula que existe en la naturaleza. Además de presentar diferencias con las procariotas en cuanto a la presencia del núcleo, a la composición de la membrana plasmática y a la estructura de los ribosomas, en la mayoría de este tipo de células se encuentran **organelas** que las hacen particulares en su estructura y en su función. Sin embargo, no todas las células eucariotas se parecen entre sí. Las plantas, por ejemplo, tienen células eucariotas muy distintas de las del cuerpo de los seres humanos, y los insectos tienen tipos de células que no se encuentran ni en las plantas ni en el organismo humano. Pero también tienen organelas en común: las mitocondrias, los ribosomas, el retículo endoplasmático liso y el retículo endoplasmático rugoso.

Existen dos tipos de célula eucariota, la animal y la vegetal.

La célula eucariota animal

En las células eucariotas animales hay organelas que son exclusivas de este tipo de células, así como hay organelas que son propias de las células vegetales. Por ejemplo, los **centríolos**, que participan de la reproducción celular, son propios de las células animales.

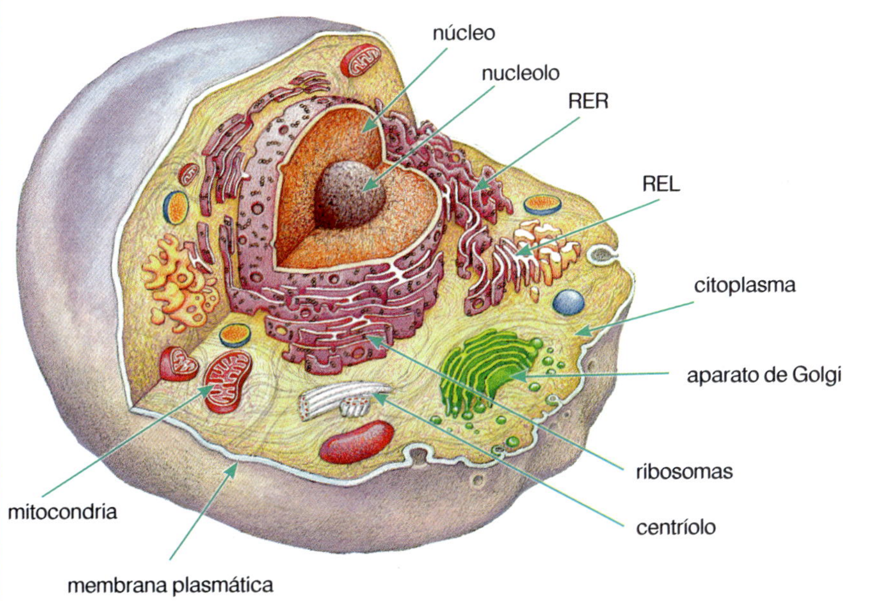

Representación de una célula animal con las organelas típicas que la componen.

Las **mitocondrias** intervienen en un proceso que aporta energía a las células: la **respiración celular**. Los **ribosomas** que se encuentran en el citoplasma fabrican proteínas que utilizará la misma célula. También hay ribosomas unidos al **retículo endoplasmático rugoso** (RER), que le dan un aspecto granulado. Allí se fabrican proteínas, que la célula exportará al exterior. Por su parte, el **retículo endoplasmático liso** (REL) no posee ribosomas y su función es producir lípidos. Finalmente, el **aparato de Golgi** es un sistema de membranas en cuyo interior se terminan de fabricar o acondicionar las sustancias que la célula envía al exterior.

Actividades

1. Realicen un cuadro comparativo sobre la célula procariota y la célula eucariota. Recuerden que comparar es establecer diferencias y similitudes.
2. Escriban la función de las siguientes organelas.
   a. Centríolos.
   b. Mitocondrias.
   c. Ribosomas.
   d. RER.
   e. REL.
   f. Aparato de Golgi.

La célula eucariota vegetal

Las células eucariotas animales y vegetales presentan organelas únicas que no se encuentran en otro tipo celular. Esto está relacionado con las funciones específicas que lleva a cabo cada una de ellas.

Al igual que la célula animal, la célula vegetal presenta una **membrana plasmática** que actúa como barrera entre el medio interno y el externo. Pero, rodeando a dicha membrana celular, la célula vegetal tiene una **pared celular** de celulosa que le otorga protección, rigidez y resistencia. También posee una **vacuola** que ocupa gran parte del citoplasma. Su función es almacenar agua, sales, azúcares y otras sustancias. Los **plástidos** almacenan sustancias de reserva y diferentes pigmentos. Los **amiloplastos**, por ejemplo, guardan como sustancia de reserva el almidón, mientras que los **cromoplastos** almacenan pigmentos que les dan coloración a las flores, los frutos y otras partes de la planta. Los **cloroplastos** son organelas de gran tamaño en las que ocurre el proceso de **fotosíntesis**. Solo se encuentran en las células vegetales y en algunos organismos del reino Protista, como las algas unicelulares.

Curiosidades

Cada célula tiene entre 10 y 100 cloroplastos. Cada cloroplasto contiene un estroma donde se asientan unos sacos llamados tilacoides, que absorben los fotones de la luz solar.

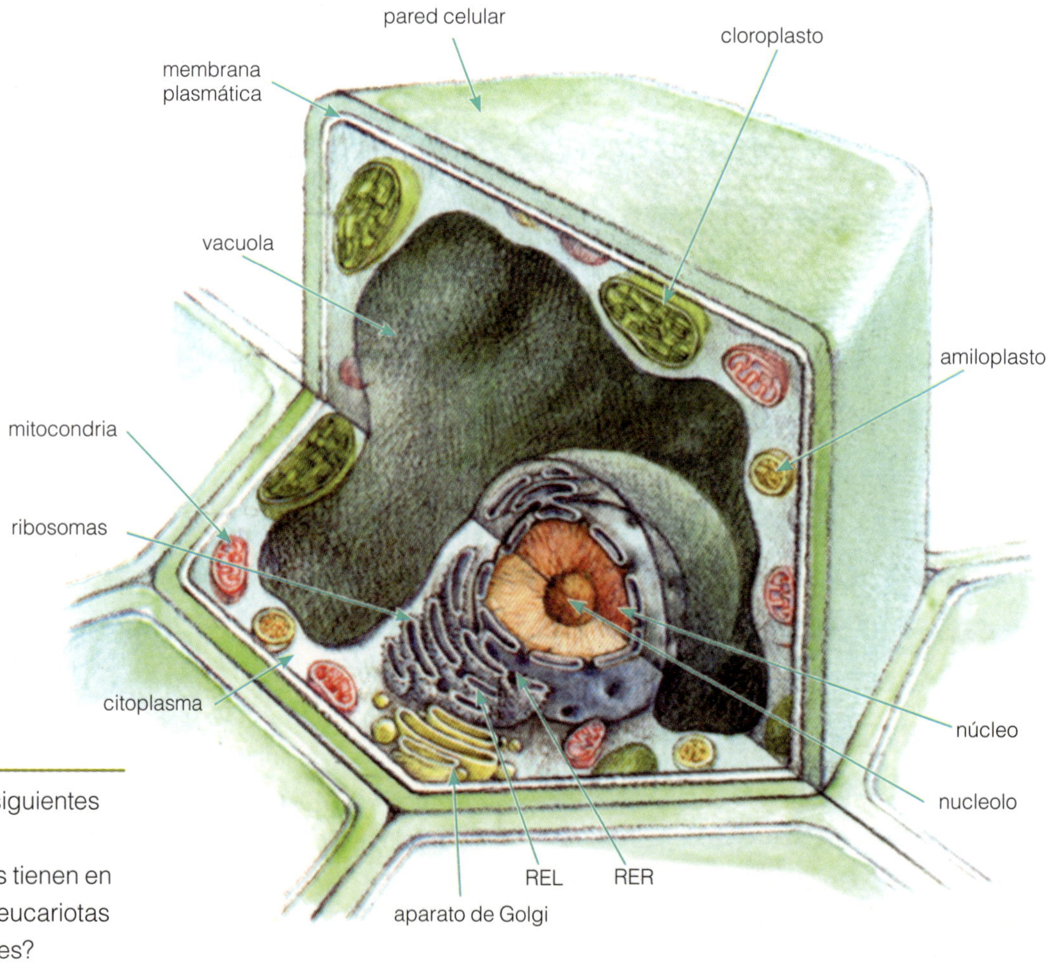

Representación de una célula vegetal con las organelas típicas que la componen.

Actividades

1. Respondan las siguientes preguntas.

a. ¿Qué estructuras tienen en común las células eucariotas animales y vegetales?

b. ¿Reconocen organelas propias de cada tipo celular? ¿Cuáles?

La célula eucariota de los hongos

En la naturaleza existen distintas clases de hongos. Algunos están formados por miles de células, es decir que son pluricelulares, como los que encontramos en los troncos de los árboles o en el suelo. Otros, en cambio, son unicelulares, como las levaduras que usamos para preparar pan o pizza.

Las células que forman a los hongos son eucariotas.

En los **hongos pluricelulares**, como los hongos de sombrero, se diferencian distintas partes. Una de ellas es el **micelio**, que es una estructura que permite la fijación del hongo al suelo y la absorción de nutrientes. El micelio está formado por estructuras en forma de hilos o filamentos, llamados **hifas**. Si se observan las hifas al microscopio, según el tipo de hongo, se pude observar que están formadas por células divididas por tabiques llamados septos, o bien que esos tabiques no están presentes. Las células de los hongos tienen pared celular y pueden estar formadas por más de un núcleo.

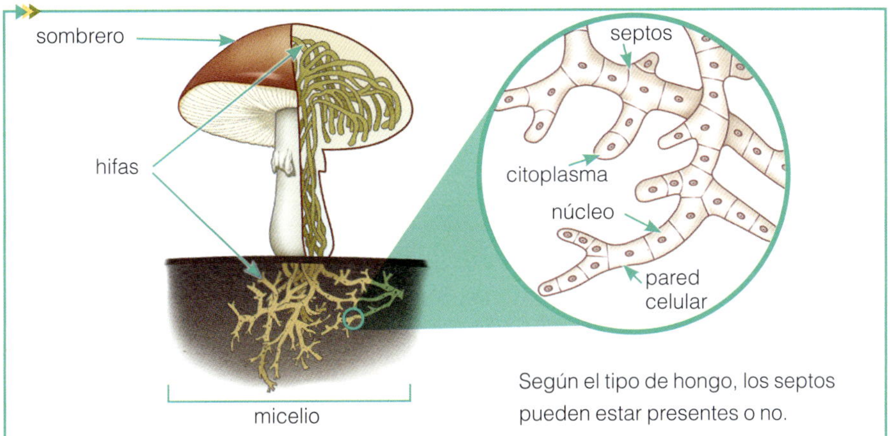

El sombrero es una estructura reproductora. Las hifas tienen aspecto filamentoso.

Según el tipo de hongo, los septos pueden estar presentes o no.

Las levaduras son **hongos unicelulares** cuya única célula es eucariota y, al igual que las células vegetales, presentan pared celular. Las levaduras se reproducen por **gemación**, un proceso por el cual una parte de la levadura comienza a diferenciarse, madura, y luego se escinde para formar una célula hija.

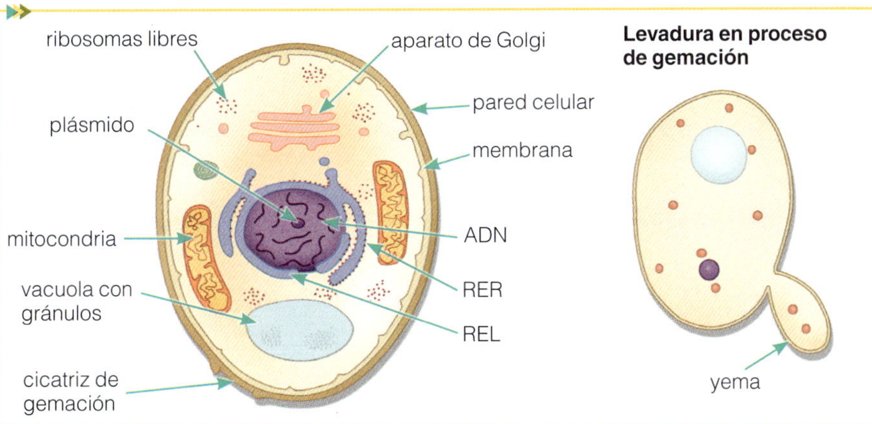

Así se trabaja en ciencias

A partir de la actividad científica se pueden proponer modelos que pretenden representar parte de la realidad. Un ejemplo de un modelo son las imágenes de los tipos celulares: las células presentan una gran variedad y diversidad, pero las imágenes muestran parte de ellas o sus características más salientes.

Actividades

1. Averigüen en qué se diferencian, desde el punto de vista químico, la pared celular de las células vegetales de la de las células de los hongos.
2. Establezcan semejanzas y diferencias entre la célula de la levadura y la célula animal, entre la célula de la levadura y la célula vegetal y, finalmente, entre la célula de la levadura y la célula bacteriana.

Las células animales y vegetales en el microscopio

En la actualidad existen microscopios sencillos con los que se pueden observar células. El manejo del microscopio es importante en tanto nos permite reflexionar acerca de semejanzas y diferencias entre distintos tipos de células, y observar detalles que no podríamos ver a simple vista. Además tiene otros usos, como en Medicina, para diagnóstico de enfermedades.

Actividades experimentales

¿Cómo se usa el microscopio óptico?

La siguiente experiencia tiene como objetivo aprender el correcto uso del microscopio óptico.

Necesitan:

- un microscopio óptico
- tres portaobjetos y cubreobjetos
- una pinza de metal
- un hisopo
- una planta de Elodea
- un recorte de diario con la letra "e" pequeña

Paso 1. Ubiquen el microscopio en un lugar firme y cerca de una ventana o una lámpara artificial para tener buena luz disponible.

Paso 2. Bajen el tubo moviendo el tornillo macrométrico para producir su desplazamiento rápido.

Paso 3. Miren por el ocular y muevan el espejo de manera que refleje bien la luz.

Paso 4. Si el espejo está bien ubicado, observarán un círculo blanco y brillante: el campo óptico.

Paso 5. Coloquen el pedacito de papel con la letra "e" sobre un portaobjetos y cúbranlo con un cubreobjetos.

Paso 6. Ubiquen el portaobjetos en la platina y asegúrense de sujetarlo.

Paso 7. Enfoquen con el menor aumento y observen. Luego, usen un aumento mayor y registren las diferencias que notan.

Paso 8. Pasen el hisopo por la cara interna de las mejillas y esparzan la muestra sobre el portaobjetos. Luego, cubran con el cubreobjetos.

Paso 9. Retiren una delgada capa de la Elodea con la pinza, colóquenla sobre otro portaobjetos y cubran con el cubreobjetos.

Paso 10. Observen ambas muestras con aumentos cada vez mayores.

Paso 11. Sobre una hoja blanca, dibujen lo observado con cada aumento para cada una de las muestras.

a. ¿Qué diferencias encuentran?

b. ¿Qué partes de las células pudieron reconocer? ¿Cuáles no? ¿A qué creen que se deba esto?

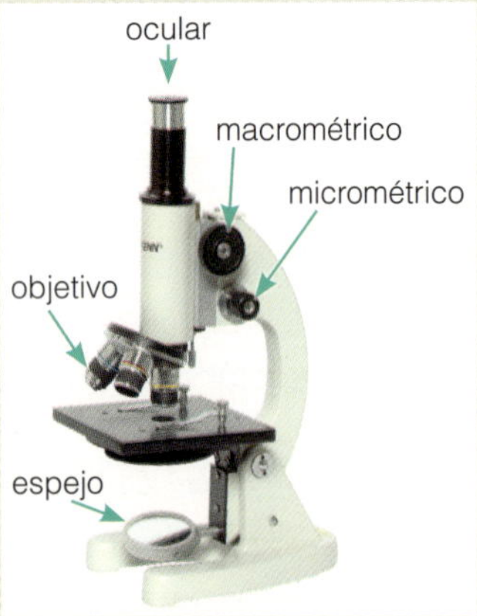

Microscopio óptico.

Mover el espejo hasta que el campo quede iluminado en forma pareja.

Mover el tornillo macrométrico para acomodar el tubo a la distancia necesaria para enfocar.

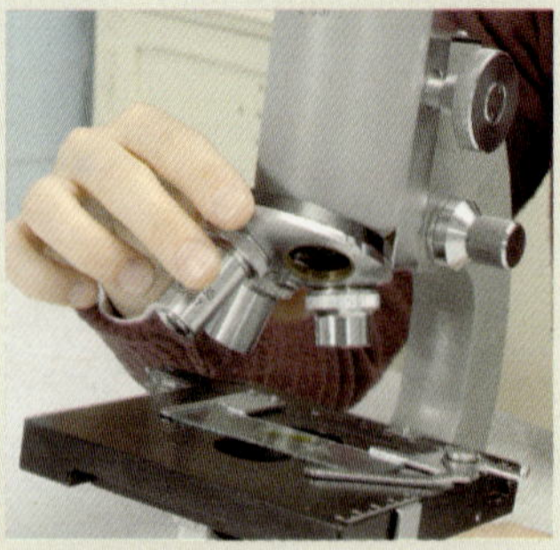
Siempre enfocar con el menor aumento. Una vez que se pudo observar una imagen, pasar a un aumento mayor.

La teoría endosimbiótica

En el capítulo anterior estudiaron las condiciones que hicieron posible el surgimiento de las primeras células. También estudiaron las características de las células actuales y su organización. Entre aquel evento y la actualidad transcurrieron millones de años de evolución. A lo largo de ese tiempo, las células fueron cambiando y se fueron diversificando. En ese proceso, algunas se complejizaron hasta desarrollar las organelas que estudiaron en este capítulo.

La **teoría endosimbiótica** explica cuál fue el origen de dos organelas en particular: las mitocondrias y los cloroplastos.

La nutrición de los primeros seres vivos

Los primeros seres vivos que habitaron la Tierra utilizaban de alimento la materia orgánica que estaba a disposición en el entorno. Esa materia era empleada como materia prima para la construcción o el mantenimiento del propio ser vivo y también como fuente de energía, a través de un proceso denominado **respiración celular** (que estudiaremos en el próximo capítulo). Este tipo de nutrición se denomina **heterótrofa**.

En un período de la historia, la cantidad de estos seres vivos heterótrofos comenzó a aumentar, con la desventaja de que comenzaron a competir más fuertemente por el alimento. De forma azarosa, algunos organismos comenzaron a elaborar la materia orgánica a partir de compuestos simples que había en el medio. En este proceso se aprovechaba la luz solar. Así, estos seres vivos no utilizaban como alimento la materia orgánica del medio, sino que usaban aquella que fabricaban ellos mismos. Este tipo de nutrición se denomina **autótrofa**. Un grupo particular dentro de estos seres vivos autótrofos comenzó a aprovechar la luz del sol, el agua y el dióxido de carbono en este proceso de fabricación de materia orgánica. Este mecanismo, que desarrollaremos más adelante, se denomina **fotosíntesis**.

Uno de los productos que se generan a través de la fotosíntesis es el oxígeno. Entonces, a partir de ese momento, este gas comenzó a estar presente en la atmósfera, lo que dio lugar a reacciones químicas que no habían sucedido con anterioridad. También hubo seres vivos que pudieron aprovechar ese gas como un reactivo importante en las reacciones químicas que ocurrían en su interior, en particular en la respiración celular. A aquellos seres vivos que incorporan el oxígeno durante el proceso de respiración celular se los denomina **oxibióticos**.

Actividades

1. Expliquen, con sus palabras, cómo era la nutrición de los primeros seres vivos y cómo fue evolucionando hasta llegar a los organismos oxibióticos.

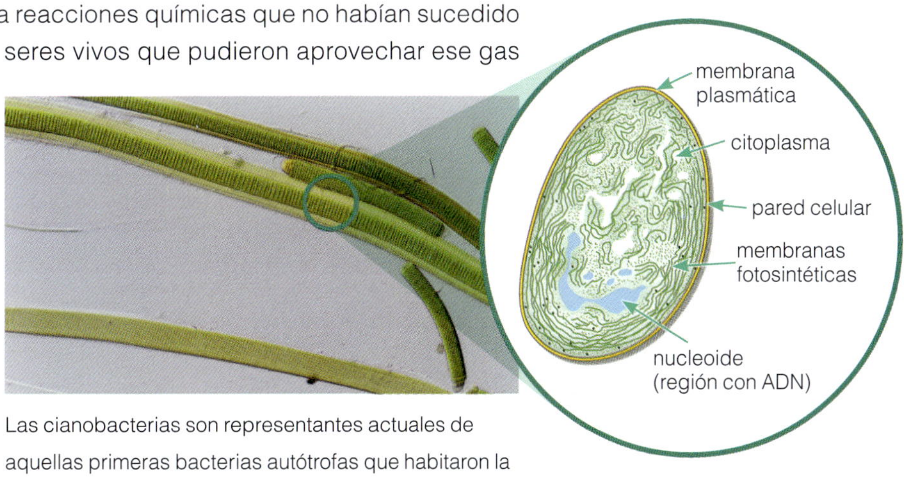

Las cianobacterias son representantes actuales de aquellas primeras bacterias autótrofas que habitaron la Tierra. La clorofila les permite captar la luz del sol y les da el color verde.

Hacia el surgimiento de los cloroplastos y las mitocondrias

El subrayado
La técnica del subrayado ayuda a estar atento y activo durante la lectura para seleccionar las palabras y frases claves.

En la historia de la Tierra primitiva, comenzaron a convivir seres vivos que tenían distintas estrategias de obtención del alimento y del aprovechamiento de la energía de estos. Aquellos que incorporaban alimento del medio, los heterótrofos; aquellos que fabricaban su alimento, los autótrofos y, entre ellos, los fotosintéticos; aquellos que aprovechaban la energía de los alimentos pero a través del proceso de respiración celular con oxígeno, los oxibióticos y, finalmente, aquellos que llevaban a cabo este proceso pero en ausencia de oxígeno, los **anoxibióticos**. En los organismos oxibióticos, el proceso de obtención de energía del alimento es más eficiente que en los organismos anoxibióticos; así, los primeros presentaban esta ventaja sobre los segundos. A partir de ese momento, el oxígeno comenzó a ser crucial, tanto en el proceso de elaboración de la materia orgánica o alimento, como para procesos de obtención de energía en los organismos oxibióticos. En este escenario de seres vivos primitivos tan diversos es que se puede explicar el origen de las mitocondrias y de los cloroplastos de las células actuales.

Eventos clave propuestos por la teoría endosimbiótica

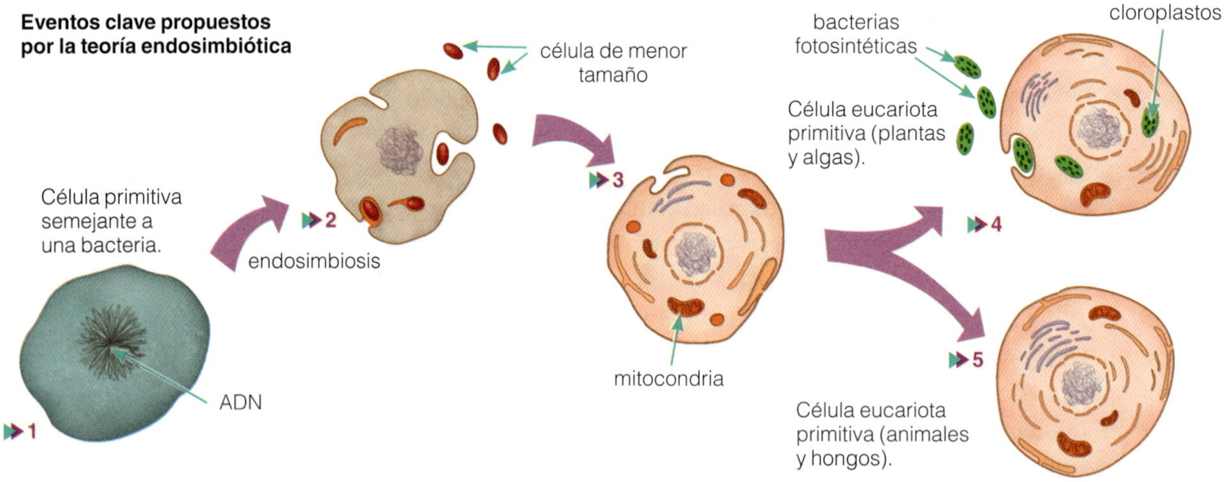

1 Una célula primitiva semejante a una bacteria, pero de mayor tamaño y sin pared celular, se alimenta de otras células o sustancias orgánicas (heterótrofa y anoxibiótica).
2 La flexibilidad de la membrana es tal que permite que la célula cambie de forma y englobe a otra célula de menor tamaño. Además, esta propiedad le permite producir compartimientos internos en el citoplasma.
3 La célula original incorpora una célula de menor tamaño y oxibiótica, pero no la digiere. En cambio, esta queda incluida en el citoplasma de la célula de mayor tamaño.
4 La célula de menor tamaño obtiene protección y, a la vez, su forma de obtener la energía de los nutrientes es muy eficiente, lo cual representa una ventaja también para la célula de mayor tamaño. Con el tiempo, la célula de menor tamaño se transformó en las mitocondrias. Se cree que este fue el origen de las células de los animales y los hongos.
5 En algún momento de la historia evolutiva, el complejo formado por las células de diferente tamaño incorporaron también bacterias capaces de realizar fotosíntesis. En este caso, estas se transformaron en cloroplastos. Se cree que este fue el origen de las células vegetales y de las algas.

Actividades

1. Una de las evidencias que dan sustento a la teoría endosimbiótica es que los cloroplastos y las mitocondrias tienen ADN en su interior. ¿Cómo pueden explicar esto?
2. Expliquen cuál es la importancia de la aparición del gas oxígeno en el marco de la teoría endosimbiótica.

Un ancestro común para todos los seres vivos

Al considerar la teoría endosimbiótica podemos pensar que a partir de aquellos primeros seres vivos se originó la diversidad de seres vivos del pasado y del presente. Pero si nos movemos en el tiempo hacia el pasado, y cada vez más atrás, podemos pensar que en algún momento surgió el primer ser vivo (o conjunto de seres vivos) que constituyen un ancestro común para todos los seres vivos. Existen varias evidencias que confirman esta hipótesis.

En la actualidad, se conocen aproximadamente 1 millón 800 mil especies, y cada año se descubren más y más. A esta gran variedad de seres vivos se la denomina **biodiversidad**. A pesar de esta biodiversidad, todos los seres vivos tienen características en común.

- **Llevan a cabo distintas funciones**: la de nutrición, que incluye la incorporación de materiales e intercambio de energía con el medio, el aprovechamiento de esos materiales y la eliminación de desechos; la función de reproducción, que implica dejar descendencia; la de homeostasis, mediante la cual el medio interno se mantiene constante y la función de irritabilidad, que consiste en la capacidad de reaccionar frente a estímulos.
- Todos los seres vivos **están formados por células**.
- Todas **las células tienen material genético**, el ADN, que determina sus características.
- Los componentes de las células son semejantes: proteínas, lípidos, hidratos de carbono.

A lo largo de la historia de la ciencia, estas relaciones de parentesco entre los seres vivos se han representado con gráficos. El naturalista alemán Ernst Haeckel (1834-1919) propuso un gráfico llamado "árbol de la vida", donde el parentesco entre los seres vivos se basa en **aspectos morfológicos**. Este criterio, tiempo después, no pareció suficiente para establecer relaciones, y comenzaron a usarse otros. En la actualidad, las relaciones de parentesco entre los individuos se establecen por **criterios genéticos**, es decir, por las semejanzas y/o las diferencias en el ADN entre distintas especies.

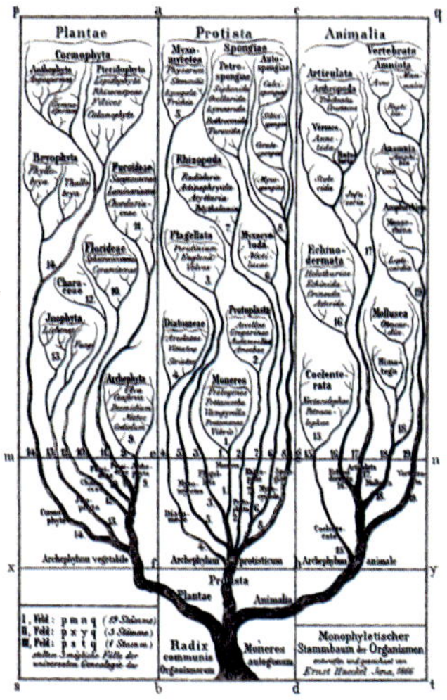

En el árbol de la vida de Haeckel se propone que los tres grupos de organismos conocidos y estudiados hasta ese momento provienen de un ancestro común.

Actividades

1. ¿Qué le dirían a una persona que piensa que los árboles filogenéticos del pasado ya no sirven? ¿Por qué?
2. ¿Por qué los árboles filogenéticos van cambiando a lo largo del tiempo?

Actualmente, el parentesco entre organismos se representa por árboles filogenéticos. Cuanto más cercanas entre sí están dos ramas, más emparentados están los grupos.

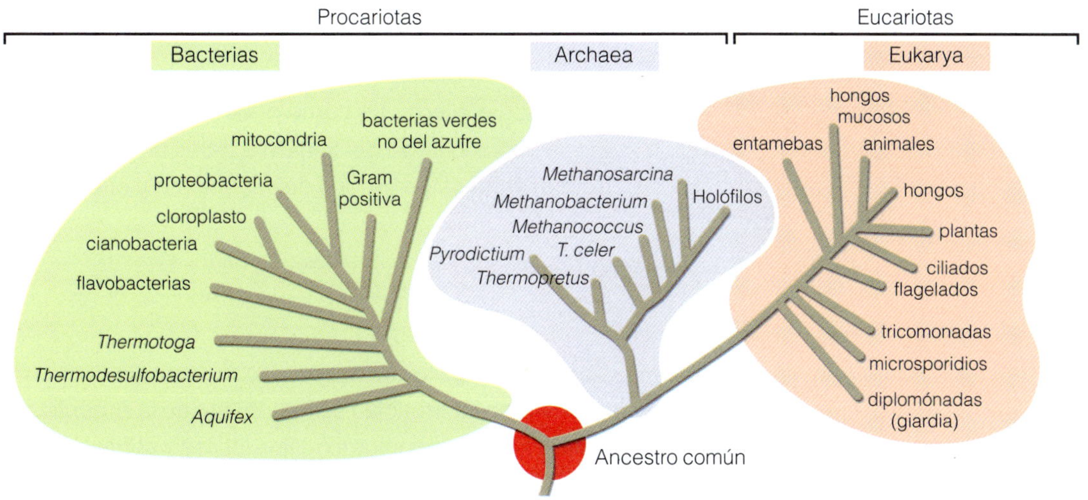

Una observación que explica la teoría del ancestro común

La teoría del ancestro común permite explicar algunas de las observaciones que han hecho los naturalistas a lo largo de cientos de años sobre el estudio de la naturaleza. Una de ellas es la observación de los fósiles.

Los **fósiles** son restos de seres vivos (o de las consecuencias de su actividad) que vivieron en el pasado y que se conservan en la actualidad. Así, un árbol petrificado o la marca de una pisada son fósiles. Georges Cuvier (1769-1832) fue un naturalista francés que estudió los fósiles y que, a través de ellos, quería interpretar el pasado de la vida sobre la Tierra. Cuvier encontró fósiles en distintas capas estratigráficas* del suelo, pero concluyó que no tenían relación entre sí. También propuso que los fósiles no se relacionaban con los seres vivos actuales. Sin embargo, se hallaron evidencias de que efectivamente sí había relación entre los fósiles de las distintas capas, y que estos revelaban cómo se iban sucediendo los organismos en el tiempo.

Glosario

capas estratigráficas: capas de rocas que se depositaron a lo largo de millones de años y que brindan información acerca de las condiciones atmosféricas y de los seres vivos que habitaron la Tierra en distintas etapas de su historia.

Casi siempre, los organismos más antiguos se ubican en las capas del suelo más profundas, que son las más antiguas, mientras que los más actuales se encuentran en las capas más superficiales. El orden de estos restos de seres vivos en las capas supone, por un lado, un cambio en los grupos de seres vivos y, por otro, la posible conexión entre ellos a través de relaciones de parentesco, en las cuales los fósiles de las capas superiores corresponden a restos de seres vivos que son descendientes de alguno o algunos de los de las capas más profundas.

De acuerdo con la teoría del ancestro común, los seres vivos provienen de un mismo antepasado. Y de ser así, entonces en el registro fósil se deberían encontrar evidencias de un proceso de transición desde los seres vivos más antiguos hacia los más modernos. Por ejemplo, los restos fósiles de cetáceos, como las ballenas, orcas y delfines, permitieron realizar suposiciones acerca de cómo podrían haber sido formas de vida intermedias e interpretar cómo pudo haber sido la transformación a lo largo del tiempo a partir de un ancestro común entre estos grupos de seres vivos y otros.

En las capas estratigráficas, los fósiles más antiguos aparecen en las capas inferiores, mientras que los más modernos, en las superiores. Por ejemplo, en las capas más profundas hay fósiles de trilobites, y en las capas más superficiales hay fósiles de dinosaurios.

Actividades

1. Busquen información sobre lugares de la Argentina donde se han encontrado restos fósiles y sobre la importancia del hallazgo.

Las células se organizan

Célula	Tejido	Órgano	Organismo
Conductora 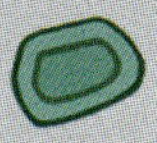	De conducción 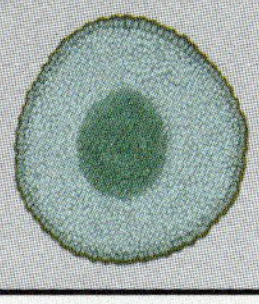	Raíz 	

Ejemplo de los niveles de organización en las plantas.

El principio más amplio empleado en el estudio de los seres vivos es lo que los biólogos llaman **niveles de organización.** Este principio se basa en el concepto de que la vida puede ser mejor entendida disponiendo a los seres vivos, los grupos de seres vivos y las partes de los seres vivos en un orden jerárquico e inclusivo. Los organismos son formas individuales de vida, de la mayoría de las cuales tenemos conocimiento directo. Un perro, un árbol, un pez, un hongo y una levadura son ejemplos de organismos. Los organismos pueden variar de manera considerable en cuanto al tamaño y a la forma. A pesar de las diferencias que pueden existir entre los organismos, todos tienen en común que poseen una estructura interna que no es uniforme y que cada organismo convive con otros de su misma especie. A partir de estos dos aspectos, los especialistas plantean dos niveles de análisis. Un nivel considerando los grupos de organismos, estableciendo niveles superiores de organización; y otro nivel considerando las partes de un organismo, es decir, niveles inferiores de organización.

Niveles inferiores de organización

Algunos animales contienen **sistemas de órganos** que posibilitan el cumplimiento de las funciones vitales, como el sistema circulatorio. No todos los organismos presentan sistemas de órganos. Las plantas y muchos animales no parecen presentar sistemas, pero sí contienen estructuras distintas, llamadas **órganos**, los cuales están constituidos por **tejidos**. El corazón es un órgano como lo son una hoja, un pulmón o una raíz. Un tejido es un grupo de células semejantes que cumplen la misma función. El tejido muscular, por ejemplo, está constituido por células capaces de contraerse y producir la fuerza del músculo. Algunos seres vivos están compuestos solamente por tejidos, como las aguas vivas. Los tejidos están constituidos por unidades individuales llamadas **células.** Estas son las unidades fundamentales de los organismos y difieren considerablemente unas de otras. Los distintos tipos de células varían también en sus funciones, aunque todas ellas tienen en común ciertas características. La invención del microscopio permitió la observación de células, y su perfeccionamiento reveló que estas tienen partes que se conocen con el nombre de **organelas.** Las organelas de mayores dimensiones se pueden visualizar con el microscopio; aunque fue la invención del microscopio electrónico lo que permitió a los biólogos conocer mejor cómo estaban constituidas las partes de las células. Las organelas están constituidas por **grandes moléculas**, como proteínas, lípidos y ácidos nucleicos. Estas macromoléculas representan largas cadenas de moléculas unidas entre sí. Las **moléculas** están compuestas por átomos unidos entre sí. Un **átomo** es la más pequeña porción de un elemento, y están compuestos por partículas fundamentales, como los protones, neutrones y electrones. Este es el límite actual de nuestro conocimiento acerca de la organización en el más bajo nivel. Conviene considerar que tanto en el nivel más bajo como en el más alto, existe la posibilidad de otro nivel todavía no descubierto.

Nuevo manual de la Unesco para la enseñanza de las ciencias. Sudamericana. Buenos Aires, 1997. (Adaptación).

Actividades

1. Lean el artículo y resuelvan las siguientes consignas.

a. Representen en un cuadro la relación entre cada uno de los niveles de organización mencionados en el texto.

b. ¿Qué otros niveles de organización existen pero no se mencionan en el texto?

El origen de la pluricelularidad

En las páginas anteriores estudiaron que los primeros seres vivos que habitaron la Tierra eran unicelulares y que, además, hay evidencias que sostienen la teoría del ancestro común, según la cual todos los seres vivos, unicelulares y pluricelulares, presentes y del pasado, tienen un origen en común. Ahora veremos una serie de teorías que explicarían de qué manera, a partir de los organismos unicelulares, comenzaron a surgir los **seres vivos pluricelulares**.

Los primeros seres vivos unicelulares procariotas surgieron en la Tierra hace unos 3.500 millones de años, mientras que los seres vivos unicelulares eucariotas, hace unos 2.500 millones de años. ¿Cómo se explica que en la actualidad existan seres vivos formados por millones de células? ¿Cómo surgieron los primeros organismos pluricelulares?

La teoría colonial

En algún momento de la historia de la Tierra, algunos organismos unicelulares de la misma especie comenzaron a vivir de manera agrupada, formando colonias*. En las **colonias**, los organismos unicelulares tienen un mayor o menor nivel de organización, logrando de esta manera una distribución de las tareas que llevan a cabo los organismos integrantes de la colonia. De esta manera, al compartir una determinada función con otros individuos, cada uno se beneficia; por ejemplo, se puede obtener más cantidad de alimento o lograr una mayor protección. En algunas colonias hay organismos con función de reproducción, otros con función de defensa y otros capturan los alimentos. Una verdadera colonia se forma cuando los organismos unicelulares que la constituyen, al dividirse, no se separan de la colonia, es decir, no se independizan.

Un ejemplo de colonia actual de este tipo es el alga *Volvox*. Este conjunto de individuos está formado por algas unicelulares eucariotas, entre las que están repartidas distintas tareas. Algunos de los individuos producen el alimento de la colonia, mientras que otros tienen función reproductora. Entre los individuos de la colonia *Volvox* que llevan a cabo distintas funciones se evidencia una diferenciación.

La presencia de estas colonias en la actualidad podría ser una evidencia de que, en algún momento de la historia de los seres vivos, habrían surgido colonias semejantes de individuos unicelulares heterótrofos o autótrofos entre los que se estableció, con el correr del tiempo, una relación de simbiosis*. De esta manera habrían dado origen a plantas y animales pluricelulares.

Glosario

colonia: conjunto de seres vivos unicelulares que se agrupan con mayor o menor interdependencia, y realizan tareas de manera cooperativa.

simbiosis: asociación de individuos de diferentes especies, sobre todo si sacan provecho de la vida en común.

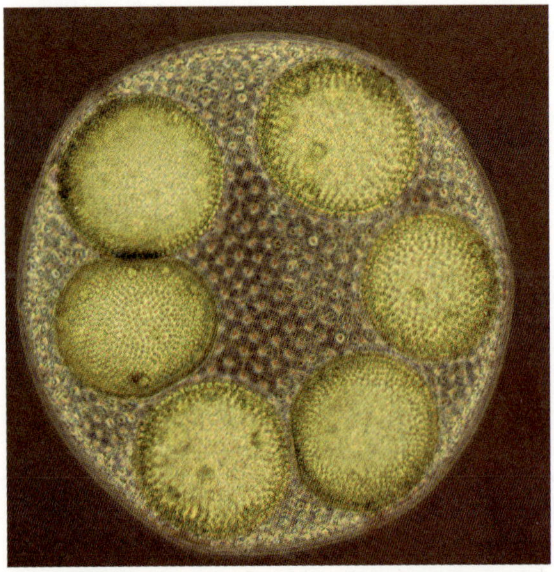

Volvox puede llegar a tener hasta 600 mil individuos, que se disponen formando una esfera.

En el siguiente esquema se muestran una serie de eventos clave que constituyen la hipótesis central de la teoría colonial y que explicarían el surgimiento de los seres vivos pluricelulares a partir de una colonia de seres vivos unicelulares flagelados.

1 Un ser vivo unicelular eucariota que presenta flagelo tiene vida libre.

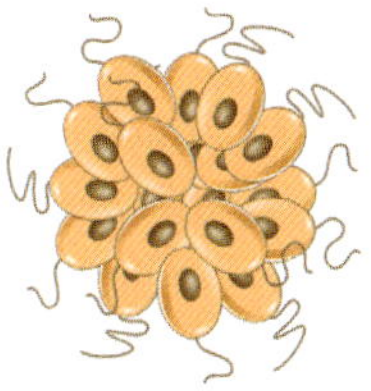

2 Varios seres vivos unicelulares eucariotas flagelados se agrupan formando un agregado.

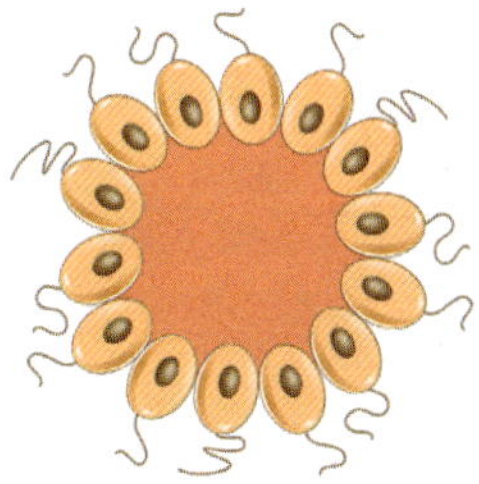

3 Los seres vivos migran y forman una esfera, con el flagelo ubicado hacia el medio.

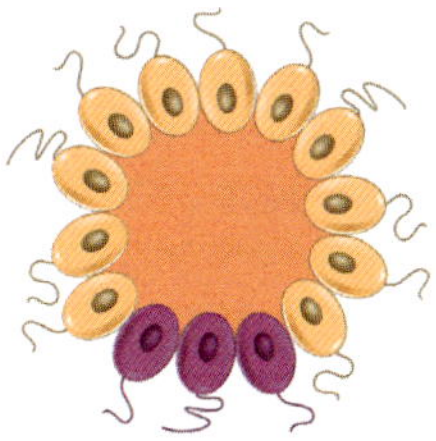

4 Algunas células comienzan a especializarse en una función, como la reproductora (representadas por las coloreadas en violeta).

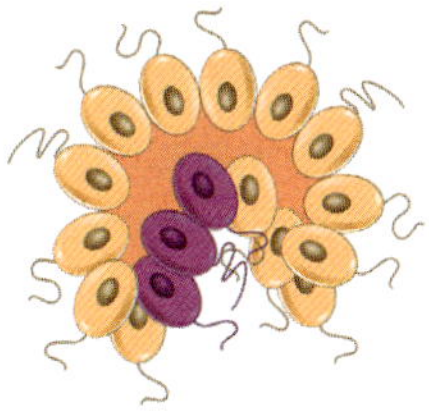

5 Algunas células comienzan a migrar hacia el interior de la esfera, formando pliegues y estableciendo nuevas conexiones entre sí, y comienzan a formar tejidos.

Principales eventos de la hipótesis colonial.

La teoría sincitial

Si bien la teoría colonial es la más aceptada en la actualidad con relación al origen de los organismos pluricelulares, existen otras, como la teoría sincitial. Esta postula que en el pasado podría haber existido un organismo unicelular con múltiples núcleos en su interior, y que a partir del pliegue de su membrana plasmática, se podrían haber generado distintos compartimientos en cuyo interior habrían quedado cada uno de los núcleos, por lo que este habría sido el primer organismo pluricelular. Una posible evidencia de esta teoría es la presencia de organismos actuales cuyas células (o algunas de ellas) presentan múltiples núcleos.

Teoría sincitial

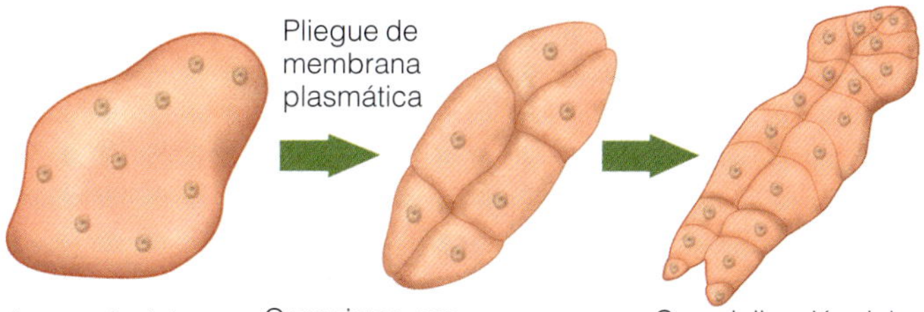

Organismo unicelular con varios núcleos. — Organismo con compartimientos, cada uno con un núcleo en su interior. — Complejización del organismo.

Actividades

1. ¿Cuáles son las ventajas que un ser vivo independiente podría obtener de la vida en una colonia? ¿Y las desventajas?

2. ¿Qué semejanzas y diferencias encuentran entre las dos teorías del origen de los seres vivos pluricelulares?

Ventajas de la pluricelularidad

Las medusas, las lombrices y los insectos son ejemplos de seres vivos pluricelulares que surgieron hace millones de años y que se han conservado hasta la actualidad.

Actividades

1. ¿Por qué el proceso de diferenciación celular fue tan importante?

2. ¿Qué ventajas tienen los animales pluricelulares respecto a la alimentación?

Las teorías de las páginas anteriores nos permiten pensar acerca del origen de los primeros seres vivos pluricelulares. Ahora analizaremos más en detalle los eventos que sucedieron entre el surgimiento de las colonias hasta su establecimiento como seres vivos pluricelulares, así como las ventajas de la pluricelularidad.

A medida que los organismos unicelulares fueron constituyendo las colonias, comenzaron a especializarse en alguna función en particular. A su vez, esta diferenciación dio origen a estructuras con un número cada vez mayor de células, a la vez que estas estructuras se tornaban cada vez más especializadas en su función y estaban conformadas por un número mayor de células. Así, el organismo completo, formado cada vez por más células, tenía un tamaño cada vez mayor. Esta característica constituía una ventaja, ya que le permitía incorporar una mayor cantidad de alimento. No obstante, una mayor cantidad de células también implicaba una demanda mayor de alimento para sostenerlas. A su vez, las células que se ubicaban más lejos de la superficie tenían un menor contacto con el medio y, por lo tanto, menos posibilidades de incorporar nutrientes, intercambiar gases y eliminar desechos, lo cual podía llevar a la muerte de esas células. Sin embargo, los seres vivos pluricelulares existen. Se cree que el factor determinante que permitió el desarrollo y el establecimiento de los seres vivos pluricelulares fue una división definitiva de tareas entre las células, expresada también en su morfología. Los seres vivos pluricelulares, al poseer muchas células, tuvieron la ventaja de que en ellos se pudo producir un proceso de **diferenciación celular** entre las células que los conforman, lo que permite una división eficiente de tareas. Así, algunas células comenzaron a especializarse en el transporte de nutrientes, gases y desechos, por lo que aquellas células ubicadas lejos de la superficie tuvieron acceso a esos intercambios. En ese sentido, la presencia de células transportadoras ha representado una ventaja evolutiva.

Se cree que los seres vivos pluricelulares han comenzado a ser importantes en número hace aproximadamente 600 millones de años. En aquel momento, comenzaron a diversificarse para dar origen al grupo de los animales, las plantas y el resto de los seres vivos pluricelulares. Algunas de esas especies se han extinguido, mientras que otras aún existen.

Entre los animales pluricelulares, una de las características primordiales que les permitió alimentarse de manera más eficiente fue la presencia de una abertura por la que se incorporaba el alimento y se eliminaban los desechos de la digestión, conectada con una cavidad. En la cavidad se llevaba a cabo la digestión de los alimentos. En algunos animales, además, surgió otro orificio, por el cual se eliminaban los desechos de la digestión. Estas características también fueron una ventaja ya que permitieron realizar de manera más eficiente la digestión, dado que la función de eliminación de los desechos de la digestión no interfería con la incorporación de los alimentos.

Para conocer más

Hooke, R., *Micrografía. Algunas descripciones fisiológicas de los cuerpos diminutos realizadas mediante cristales de aumento con observaciones y disquisiciones sobre ellas*, Barcelona, Círculo de lectores, 1995.

Plata Rosas, L. J., *Un científico en el museo de arte moderno*, Buenos Aires, Siglo XXI editores, 2011.

El arte en las fotografías tomadas con microscopio

Ácaro. Fotografía tomada con microscopio electrónico de barrido.

En la actualidad, existen microscopios tan potentes que permiten observar detalles de seres vivos que serían imposibles de notar a simple vista. En general, con estos microscopios se pueden tomar fotografías de la muestra que se analiza y, a la vez, es posible editar las imágenes, tal como sucedería con una cámara fotográfica o con un programa de edición de imágenes. Con este tipo de microscopios, un mundo de texturas y formas desconocidas comenzó a salir a la luz. Algunos instrumentos convencionales, como cámaras fotográficas de alta resolución, también detectan detalles invisibles al ojo humano.

En algunos casos, las fotografías tomadas con microscopios han sido consideradas verdaderas obras de arte. Tal es así que en la actualidad existen concursos de fotografía con temáticas científicas y tecnológicas. A veces, el énfasis de la fotografía está en captar los detalles desconocidos hasta el momento de un ser vivo o de alguna de sus partes. Otras veces, en cambio, lo que se valora es el uso de estas técnicas fotográficas que brindan los microscopios para captar detalles de situaciones de la vida cotidiana. También, en estos concursos hay fotografías tomadas con cámaras fotográficas convencionales. Para cualquiera de los casos, en este mundo, la ciencia, la tecnología y el arte se cruzan.

Pelos de las patas de las arañas. Fotografía tomada con microscopio electrónico de barrido.

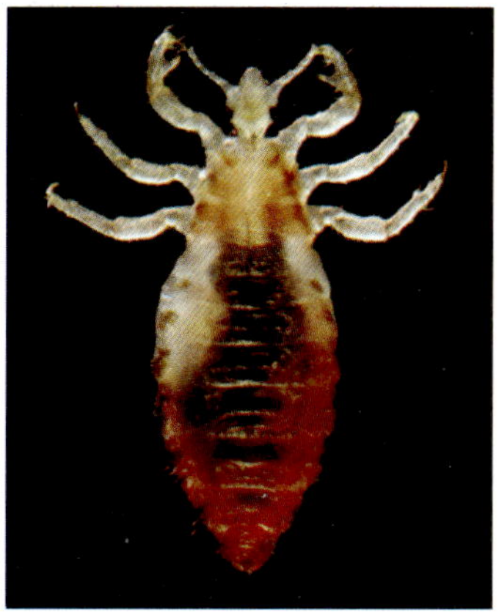
Vista dorsal de un piojo del cuerpo humano. Fotografía tomada con microscopio electrónico de barrido.

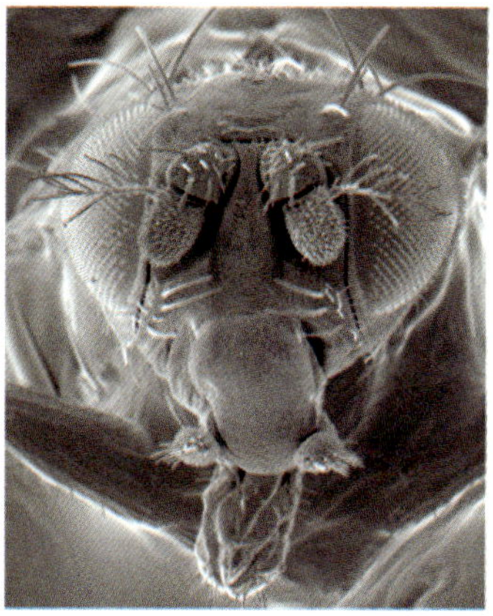
Detalle de ojo de moca. Fotografía tomada con microscopio electrónico de barrido.

Actividades

1. Respondan las siguientes preguntas.

a. ¿Les parece que estas fotografías deberían ser consideradas arte? ¿Por qué?

b. ¿Cuál les parece que es el valor científico de conocer cada vez más en detalle las formas y las texturas de un ser vivo o alguna parte de él?

2. Busquen en Internet las producciones de concursos fotográficos con temáticas científicas y escriban en la carpeta qué muestran las fotografías y qué tipo de microscopio se usó

1. Resuelvan las siguientes consignas.
a. ¿Les parece que el aula donde estudian todos los días puede ser considerada un sistema abierto? ¿Por qué?
b. Comparen los procesos que ocurren en el aula con los que tienen lugar en las células.

2. ¿Por qué los vegetales presentan células diferentes de las de nuestro cuerpo? Elaboren una explicación considerando el concepto de ADN.

3. Completen el siguiente esquema.

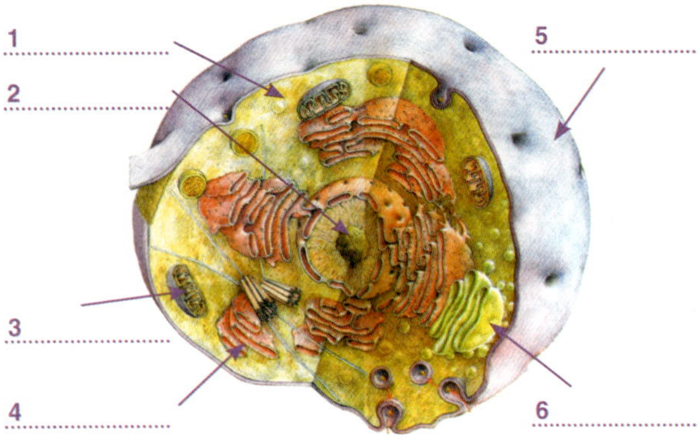

Modelo de una célula eucariota típica.

4. Busquen información y luego respondan.
a. ¿Qué células del cuerpo humano son las que habitualmente tienen mayor cantidad de mitocondrias?
b. ¿Qué relación hay entre la actividad de esas células y la abundancia de mitocondrias?

5. Sabiendo que 1 μm = 0,001 mm. Calculen:
a. ¿Cuántos micrones entran en un milímetro?
b. Si un organismo unicelular mide 2 μm, ¿cuántos organismos unicelulares cabrían, alineados uno junto al otro, en 1 centímetro?
c. Si un espermatozoide mide alrededor de 50 μm, ¿cuántos espermatozoides entrarían, alineados, en 1 milímetro?

6. Respondan a las siguientes preguntas.
a. ¿Qué información se puede obtener del gráfico del árbol de la vida y del árbol filogenético?
b. ¿Cuál es la principal diferencia entre ambos tipos de representaciones?
c. ¿Qué significa en estos gráficos que dos grupos estén más alejados entre sí que otros que están más cerca entre sí?
d. ¿Cuál es el criterio que se utiliza actualmente para establecer las relaciones de parentesco entre los individuos de distintas especies?

7. De acuerdo con el árbol filogenético actual, existen tres grandes dominios: Bacteria, Archaea y Eukarya.
a. Busquen información acerca del origen de estos nombres.
b. Los seres vivos del dominio Archaea y Bacteria son procariotas unicelulares. Sin embargo, presentan varias diferencias que hacen que se los agrupe en dominios diferentes. Averigüen cuáles son esas diferencias y busquen ejemplos de seres vivos de ambos dominios.

8. Observen las siguientes imágenes.

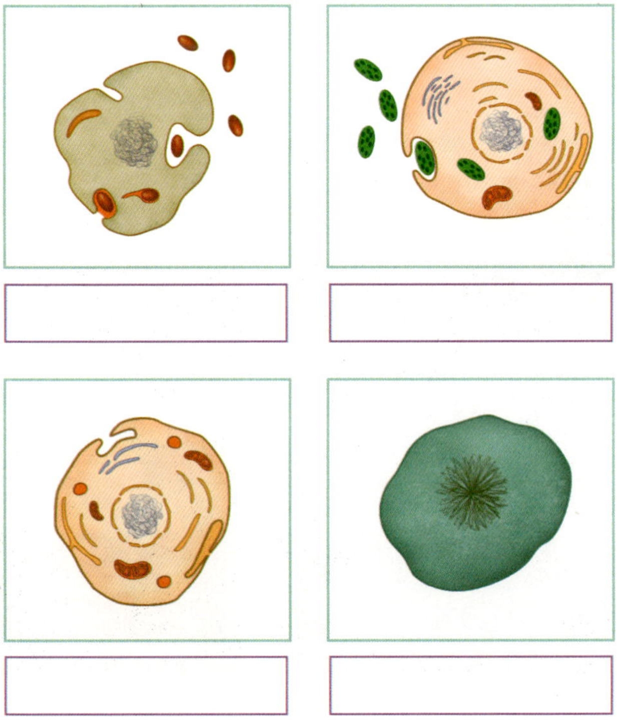

a. ¿A qué teoría aluden?
b. Ordenen la secuencia de eventos de acuerdo con lo que propone esa teoría.
c. Ubiquen en las imágenes los siguientes rótulos:
célula primitiva • ADN • célula de menor tamaño
mitocondrias • célula eucariota primitiva (animales, hongos)
bacterias fotosintéticas • cloroplastos • célula eucariota primitiva.
d. Expliquen, con sus palabras, cada una de las imágenes.
e. ¿Por qué es importante esta teoría?

La célula: unidad funcional de los sistemas biológicos

3

Contenidos

> La membrana plasmática
> Mecanismos de transporte a través de la membrana
> El núcleo como centro regulador de la actividad celular
> Mitosis
> Metabolismo
> Respiración celular
> Fermentación
> Fotosíntesis
> Mecanismos de acción enzimática

Seguramente habrán notado que si pasan muchas horas sin comer, sienten hambre o se sienten cansados, por ejemplo, antes de desayunar. Esto es porque nuestro cuerpo, al realizar actividades, como correr, andar en bicicleta o nadar, consume energía. Pero también la energía se consume cuando dormimos, respiramos, leemos o estamos sentados. La energía que necesita el cuerpo proviene de los alimentos que consumimos. Además, el cuerpo requiere agua para su correcto funcionamiento: la sensación de sed es una señal de que debemos beber agua. Pero ¿cómo aprovechamos la energía de los alimentos? ¿Por qué el agua es tan importante para el funcionamiento del cuerpo? Las células realizan una gran cantidad y variedad de reacciones químicas que dependen del aporte de nutrientes y agua y, además, de la presencia de enzimas. Algunas de estas reacciones son posibles debido a las características de la membrana celular, que permite el transporte de sustancias hacia adentro y fuera de la célula. Las funciones celulares, como la división, están comandadas por el ADN.

EN ESTE CAPÍTULO...

Se estudia la membrana plasmática como una barrera semipermeable, analizada a partir del modelo de mosaico fluido. Se interpretan los mecanismos de transporte a través de la membrana relacionando las condiciones del medio con el transporte de sustancias.
Además, se explica la función del núcleo como centro regulador de la actividad celular, así como los distintos procesos que hace la célula para mantener su actividad, por ejemplo la respiración celular, la fermentación y la fotosíntesis.

Contenido digital adicional

www.tintaf.com.ar/BIO2C3

Garth L. Nicolson (1943)

Bioquímico estadounidense. Junto con Singer desarrolló el modelo de mosaico fluido que permite comprender la estructura y dinámica de la membrana plasmática. Trabajó en el tratamiento de enfermedades producidas por la exposición a armas biológicas en los veteranos de la Guerra del Golfo.

Seymour Jonathan Singer (1924-2017)

Biólogo celular estadounidense. Descubrió que la anemia falciforme es una enfermedad molecular. Desarrolló el primer reactivo denso en electrones usado para la tinción de células en las imágenes de microscopía electrónica (ferritina-anticuerpo). Estudió las proteínas de las membranas celulares y junto con Nicolson desarrolló el modelo del mosaico fluido.

La membrana plasmática como barrera semipermeable

En el capítulo anterior han estudiado que todas las células, sin importar de qué tipo se trate, tienen un límite: la membrana plasmática. Si bien existen diferencias en la membrana según el tipo de célula, todas las membranas tienen un funcionamiento similar. Por eso estudiaremos cómo funciona la membrana plasmática, sin hacer distinciones sobre el tipo de célula.

La **membrana plasmática** es el límite entre el interior de la célula y su medio externo. Interviene en el control de las sustancias que ingresan en la célula y egresan de ella. Esta propiedad se denomina **permeabilidad selectiva**.

La membrana plasmática también participa en la comunicación de las células con sus células vecinas.

Hasta la actualidad, las imágenes obtenidas de la membrana plasmática, aun con los microscopios más potentes, no tienen la nitidez necesaria para describir su organización y explicar los procesos que allí se producen. Por eso, algunos científicos propusieron modelos para comprender un poco más su estructura y dinámica.

En 1972, los biólogos S. J. Singer y G. L. Nicolson propusieron el **modelo de mosaico fluido**. En este modelo, los lípidos y las proteínas que componen la membrana plasmática se distribuyen de acuerdo con un patrón similar al de un mosaico de azulejos sobre una pared. Los lípidos, más abundantes, se distribuyen en una doble capa, mientras que las proteínas se insertan entre ellos. Algunas proteínas interrumpen la doble capa de lípidos y otras, en cambio, solo se insertan en una de las capas. Si bien este mosaico conserva su aspecto, los lípidos y, en menor medida las proteínas, cambian de posición de manera constante.

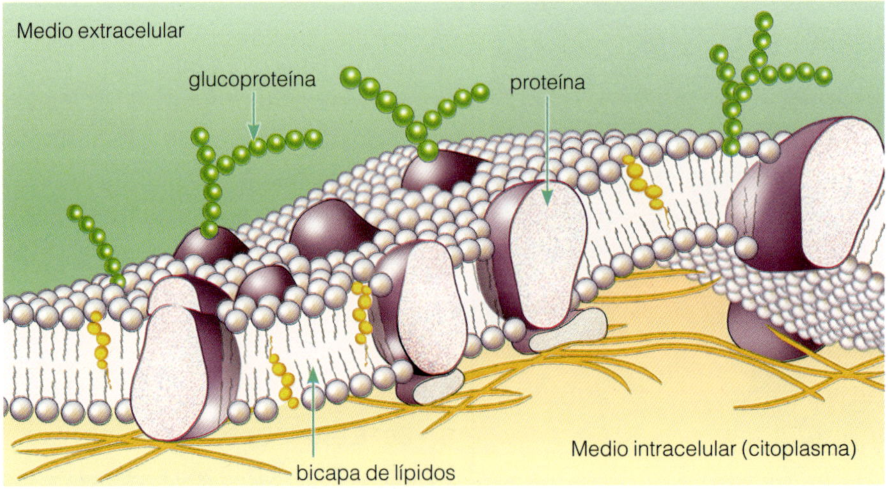

Modelo de mosaico fluido.

Actividades

1. La membrana de distintos tipos de célula es similar pero no idéntica. Averigüen cuál es la diferencia estructural entre:

a. La membrana de las células vegetales y la de las células animales.

b. La membrana de las células animales y la de las células bacterianas.

c. La pared celular de las células vegetales y la de las células bacterianas.

Intercambio de materiales entre la célula y el medio

Los procesos de entrada y de salida de materiales de la célula que se producen a través de la membrana plasmática se dividen en dos grandes grupos:

- **transporte pasivo**: en este tipo de transporte, la célula no gasta energía para el ingreso o egreso de materiales;
- **transporte activo**: este tipo de transporte requiere que la célula invierta su propia energía para el pasaje de materiales.

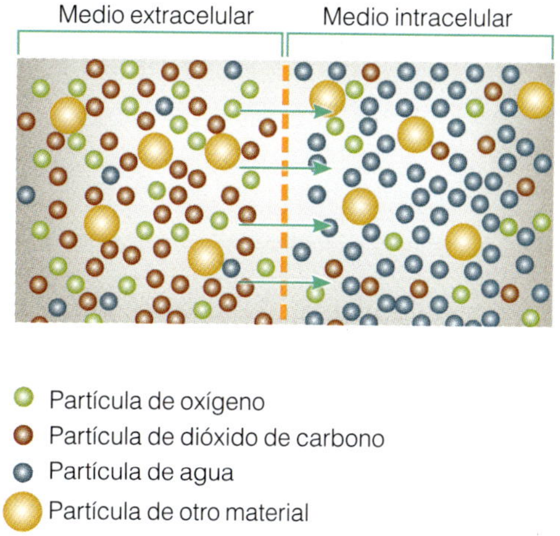

Este modelo representa el pasaje de moléculas por difusión. Estas moléculas se encuentran más concentradas en el medio extracelular. Por su pequeño tamaño ingresan a la célula por difusión simple.

Difusión simple.

Transporte pasivo

Algunas moléculas pequeñas, como las de oxígeno, dióxido de carbono y agua, pueden atravesar la membrana plasmática sin dificultad a través de la bicapa de lípidos. Con este tipo de transporte también ingresan fácilmente iones de calcio, potasio y sodio pero, en este caso, a través de unas proteínas que atraviesan la doble capa de lípidos y que tienen una abertura en forma de poro. Este tipo de transporte se puede producir a través de diferentes procesos físicos, como:

- **difusión simple**: es el movimiento o pasaje espontáneo de las partículas que componen una sustancia (moléculas o iones), desde una zona de mayor concentración hacia otra de menor concentración;
- **ósmosis**: es el movimiento o pasaje espontáneo de moléculas de agua a través de una membrana, desde una zona de mayor concentración hacia otra de menor concentración;
- **difusión facilitada**: con frecuencia, la célula requiere moléculas de glucosa o aminoácidos, pero estas no pueden pasar por difusión simple debido a su gran tamaño. Entonces, estas grandes moléculas se asocian temporalmente con proteínas de la membrana, que las reconocen y facilitan su pasaje.

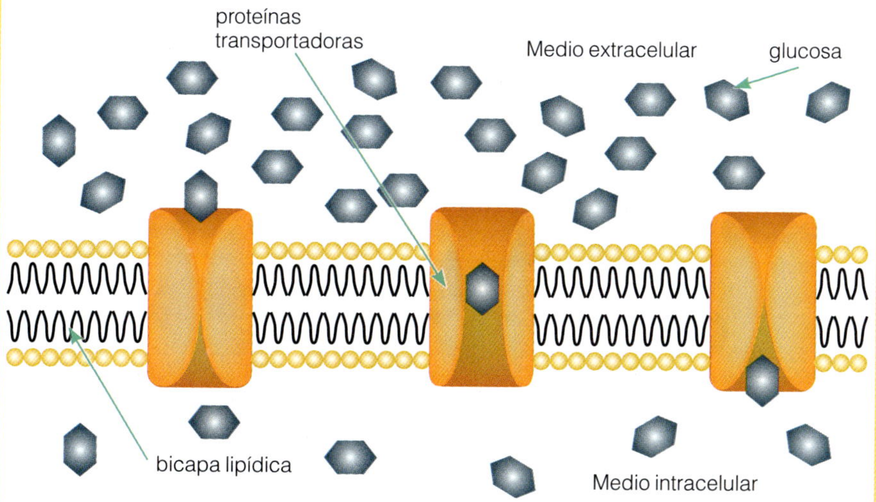

Durante la difusión facilitada, las proteínas transportadoras se unen temporalmente a las moléculas de glucosa y permiten que pasen hacia el otro lado de la membrana. Dicho proceso no requiere gasto de energía por parte de la célula.

Difusión facilitada.

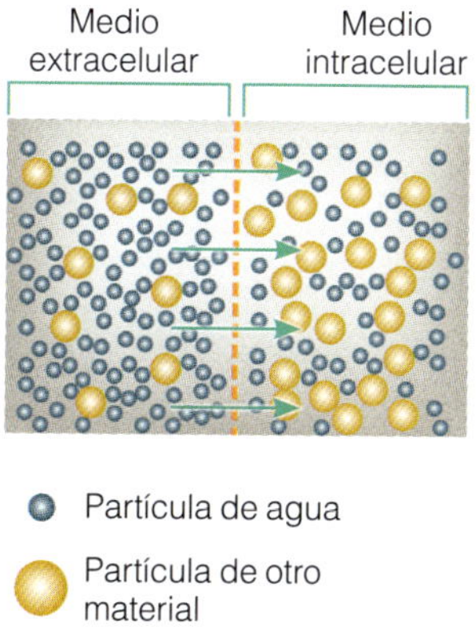

Este modelo representa el pasaje de agua a través de una membrana. Las moléculas pasan desde el medio extracelular, donde está más concentrada, al medio intracelular donde está menos concentrada.

Ósmosis.

Transporte activo

No siempre las sustancias que entran o salen de la célula lo hacen a través de los procesos físicos ya mencionados. En algunas ocasiones, las células deben incorporar una mayor cantidad de materiales de la que incorporan habitualmente. Una cantidad extra de glucosa o de iones puede ser necesaria en condiciones especiales. Por ejemplo, en las neuronas, el intercambio de iones entre el medio interno y el medio externo permite la transmisión del impulso nervioso.

En estos casos, el movimiento de las moléculas y los iones a través de la membrana ocurre en contra del gradiente de concentración habitual: desde la zona de menor concentración hacia la zona de mayor concentración. Entonces, las proteínas transportadoras de la membrana actúan como bombas que reconocen e impulsan las sustancias que van a ser transportadas.

En el caso de la transmisión del impulso nervioso, esas bombas movilizan los iones calcio a través de la membrana, con gasto de energía por parte de la célula.

Este tipo de transporte se denomina **activo** porque requiere proteínas específicas que actúan como bombas, y un aporte de energía por parte de la célula.

Las bombas de membranas no solo participan en la transmisión del impulso nervioso en las neuronas, sino que también intervienen durante la absorción de minerales en las raíces de las plantas y en la asimilación de los nutrientes en el intestino delgado luego de la digestión de los alimentos.

Títulos y subtítulos

Para destacar la organización de un texto, pueden subrayar con un color el título que expresa el tema central y, con otro, los subtítulos que anuncian los subtemas o aspectos que se tratan.

Transporte activo

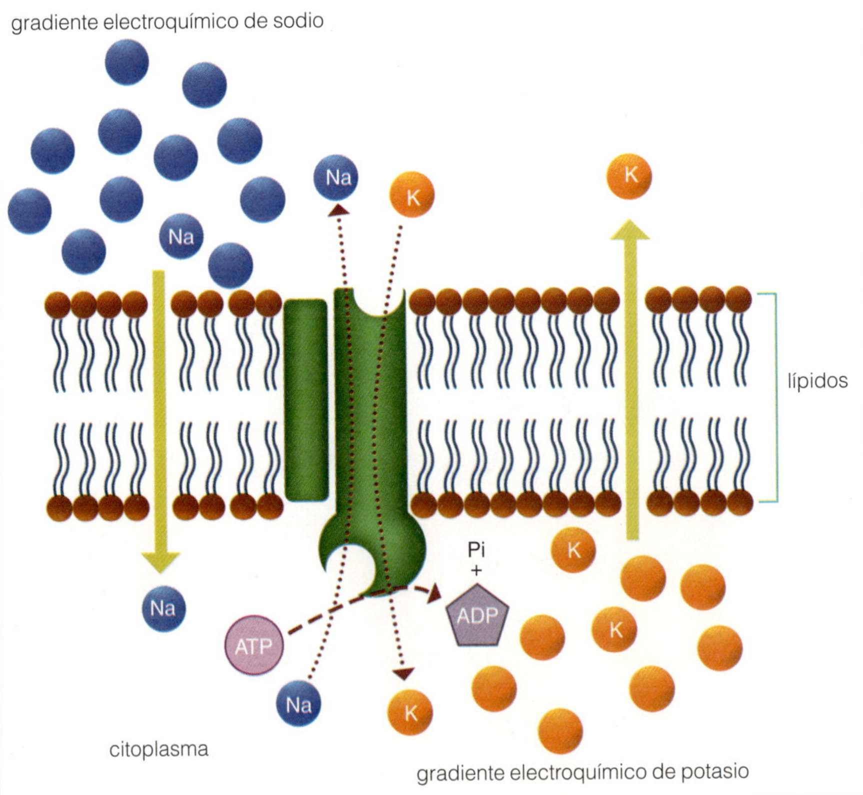

En la membrana plasmática de algunas células hay proteínas que tienen la función de eliminar el sodio (Na^+) de la célula e introducir potasio (K^+) en el citoplasma. Este movimiento es en contra del gradiente de concentración y requiere gasto de energía.

Actividades

1. ¿Por qué cuando echamos dos o tres gotas de colorante puro en un vaso con agua se transforma en una solución coloreada? ¿Qué fenómeno se produce?
2. ¿Qué importancia biológica tiene el transporte activo? Busquen otros ejemplos para compartirlos entre ustedes.

El transporte de moléculas de gran tamaño

Muchas veces, las células obtienen o eliminan partículas de diversos materiales muy grandes, como proteínas de gran tamaño molecular, microorganismos enteros (por ejemplo, bacterias) o gotas de líquidos.

Estos materiales no pueden pasar a través de los poros de la membrana plasmática. En estos casos, en la membrana plasmática se forman vesículas, que funcionan como bolsas que envuelven e incorporan esos materiales al interior de la célula. Este proceso se llama **endocitosis** y requiere gasto de energía por parte de la célula. Cuando lo que se incorpora son sustancias sólidas o microorganismos, el proceso se denomina **fagocitosis**. En cambio, si los materiales que se incorporan son sustancias líquidas, el proceso se llama **pinocitosis**.

Un proceso similar ocurre cuando la célula desecha este tipo de materiales de gran tamaño. En este caso se trata de la **exocitosis**. Por ejemplo, las células realizan exocitosis con frecuencia cuando eliminan los desechos propios de su digestión. En este caso, el material de desecho es rodeado por una vesícula que migra a través del citoplasma hasta fusionarse con la membrana plasmática y abrirse hacia el exterior para eliminar el contenido.

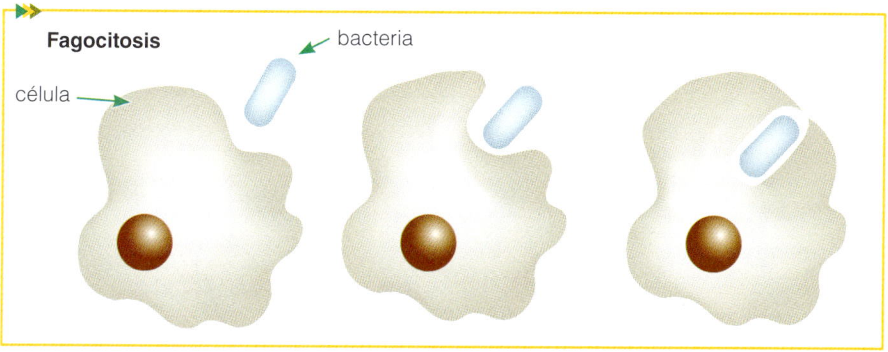

La imagen representa una célula durante la incorporación de un microorganismo.

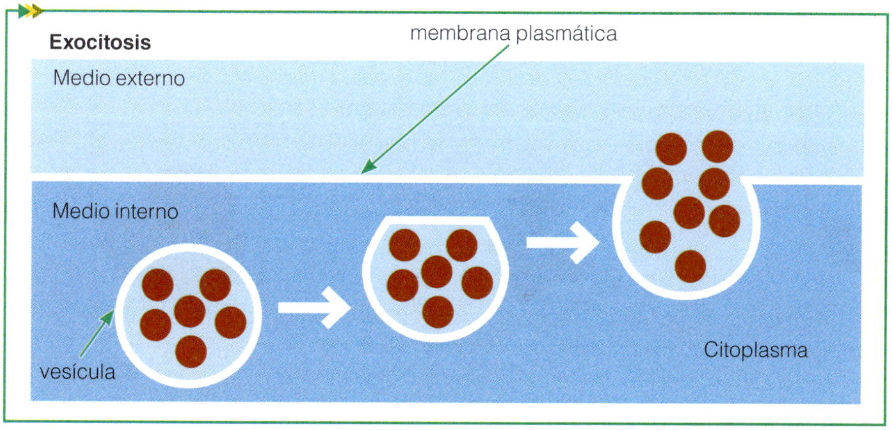

La imagen representa el proceso de expulsión de sustancias desde la célula hacia el exterior.

Un tipo especial de células del sistema inmune, llamadas **macrófagos**, realizan constantemente fagocitosis. De esta manera, incorporan bacterias y las digieren. A su vez, algunos de los fragmentos de esas bacterias pueden ser utilizados como una señal de los macrófagos para alertar a otras células del sistema inmune.

Algunas células se especializan en la producción de sustancias, por ejemplo, las células que forman glándulas. En este caso, las sustancias son las hormonas, y las células, luego de producirlas, las liberan a la sangre a través del proceso de exocitosis.

Actividades

1. ¿Qué importancia biológica tienen la endocitosis y la exocitosis en las células de un organismo pluricelular? ¿Y en un ser vivo unicelular?

Las células, las condiciones del medio y el transporte de sustancias

A ambos lados de la membrana celular puede haber distintas concentraciones de sustancias. En otras palabras, hay ciertas sustancias que la célula tiende a captar del medio y almacenar en su interior y, en consecuencia, la concentración es mayor en el interior de la célula. En el caso de otras sustancias, la célula tiende a eliminarlas hacia el exterior, y así la concentración es mayor en el exterior que en el interior.

Cuando la concentración de sales es igual en el exterior y en el interior de la célula, se dice que el medio es **isotónico**. Si la concentración de sales es mayor en el medio externo que en interior de las células, se dice que el medio es **hipertónico**. En cambio, si la concentración de sales es menor en el medio externo y mayor en el medio intracelular, se dice que el medio es **hipotónico**.

Cuando el medio en el que se encuentra la célula es hipertónico o hipotónico, se ponen en marcha mecanismos de transporte de agua (ósmosis) que compensan esa diferencia de concentración. Veamos un ejemplo de lo que sucede en estas circunstancias con un tipo especial de célula, los glóbulos rojos, desde el punto de vista de su estructura y a nivel de la membrana.

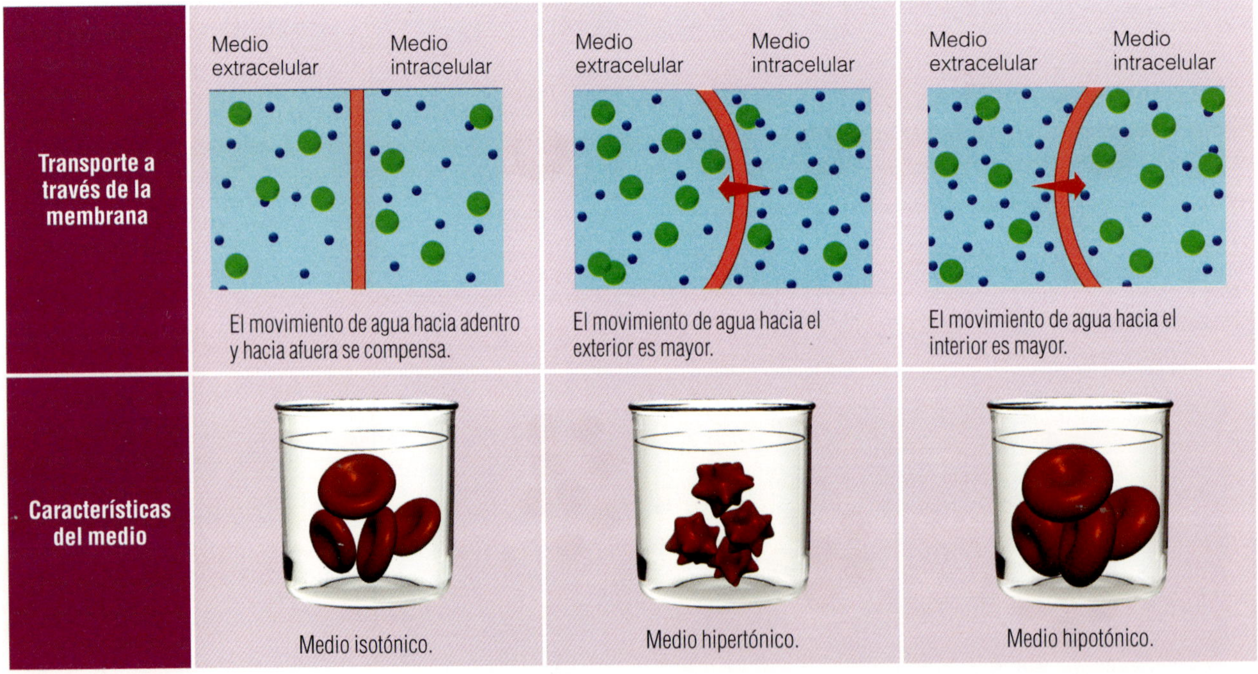

Cuando el medio es isotónico, los glóbulos rojos no ganan ni pierden agua, y mantienen su forma y tamaño. Si el medio es hipertónico, los glóbulos rojos pierden agua, y por lo tanto cambia su forma y disminuye su tamaño; se dice que **se plasmolizan**. Cuando el medio es hipotónico, los glóbulos rojos se cargan de agua, por lo que cambian su forma y aumentan en tamaño; se dice que se vuelven **turgentes**.

Este mecanismo de regulación de la concentración de sales mediada por el transporte de agua se denomina **regulación osmótica**. Cuando este mecanismo no funciona correctamente o no llega a compensar la diferencia de concentración de sales, la célula puede romperse.

La importancia biológica del mecanismo de regulación osmótica

En el ser humano, la regulación osmótica está vinculada al proceso de producción de orina, en el cual, mediante sucesivas etapas, se van concentrando sales y desechos en una determinada cantidad de agua, para ser expulsados al exterior. También se relaciona con la sensación de sed. Por lo tanto, este mecanismo permite mantener en equilibrio la cantidad de agua en el cuerpo.

En las plantas, la pérdida o la ganancia de agua en las células determinan que la planta se vea turgente o marchita. Cuando la célula vegetal pierde agua, se retrae, pero la pared celular, al ser rígida, conserva su forma.

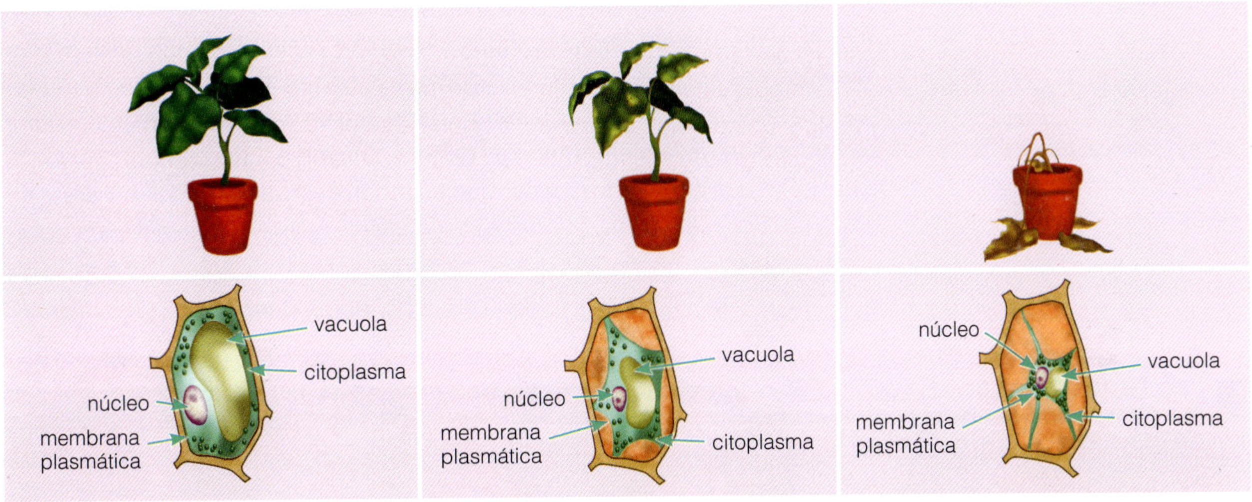

Actividades experimentales

El proceso de ósmosis en la Elodea

Mediante una breve experiencia se puede observar lo que sucede con las células vegetales cuando se encuentran en medios de distinta concentración de sales.

Necesitan:

- una planta de Elodea (que haya estado sumergida en el agua de la pecera de donde la sacaron o del vivero donde la hayan comprado)
- pinza de metal
- agua destilada
- portaobjetos y cubreobjetos
- gotero
- sal común
- microscopio
- marcador indeleble
- servilleta de papel

Paso 1. Numeren los tres portaobjetos con el marcador indeleble.

Paso 2. Tomen con la pinza tres trozos pequeños de hoja de Elodea y coloquen cada uno en los respectivos portaobjetos (escurran el agua con la servilleta de papel).

Paso 3. Sobre la Elodea del portaobjetos 1, agreguen una gota de agua destilada con el gotero. Sobre la Elodea del portaobjetos 2 y la del 3, pongan una gota del agua en donde estaba la Elodea originalmente. Y sobre la Elodea del portaobjetos 3, además, agreguen una pizca de sal.

Paso 4. Cubran los preparados con los cubreobjetos.

Paso 5. Observen los preparados con distintos aumentos y dibujen lo que observaron.

1. Resuelvan las siguientes consignas.

a. ¿Qué sucedió con las células de la Elodea en cada caso? ¿Cómo se dieron cuenta?

b. Averigüen cuál es la composición del agua destilada. Luego, escriban un texto en donde expliquen la relación que hay entre el agua destilada y lo que observaron al microscopio en el preparado 1.

c. Elaboren una conclusión para explicar lo sucedido.

La importancia del modelo de mosaico fluido

Uno de los modelos más representantes en Biología es el **modelo de mosaico fluido**. Este modelo es una representación de cómo se supone que es la membrana plasmática. Los modelos pretenden explicar una parte de la realidad. En otras palabras, son simplificaciones, esquemas que se aproximan en mayor o menor medida a la realidad.

La importancia de los modelos radica, en parte, en que son instrumentos que permiten predecir o explicar fenómenos. Por ejemplo, si tenemos en cuenta el modelo de mosaico fluido, en el que se postula que la membrana plasmática es una doble bicapa de lípidos atravesada por proteínas y a la que se unen además otros tipos de moléculas, podemos suponer de qué manera ingresan o salen materiales de la célula. También, dado que en este modelo algunos de los componentes de la membrana funcionan como moléculas de reconocimiento entre células, podríamos suponer qué sucedería si esas moléculas fueran modificadas o si ese mecanismo de reconocimiento fallara. Una simulación puede entenderse como un modelo que se pone en movimiento, como una suposición acerca de cómo funciona el modelo en distintas circunstancias.

Actividades experimentales

¿Cómo simular la actividad de la membrana plasmática?

Un modelo para explicar el pasaje de sustancias a través de la membrana plasmática puede ser útil para predecir lo que sucedería en distintas situaciones de importancia biológica.

Necesitan:

- papel celofán
- tijera
- vaso
- cuchara para té
- un trozo de hilo
- azúcar común
- agua destilada

Paso 1. Recorten un cuadrado de papel celofán de 10 cm de lado.

Paso 2. En el centro del cuadrado de papel, coloquen una cucharadita de azúcar.

Paso 3. Junten los cuatro vértices del cuadrado para formar una bolsita.

Paso 4. Con un trozo de hilo, anuden la bolsa de tal forma que el azúcar no pueda salir de su interior.

Paso 5. Sumerjan la parte inferior de la bolsa dentro del vaso con agua destilada y manténganla así durante un día. Conviene que sujeten el hilo como indica la imagen para que la bolsita no se mueva durante ese período.

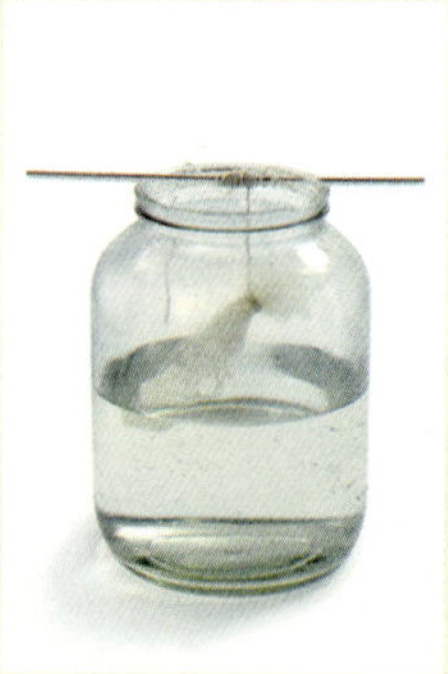

1. Resuelvan las siguientes consignas.

a. ¿Qué sucedió con el azúcar que estaba dentro de la bolsa?

b. Analicen los resultados obtenidos teniendo en cuenta lo que saben sobre las funciones de la membrana plasmática.

c. ¿En qué se parece la bolsita al modelo de mosaico fluido? ¿En qué se diferencia?

d. Elaboren una conclusión en la que expliquen lo sucedido.

Resuelven un misterio inmunológico

Si la razón de ser del sistema inmune es destruir toda partícula extraña que encuentre a su paso, ¿cómo se explica que el cuerpo de la mujer pase por alto al bebé en gestación, que lleva en sus células los genes del padre? Dicho de otro modo: ¿por qué nuestra madre no nos rechaza si tenemos genes de otra persona? [...]. Ahora, un equipo de investigadores del Conicet y la Fundación Sales acaba de encontrar una respuesta a ese enigma: una de las hormonas claves del embarazo, la progesterona, estimula la producción de una proteína capaz de inhibir localmente al sistema inmune, la galectina-1.

"El sistema inmunológico evolucionó como un complejo mecanismo de defensa capaz de distinguir entre los componentes propios del organismo y aquellos que le son extraños, como bacterias, parásitos y virus. Si yo te trasplanto la piel de tu marido, seguramente la vas a rechazar porque ambos tienen distintos genes", explica el doctor Gabriel Rabinovich, que lideró el trabajo de investigación. "El sistema inmunológico interpreta que el trasplante es algo externo que no tiene que estar ahí. El bebé es un 'semitrasplante', porque es mitad de la mamá y mitad del papá; sin embargo, el sistema inmunológico no lo ve como extraño. Es uno de los grandes enigmas de la naturaleza".

Trabajando con animales de experimentación, el equipo del Instituto de Biología y Medicina Experimental del Conicet y las doctoras Sandra Blois y Petra Arck, de la Universidad Charité, de Berlín, lograron desentrañar un complejo mecanismo de regulación capaz de silenciar durante nueve meses, en el útero materno, el sistema de defensa de la mujer embarazada. El trabajo se publicó en una de las más prestigiosas y rigurosas revistas científicas del mundo, *Nature Medicine*.

"[...] En la relación materno-fetal, esta proteína cumple una función benéfica que permite llevar el embarazo [...]".

"Por ejemplo, nosotros descubrimos que si les administramos a los animales de laboratorio esta proteína, la tasa de abortos disminuye", cuenta el doctor Rabinovich.

http://www.lanacion.com.ar/996098-resuelven-un-misterio-inmunologico (16/03/08). (Adaptación).

Actividades

1. ¿Cuál es el misterio que el grupo de investigadores quiso descubrir?

2. Lean la siguiente información y luego resuelvan las consignas.

"El sistema inmunológico está formado por barreras que protegen el cuerpo y por células específicas que atacan a agentes extraños. Los mecanismos de ataque se desencadenan cuando en estas células específicas se llevan a cabo mecanismos de reconocimiento de los agentes extraños o parte de ellos".

a. Investiguen cómo es el mecanismo por el cual las células del sistema inmunológico reconocen agentes extraños al organismo.

b. Busquen información sobre cómo estas células distinguen a las células del propio cuerpo de aquellas que son extrañas.

c. Elaboren un texto en el que expliquen la relación entre la estructura de la membrana celular, sus componentes y sus funciones, los mecanismos de reconocimiento de los agentes extraños y de las células del propio cuerpo, y los mecanismos que permiten el desarrollo de un embrión en el útero materno.

El núcleo como centro de control de la actividad celular

La membrana plasmática está implicada en varias de las funciones que llevan a cabo las células, como el mantenimiento de las condiciones internas al regular el intercambio de sustancias que entran y salen de la célula, así como la comunicación o el reconocimiento entre distintas células. A continuación, estudiaremos el núcleo celular como un centro regulador de las funciones celulares.

La organización del núcleo celular

Curiosidades

Algunas células tienen más de un núcleo. Por ejemplo, algunos protistas, que son organismos unicelulares, pueden tener hasta 20.000 núcleos.

En las células procariotas, el material genético (ADN) se encuentra libre en el citoplasma, mientras que en las eucariotas, está dentro de un compartimiento: el núcleo.

El **núcleo** de la célula consta de tres componentes: la **envoltura nuclear** que separa el material nuclear del citoplasma, el **material genético** y una región más oscura, llamada **nucleolo**.

La envoltura nuclear o **carioteca** está formada por una doble membrana con poros. Su organización estructural es semejante a la de la membrana plasmática, aunque posee diferencias, en particular las proteínas que están presentes en ellas. La membrana nuclear interna está en contacto con el material genético, mientras que la membrana nuclear externa se encuentra en contacto con el citoplasma. En los puntos en los que ambas membranas se tocan y se fusionan, es donde se forman los poros. Estos permiten la circulación de materiales entre el núcleo y el citoplasma.

El **ácido desoxirribonucleico** (ADN) es el material genético, lleva la información necesaria para construir la célula y dirigir todas las complejas reacciones que ocurren en ella. El material genético puede encontrarse en un estado laxo o descondensado, como si fueran hilos de lana, o bien en estado compacto o condensado, como si fueran ovillos. Cuando la célula está por dividirse, el ADN se encuentra condensado, formando los **cromosomas**.

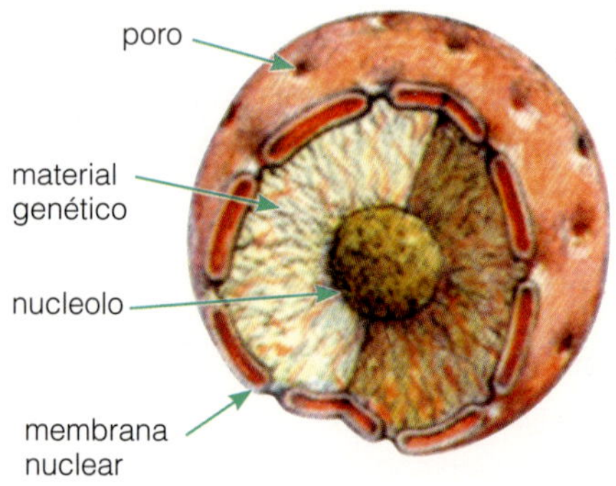

Núcleo celular.

Los procesos celulares como el crecimiento, la reparación de partes dañadas, la nutrición y la reproducción, están regulados por la información contenida en el ADN. Por lo tanto, el núcleo es el centro de control de toda la actividad celular.

El nucleolo es una zona específica dentro del núcleo en donde hay una gran actividad. Allí, se llevan a cabo procesos que permitirán que la célula forme sus propios ribosomas.

Actividades

1. ¿Por qué se dice que el núcleo es el centro de la actividad celular?

2. Durante el proceso de división celular, el material genético primero se duplica para luego repartirse entre las células hijas. ¿Qué ventaja les parece que tiene el hecho de que el material genético se condense en forma de cromosomas durante esta etapa?

El núcleo celular y la mitosis

Todos los seres vivos están compuestos por una o más células. A su vez, todas las células provienen de otras preexistentes. Es por eso que, durante cierto período, las células entran en una etapa de **reproducción** o **división**. Sin embargo, existen otros procesos que permiten mantener las estructuras y las funciones celulares. Por este motivo, las células pasan por una etapa de **crecimiento** y un período de **división celular**. Esta serie de acontecimientos se denomina **ciclo celular**.

La **mitosis** es un tipo de división celular que se produce en algunas células. Después de la división, cada célula hija tiene la misma información genética que la célula madre. En el proceso se puede distinguir una serie de etapas en las cuales ocurren cambios y, como resultado de ellos, se reorganizan el núcleo y el citoplasma.

En los organismos pluricelulares, este tipo de división celular permite el crecimiento y el desarrollo del organismo, y la reposición o regeneración de tejidos. La piel, por ejemplo, es un órgano donde constantemente se produce reposición de células. En los organismos unicelulares, en cambio, permite la reproducción, es decir, la generación de nuevos individuos.

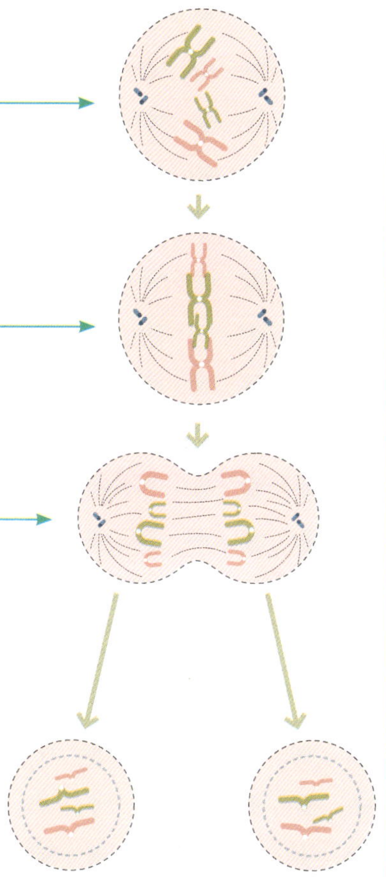

Durante la mitosis se produce la reorganización del núcleo y del citoplasma.

Los organismos pluricelulares crecen y se desarrollan mediante la mitosis a partir de una sola célula.

Actividades

1. Revisen sus respuestas a la pregunta 2 de la página 60. ¿La modificarían? ¿Por qué? ¿Cómo?
2. Expliquen la relación entre las funciones del núcleo y la mitosis.
3. ¿Cuál es la importancia biológica de la mitosis?

La mitosis en células vegetales

En la página anterior estudiaron que durante la última etapa de la mitosis, el citoplasma de la célula original se divide en dos y se generan dos células hijas. Dicha etapa, llamada **citocinesis**, es diferente entre las células animales y las células vegetales, principalmente debido a que las células vegetales tienen pared celular, mientras que las células animales no poseen.

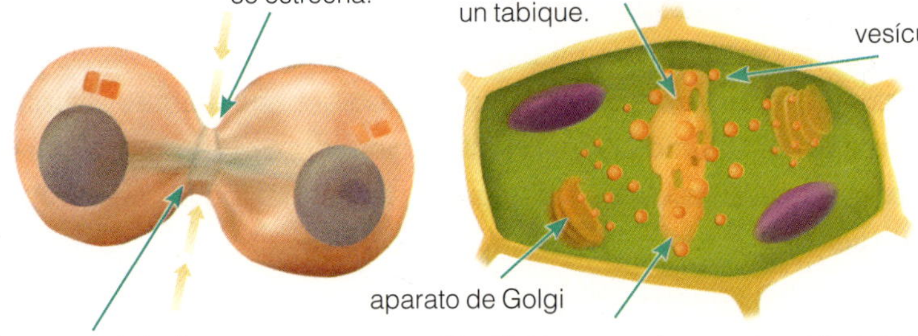

En la célula animal (1) se produce un estrangulamiento del citoplasma, mientras que en las células vegetales (2) esto no ocurre. Luego, el tabique de las células vegetales se consolida y se forma la pared celular.

Actividades experimentales

Observación de células vegetales en división

Una manera de observar las distintas fases de la mitosis celular es conseguir células que se encuentren dividiéndose activamente. Un modo fácil de obtenerlas es a partir de las raíces de alguna planta, ya que estas se encuentran en permanente crecimiento hacia las zonas húmedas, de donde la planta puede obtener agua.

Necesitan:

- 2 vasos de precipitado o de vidrio resistente
- 1 cebolla
- 2 palillos de madera
- colorante carmín acético
- tijera y pinza
- portaobjetos y cubreobjetos
- microscopio
- mechero
- varilla de madera

Paso 1. Coloquen la cebolla a germinar, tal como se muestra en la imagen. Cuiden que las pequeñas raíces queden en contacto con el agua.

Paso 2. Al cabo de 3 días, corten el extremo de las raíces (solamente tomen 2 o 3 milímetros, que es la zona en donde hay mayor cantidad de células en división).

Paso 3. Coloquen los trozos de raíz en un vaso con carmín acético.

Paso 4. Coloquen el vaso sobre el mechero. Calienten la mezcla levemente por 3 minutos. Procuren revolver con la varilla de madera evitando que hierva.

Paso 5. Extraigan las raíces con la pinza, colóquenlas en el portaobjetos, ábranlas y estírenlas.

Paso 6. Agreguen una gota de carmín acético y cubran la muestra con el cubreobjetos.

Paso 7. Observen con el microscopio a distintos aumentos.

Paso 8. Identifiquen células en distintas fases de la mitosis y dibújenlas.

1. Respondan las siguientes preguntas.

a. ¿Por qué la raíz es un lugar clave para encontrar células en división?

b. ¿Con qué criterio identificaron las distintas fases de la mitosis? ¿Qué tuvieron en cuenta para hacerlo?

El citoplasma y las organelas como medios para el metabolismo

En todas las células ocurre, de manera constante, un conjunto de reacciones químicas denominado **metabolismo celular**. Los procesos metabólicos de la célula ocurren tanto en el citoplasma como en el interior de las organelas. Estos permiten construir sustancias complejas a partir de otras más simples, o degradar sustancias complejas en sustancias más simples.

Se llama **catabolismo** al conjunto de reacciones de **degradación**. La actividad catabólica de las células descompone o degrada los nutrientes y libera la energía química que contienen. En cambio, se denomina **anabolismo** a todas las reacciones celulares de construcción o síntesis. En general, los procesos anabólicos requieren aporte de energía. Ambos tipos de procesos se pueden estudiar a través de modelos.

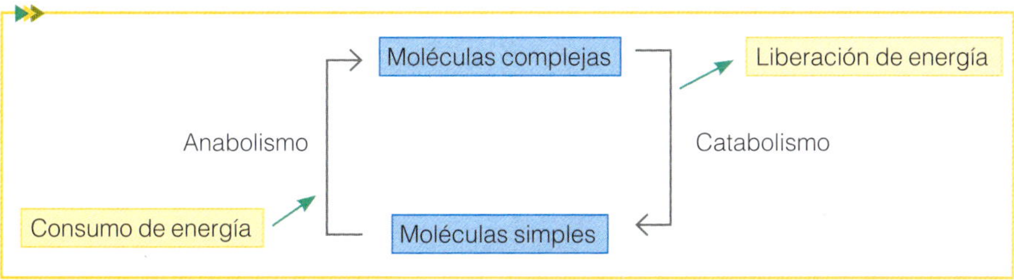

Los alimentos son la principal fuente de energía del organismo.

Reacciones catabólicas

Hay algunos fenómenos que permiten deducir que en las células ocurren procesos catabólicos. Por ejemplo, sabemos que una persona que no se alimenta de manera adecuada o que ayuna durante un tiempo prolongado no podrá realizar sus actividades normalmente. Incluso se puede enfermar con gravedad. Sabemos también que un deportista debe consumir una dieta especial para cubrir el esfuerzo que implica su actividad. Además, desde chicos nos dicen que es importante alimentarnos para "tener más energía".

Modelo que permite comprender los procesos catabólicos en las células:

▸ Durante las reacciones catabólicas intervienen **enzimas**. Estas son proteínas muy específicas que permiten que las reacciones químicas se lleven a cabo con una energía menor de la que sería necesaria si la enzima no estuviera.

▸ Durante el catabolismo, enzimas específicas transforman los nutrientes de una molécula compleja en materiales de estructura más sencilla. En esta transformación se libera energía de una forma que la célula puede aprovechar.

La glucosa es uno de los nutrientes de molécula compleja que incorporamos cuando nos alimentamos. La obtención de energía a partir de la glucosa es un proceso catabólico y se denomina **respiración celular**.

Actividades

1. Elaboren en grupo una definición de metabolismo con sus propias palabras.
2. Considerando lo que estudiaron en este capítulo, y que el metabolismo involucra reacciones de síntesis y de degradación, ¿cuál les parece que es la importancia de este proceso?

La respiración celular

Una de las reacciones catabólicas más importantes que llevan a cabo las células es la respiración celular. Este proceso ocurre en una organela en particular que se encuentra en el citoplasma: la **mitocondria**. El proceso de respiración celular consiste en la degradación de una molécula compleja, la glucosa, en sustancias sencillas: agua y el gas dióxido de carbono. Durante este proceso, se **libera la energía** de la glucosa en una forma que la célula puede aprovechar.

Al igual que en otros procesos catabólicos, en la respiración celular intervienen enzimas específicas que se unen a la glucosa, la degradan y la transforman. El dióxido de carbono y el agua son productos de desecho de esta reacción. En este proceso, además, interviene el oxígeno.

$C_6H_{12}O_6$ Glucosa + Enzimas degradadoras + $6\ O_2$ Oxígeno → (Energía) $6\ CO_2$ Dióxido de carbono + $6\ H_2O$ Agua + Enzimas degradadoras

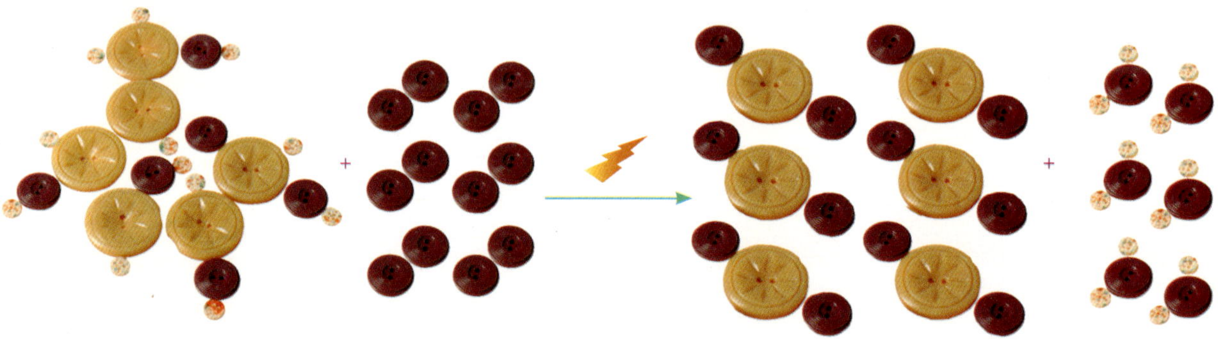

Con botones o clips es posible simular un proceso catabólico como la respiración celular. El modelo simula la transformación de glucosa (molécula compleja) y de oxígeno en dióxido de carbono y agua. Enzimas degradadoras dividen gradualmente la glucosa en fragmentos. Este proceso libera energía.

La glucosa que ingresa al circuito de la respiración celular se obtiene a través de distintas vías. Todos los animales, por ejemplo, la obtienen a través de la incorporación y digestión de los alimentos. En los seres humanos, la glucosa es absorbida en el intestino delgado y luego es transportada a través de la sangre. Así llega a todas las células del cuerpo: atraviesa la membrana plasmática y luego ingresa a la mitocondria, en donde es consumida. Las plantas, en cambio, no incorporan glucosa del exterior, sino que la fabrican a partir de la energía del Sol y materiales sencillos.

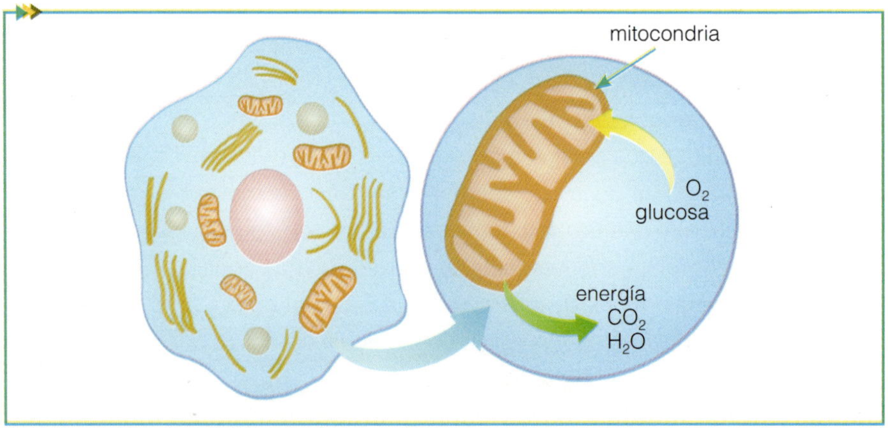

Mitocondria en el proceso de respiración celular.

Otras reacciones de obtención de energía

Durante la respiración celular se consume oxígeno. Si no hay oxígeno en el medio, este proceso no puede llevarse a cabo y, según el tiempo que las células estén privadas de oxígeno, pueden morir.

Sin embargo, hay seres vivos que pueden vivir con muy bajas concentraciones de oxígeno o en ausencia de este gas, y a la vez consumir glucosa como fuente de energía, como sucede con algunas bacterias y las levaduras. En este caso, la reacción catabólica se denomina **fermentación**. Un tipo particular de este tipo de reacción es la **fermentación alcohólica**, mediante la cual a partir de la glucosa se obtiene energía, y como desechos se producen un gas, el dióxido de carbono, y un alcohol, llamado etanol. Las levaduras que se utilizan para fabricar pan, cerveza y vino llevan a cabo este tipo de fermentación. Durante la elaboración del pan, el alcohol que se produce en la fermentación se evapora en la cocción con el calor del horno, y el gas dióxido de carbono es el que permite que el pan tenga pequeños agujeros.

Actividades experimentales

Durante las actividades experimentales, es importante llevar un registro detallado de los materiales, de los procedimientos y de los resultados obtenidos, para poder hacer un análisis de estos y también para poder repetir la experiencia de la manera más fiel posible.

Actividades experimentales

Fermentación en levaduras

Durante el proceso de fermentación alcohólica, las levaduras liberan un gas llamado dióxido de carbono. Con esta sencilla experiencia se puede verificar la producción de gas durante este proceso.

Necesitan:

- levadura fresca
- azúcar
- 3 botellas
- 3 globos
- 1 recipiente con agua tibia donde entren las 3 botellas
- marcador indeleble
- cuchara de té
- 1 recipiente pequeño de 100 mℓ de capacidad

Paso 1. Numeren las botellas.
Paso 2. Agreguen en cada botella levadura, azúcar y agua tibia, de acuerdo con el cuadro 1.
Paso 3. Disuelvan el contenido de las botellas agitándolas suavemente.
Paso 4. Coloquen los globos en el pico de las botellas.
Paso 5. Coloquen las botellas en el recipiente con agua tibia.
Paso 6. Cada 5 minutos, observen lo que sucede con el globo en cada una de las botellas y anótenlo en la carpeta en un cuadro como el cuadro 2.
Paso 7. Respondan las siguientes preguntas.

a. ¿Para qué se armaron las botellas 2 y 3?
b. ¿En cuál de las botellas se infló más el globo? ¿En cuál se infló menos?
c. Si los globos de las botellas 2 y 3 se inflaran de la misma manera que el globo de la botella 1, ¿qué podría haber sucedido?
d. De a uno, quiten los globos de las botellas y sientan el aroma. Registren lo que olieron en cada caso. ¿A qué se debe?
e. Discutan: ¿por qué el globo inflado es indicador de que se está produciendo un gas?

Cuadro 1

Botella	Levadura	Azúcar	Agua tibia	Observaciones
1	2 cucharaditas	1 cucharadita	100 mℓ	
2	2 cucharaditas	-	100 mℓ	
3	-	1 cucharadita	100 mℓ	

Cuadro 2

Botella	5 min	10 min	15 min	20 min	25 min
1					
2					
3					

Reacciones anabólicas

Los procesos anabólicos permiten la **elaboración** o **síntesis** de materiales nuevos que se utilizan para el crecimiento, la reparación, la producción de sustancias, etcétera. Durante la síntesis, a partir de moléculas sencillas se elaboran o se producen moléculas más complejas. De la misma manera que en las reacciones catabólicas, en las reacciones anabólicas intervienen enzimas. Y a diferencia de las primeras, en las reacciones anabólicas se requiere un **aporte de energía**.

Hay algunos fenómenos que permiten deducir que en las células ocurren procesos anabólicos. Por ejemplo, sabemos que un bebé tiene huesos y músculos. También sabemos que con el tiempo, y si la alimentación es adecuada, los huesos y los músculos se fortalecerán y crecerán. Los músculos están compuestos principalmente por proteínas y agua. La miosina y la actina son proteínas que conforman el tejido muscular. La construcción o síntesis de miosina y de actina es un proceso anabólico. Durante ese proceso, enzimas sintetizadoras unen moléculas más sencillas, los aminoácidos, y elaboran proteínas.

Los procesos que llevan a cabo los ribosomas, como la síntesis de proteínas, y los que ocurren en el interior de las organelas celulares como el aparato de Golgi, el retículo dndoplasmático rugoso y el retículo endoplasmático liso, son anabólicos.

Modelo que permite comprender los procesos anabólicos en las células.

$$A + B + C + D + \text{Enzimas} \xrightarrow{\text{Energía}} ABCD + \text{Enzimas}$$

Con clips o botones es posible simular un proceso anabólico, como la formación de una proteína. El modelo simula la unión de aminoácidos que producen las enzimas sintetizadoras. En este proceso se usa energía, y el resultado es la síntesis de proteínas. En el organismo, el complejo ABCD puede ser, por ejemplo, una molécula de miosina.

$$\text{Aminoácidos} + \text{Enzimas sintetizadoras} \xrightarrow{\text{Energía}} \text{Proteínas} + \text{Enzimas sintetizadoras}$$

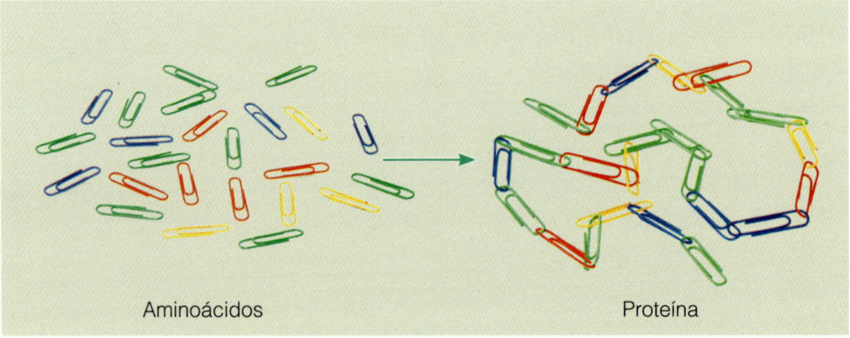

Curiosidades

Para su correcto funcionamiento, el cuerpo humano requiere 21 aminoácidos. La combinación en la cantidad y variedad de aminoácidos determina que se formen distintas proteínas. Los seres humanos solo pueden fabricar la mitad de los aminoácidos que requiere el cuerpo, mientras que el resto los debe incorporar a través de la alimentación. Por eso es importante consumir alimentos de todos los grupos.

La fotosíntesis

Un proceso anabólico de extrema importancia para todos los seres vivos es la **fotosíntesis** que llevan a cabo las plantas, las algas pluricelulares y unicelulares, así como también algunas bacterias. En el caso de las plantas, la fotosíntesis ocurre en una organela particular, el **cloroplasto**.

En el proceso de fotosíntesis, un pigmento que se encuentra en estas organelas, llamado **clorofila**, capta la luz del Sol. A través de diferentes procesos que suceden en el interior del cloroplasto, esta energía puede ser transferida y utilizada para formar glucosa.

Al igual que la respiración celular, la fotosíntesis es un proceso mediado por enzimas. Además de la luz solar y la presencia de clorofila, es necesario un gas, el dióxido de carbono, agua y sales minerales. Como producto de la fotosíntesis se obtiene glucosa, y como desecho, se libera el gas oxígeno.

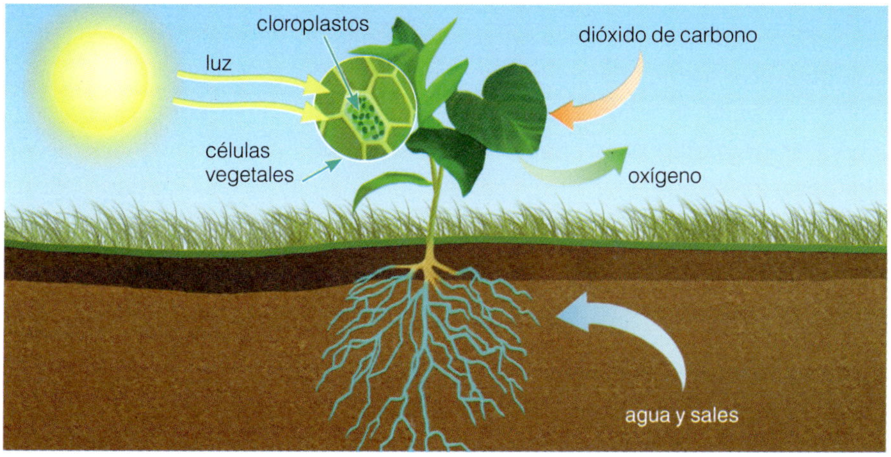

La fotosíntesis es el único proceso capaz de transformar la energía lumínica en energía química o, en otras palabras, en energía que forma parte de una molécula que pueden aprovechar el resto de los seres vivos.

$6\,CO_2$ dióxido de carbono + $6\,H_2O$ agua + Enzimas —Energía→ $C_6H_{12}O_6$ glucosa + $6\,O_2$ oxígeno + Enzimas

Si analizamos los procesos de respiración celular y de fotosíntesis en conjunto, podremos notar que los desechos de uno son utilizados como reactivos en el otro, y viceversa.

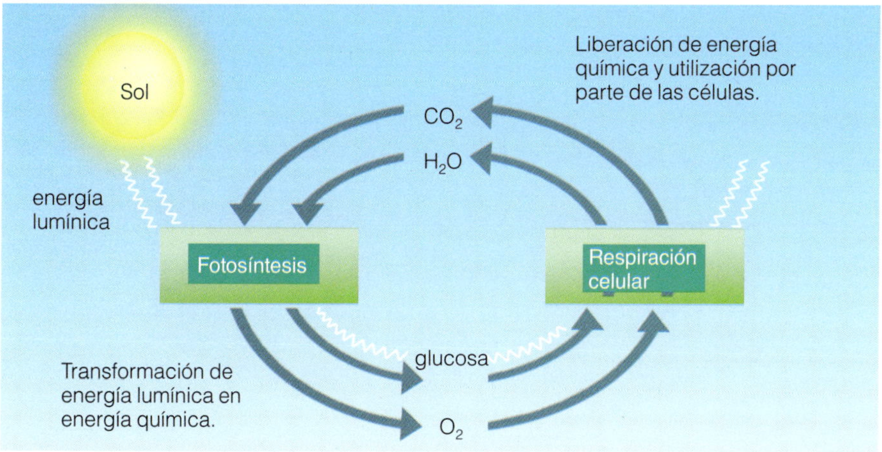

Fotosíntesis y respiración celular.

Actividades

1. ¿Por qué les parece que en las ecuaciones de las reacciones químicas de respiración celular y fotosíntesis, las enzimas se encuentran a ambos lados? ¿Aparecen como reactivos o productos? ¿Por qué? ¿Cómo se dan cuenta?
2. Busquen y anoten en sus carpetas ejemplos de reacciones catabólicas y anabólicas importantes desde el punto de vista biológico para el organismo.

El papel de las moléculas como componentes estructurales y funcionales de las células

Todos los seres vivos comparten una característica en particular: están formados por células. Pero además, hay otra característica compartida, y es que las células están formadas por el mismo tipo de moléculas: lípidos, hidratos de carbono, ácidos nucleicos y proteínas. A su vez, todas estas moléculas se constituyen como componentes estructurales y funcionales de las células.

▸ Un tipo especial de lípidos, los **fosfolípidos**, tienen un papel muy importante desde el punto de vista estructural, ya que forman parte de las membranas celulares. Además, muchas sustancias que producen las células son de origen lipídico o derivadas de lípidos, como el caso de algunas hormonas.

▸ La **celulosa** y la **quitina** son tipos especiales de hidratos de carbono que forman paredes celulares de células vegetales y de células de hongos, respectivamente. La pared celular de las bacterias también está formada por hidratos de carbono, aunque diferentes de los dos anteriores. En ese sentido, se refleja la importancia estructural que poseen estas moléculas. Por otro lado, algunos hidratos de carbono tienen un papel funcional muy importante porque intervienen en reacciones catabólicas que aportan energía a la célula, como el caso de la **glucosa** a través de la respiración celular. Además, hay hidratos de carbono que se encuentran en la membrana cuya función es el reconocimiento entre células.

▸ Los ácidos nucleicos forman parte de la estructura del **ADN**, el material genético que se encuentra en todas las células. A su vez, el ADN regula el funcionamiento celular.

▸ Las proteínas constituyen un grupo de moléculas muy heterogéneo. Algunas tienen forma **globular** y forman parte de la membrana plasmática, regulando el pasaje de sustancias que entran y salen de la célula. Otras, en cambio, son **fibrosas**, es decir que son delgadas y largas. Es el caso de las proteínas que se organizan formando el huso mitótico durante la división celular. En estos casos, la función es primordialmente **estructural**. En cambio, existen proteínas que tienen un papel funcional muy importante. Por ejemplo, hay hormonas que son proteicas o derivadas de proteínas. Dentro de las proteínas que tienen un papel funcional, se encuentran las enzimas. Como mencionamos antes, las enzimas juegan un rol fundamental en las reacciones metabólicas. Los seres vivos obtienen estas moléculas o la materia prima para fabricarlas a partir de la incorporación de los alimentos.

La celulosa tiene una forma de largas fibras que se entrelazan entre sí formando un entramado resistente, como la pared celular.

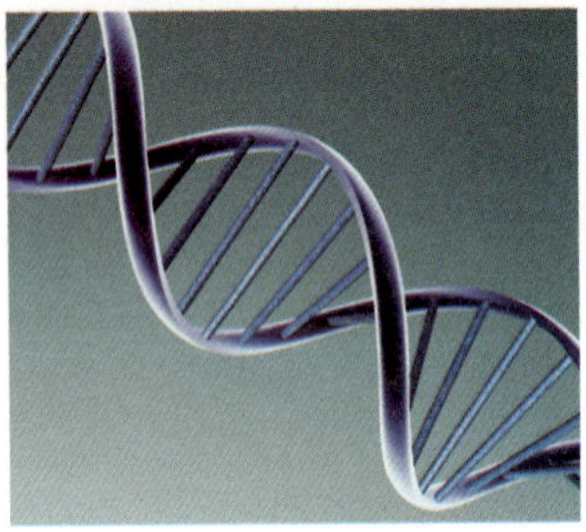

El ADN está formado por dos fibras enfrentadas entre sí y que adquieren la estructura de una doble hélice. La forma del ADN le confiere una estructura muy estable.

Algunas proteínas pueden formar delgados y resistentes filamentos que atraviesan el citoplasma de un lado a otro.

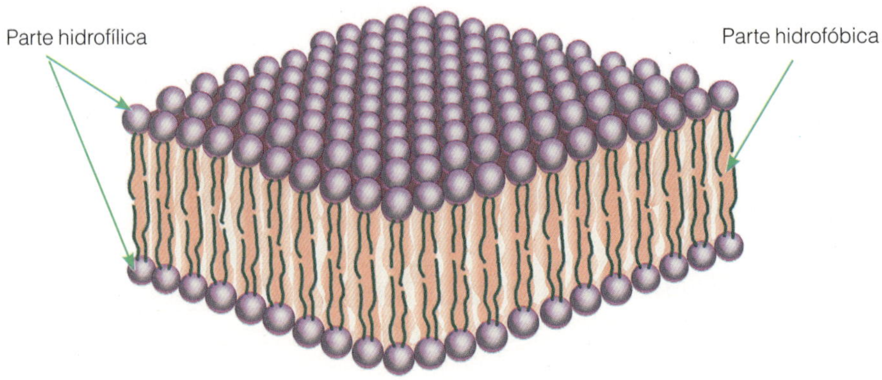

Los fosfolípidos pueden formar dobles capas ya que las partes hidrofílicas (afines al agua) quedan en contacto con los medios acuáticos, y las hidrofóbicas quedan alejadas, ya que rechazan el agua.

El caso de las enzimas

Las enzimas son un tipo particular de proteínas. Tienen un importante papel funcional, ya que intervienen en la mayoría de las reacciones químicas que ocurren en el organismo, incluidas la respiración celular, el mecanismo de obtención de energía a partir de glucosa en presencia de oxígeno, y la fotosíntesis, que determina la transformación de energía lumínica en energía química y, por lo tanto, el aporte constante de energía química a los sistemas biológicos.

Las enzimas son **catalizadores biológicos**, ya que aumentan la velocidad a la que ocurren las reacciones químicas, haciéndolas compatibles con la vida. En otras palabras, muchas reacciones químicas ocurren de manera espontánea, pero a una velocidad muy lenta, y las enzimas aumentan esa velocidad de reacción. Las reacciones químicas en las que participan las enzimas se denominan **reacciones enzimáticas**.

Durante las reacciones químicas, las enzimas interactúan de manera específica con determinadas moléculas y las transforman en productos. Que las enzimas sean específicas significa que interactúan con algún sustrato en particular, y no con otros. Por ejemplo, la enzima que durante la respiración celular rompe la molécula de glucosa, solo puede interactuar con la glucosa pero no con otra molécula, como un lípido. Esto es así porque la estructura de la enzima es semejante a la del sustrato: encajan entre sí. El sitio de la enzima donde se une el sustrato se denomina sitio activo. En el **modelo de llave-cerradura** se postula que el encaje entre el **sitio activo** y el sustrato es perfecto, mientras que en el **modelo de encaje inducido** se propone que el sitio activo tiene una forma complementaria muy parecida a la del sustrato, pero se modifica levemente cuando interactúa con este.

Las enzimas no se consumen durante las reacciones químicas, es decir, no se consumen como los sustratos (solo interactúan con ellos), ni aparecen como productos. Por eso, la cantidad de enzima antes y después de una reacción química sigue siendo la misma. Lo que se modifica son los sustratos, que van disminuyendo a medida que se consumen, y los productos, que van aumentando a medida que ocurre la reacción química.

Modelos de llave-cerradura y encaje inducido

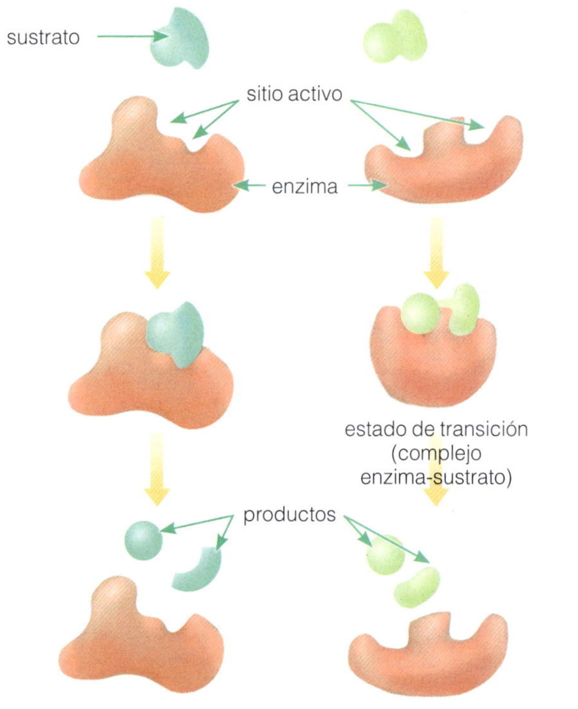

Modelo de llave-cerradura. Modelo de encaje inducido.

Actividades

1. Revisen las reacciones químicas de respiración celular y fotosíntesis.

a. Identifiquen sustratos y productos.

b. Busquen información sobre las enzimas que llevan a cabo estos procesos.

c. Expliquen por qué las enzimas aparecen en estas reacciones. Tengan en cuenta lo que plantearon en las actividades de las páginas anteriores.

d. Realicen un esquema, tomando como referencia el modelo de encaje inducido, sobre lo que sucedería durante la reacción de síntesis de glucosa (fotosíntesis) y la degradación de glucosa (respiración celular).

Las condiciones necesarias para la acción enzimática

Para que una reacción química ocurra en tiempos que sean compatibles con la vida, no solamente se requiere la presencia de una determinada cantidad de enzimas, reactivos y productos, sino que también es necesario que se cumplan ciertas condiciones bajo las cuales las enzimas pueden actuar.

- **Concentración de sales**: la mayoría de las enzimas son sensibles a altas concentraciones de sal. En estas condiciones, no pueden actuar.
- **Temperatura**: las enzimas pueden trabajar entre ciertos valores de temperatura. Si la temperatura es muy baja, la enzima disminuye su actividad, mientras que si es demasiado alta, se daña. Según la temperatura, el daño puede ser irreversible o no.
- **pH**: las enzimas son sensibles al grado de acidez del medio. Por ejemplo, las enzimas presentes en el estómago funcionan correctamente si el medio es ácido, mientras que las enzimas presentes en la saliva funcionan si el medio es neutro. Si se modifica el pH del medio, la enzima deja de funcionar y, en algunos casos, se pueden producir daños irreversibles.

Para conocer más

Díaz, A., *Biotecnología en todos lados*, Siglo XXI editores, Buenos Aires, 2014.

Poilane, L., *El libro del amante del pan,* Ed. José J. de Olañeta, Madrid, 2005.

Actividades experimentales

La acción enzimática de la catalasa

La catalasa en una enzima presente en las células del hígado, y transforma el agua oxigenada en agua y oxígeno. Como en la reacción química se libera el gas oxígeno, la producción de burbujas puede interpretarse como una evidencia de que la enzima está actuando. La siguiente experiencia tiene como objetivo observar cómo influye la temperatura en la actividad de esta enzima.

Necesitan:

- 6 tubos de ensayo
- 3 gradillas
- trocitos de hígado de igual tamaño
- agua oxigenada
- pipeta o recipiente para medir volúmenes de 5 mℓ
- recipientes con agua a 36 °C y 100 °C, en donde se puedan colocar las gradillas con los tubos de ensayo
- heladera
- marcador indeleble

Paso 1. Armen 6 tubos de ensayo de acuerdo con el cuadro y colóquenlos en la heladera o en los recipientes con agua a distinta temperatura, según el caso.

Paso 2. Observen lo que ocurre en cada tubo y regístrenlo.

1. Respondan las siguientes preguntas.

a. ¿Cuáles son los sustratos y los productos en esta reacción química?

b. ¿Por qué para cada temperatura se coloca un tubo con agua oxigenada y otro con agua común?

c. ¿En cuál de los tubos observaron mayor producción de burbujas? ¿A qué se debe?

d. ¿Cuáles les parece que son las mejores condiciones en las que actúa esta enzima? ¿Por qué?

	Trocitos de hígado	Agua oxigenada	Agua común	Temperatura
Tubo 1 A	3	5 mℓ		4 °C (heladera)
Tubo 1 B	3		5 mℓ	4 °C (heladera)
Tubo 2 A	3	5 mℓ		Baño de 36 °C
Tubo 2 B	3		5 mℓ	Baño de 36 °C
Tubo 3 A	3	5 mℓ		Baño de 100 °C
Tubo 3 B	3		5 mℓ	Baño de 100 °C

La historia del pan en el arte

Una de las expresiones de las distintas culturas del mundo es la alimentación. Las **tradiciones alimentarias**, entendidas como un conjunto de prácticas que incluyen la manera de preparar los alimentos, de cocinarlos, de comerlos, de servirlos y de compartirlos, forman parte de la cultura de los pueblos. Las tradiciones alimentarias, a su vez, se ven influidas por la disponibilidad de materias primas en un determinado lugar, así como por las distintas maneras que conocen las personas para manipularlas.

Un modo de aprovechar y manipular determinadas materias primas es a través del uso de microorganismos, como las levaduras. Debido al proceso de fermentación que estos microorganismos llevan a cabo, se han utilizado en la elaboración de distintos alimentos y bebidas, como el pan, el vino y la cerveza. Por eso, podemos decir que las levaduras y la manera de utilizarlas han influido en las tradiciones alimentarias de muchos pueblos del mundo. Más allá de las diferencias, ¿conocen algún lugar en donde no se prepare o no se consuma pan o sus derivados? ¿Sabían que la cerveza ya era preparada por los antiguos egipcios?

Podemos pensar todavía un poco más allá acerca de la influencia de estos seres vivos en la cultura: a lo largo de la historia de la humanidad, en muchas obras de arte, como grabados y pinturas, quedaron plasmadas las tradiciones alimentarias bajo la forma de aquellos alimentos y bebidas que solo las levaduras, junto con la mano de los seres humanos, son capaces de producir.

Edouard Manet, *At the cafe* (1878).

Johannes Vermeer, *La lechera* (1657-1658).

Cosecha de cereales, en la tumba de Menna (1422-1411 a.C.).

Actividades

1. Investiguen acerca de la Biotecnología.

a. ¿Cómo se define esta ciencia?

b. ¿Cuándo se considera que comenzó a utilizarse?

c. ¿Podríamos decir que los egipcios, al preparar cerveza hace miles de años, ya habían "inaugurado" la Biotecnología? ¿Por qué?

d. ¿Qué relación encuentran entre la Biotecnología y las tradiciones alimentarias? ¿Y entre las tradiciones alimentarias y el arte?

e. ¿Por qué dirían que la Biotecnología influye en un arte como la pintura?

1. ¿Qué tipo de reacciones involucra el metabolismo celular? Describan cada una de ellas.

2. Reúnanse en pequeños grupos y analicen cada situación. Expliquen el porqué de lo que se afirma en cada una de ellas.

a. Cuando se prepara una ensalada de frutas o una ensalada con tomate y se agrega azúcar o sal, respectivamente, al cabo de cierto tiempo puede observarse que hay más líquido que antes del agregado de los condimentos.

b. Los buenos asadores saben que para salar la carne, primero hay que esperar que esté bien cocida su superficie.

c. Los moluscos, como las babosas y los caracoles, cuando están en contacto con mucha cantidad de sal, mueren por deshidratación.

d. Al hervir hortalizas en agua salada, luego de la cocción, estos vegetales tienen un sabor más salado.

e. El tamaño de las ciruelas en compota es mayor que antes de estar preparadas de esta manera.

3. Observen estas microfotografías electrónicas y reconozcan las distintas etapas del proceso de mitosis. Describan lo que sucede en cada una de ellas.

a.

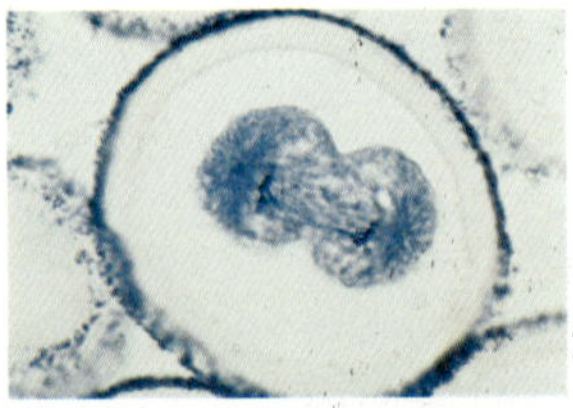

b.

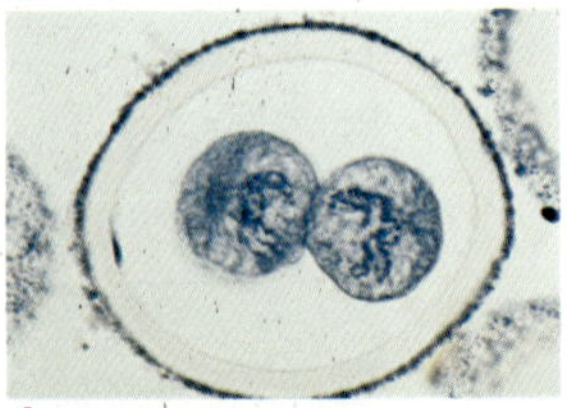

c.

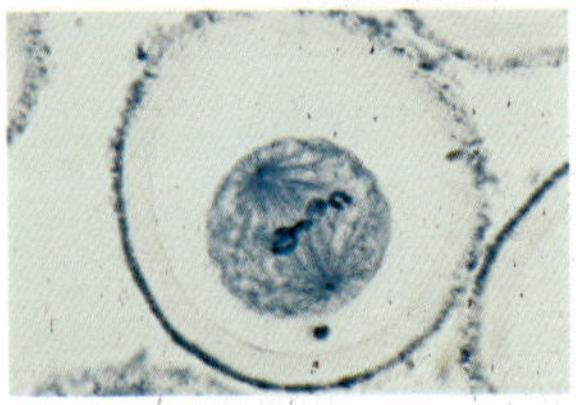

d.

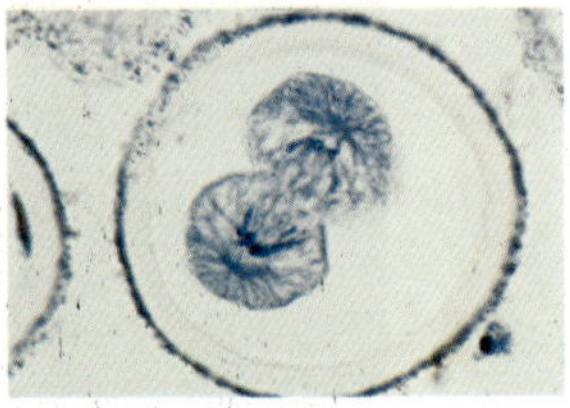

4. Discutan la siguiente frase: ¿están de acuerdo con ella? ¿Por qué?

Los modelos explican una parte de la realidad, pero no lo son.

5. Indiquen cuál es el proceso que está involucrado en la siguiente situación.

Los eritrocitos o glóbulos rojos viven 120 días y, por lo tanto, el cuerpo los produce constantemente.

6. ¿Qué tipos de procesos representan los siguientes esquemas? ¿Por qué?

Esquema A:

ABCD + Enzimas —Energía→ A + B + C + D + Enzimas

Esquema B:

A + B + C + D + Enzimas —Energía→ ABCD + Enzimas

7. Completen el esquema con los siguientes conceptos:

medio extracelular • nutrientes • metabolismo
degradación • dióxido de carbono
reparación de heridas • producción de sustancias

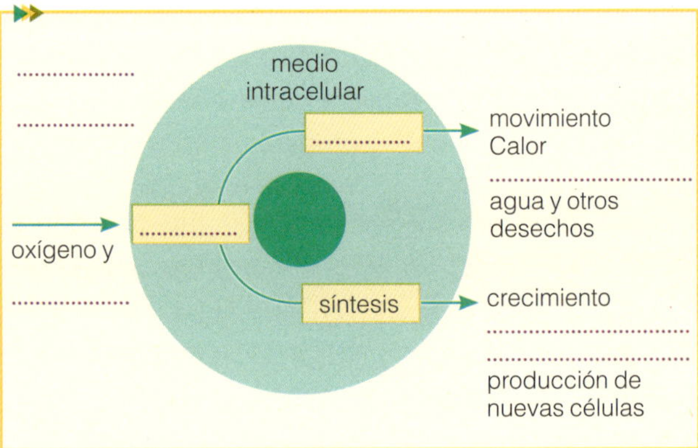

8. Establezcan semejanzas y diferencias entre la difusión simple, la ósmosis y la difusión facilitada.

9. Observen las siguientes imágenes de células vegetales vistas al microscopio.

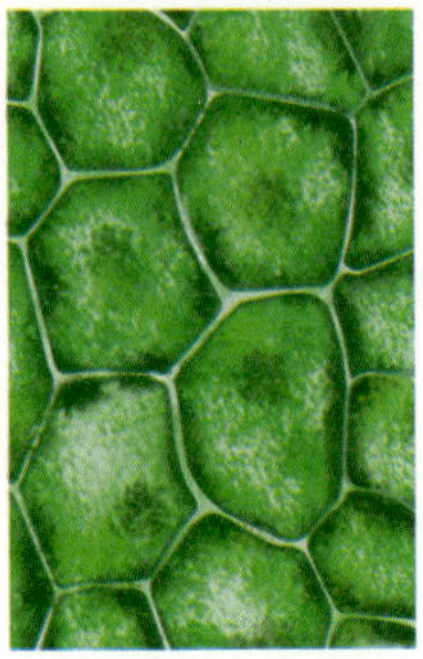

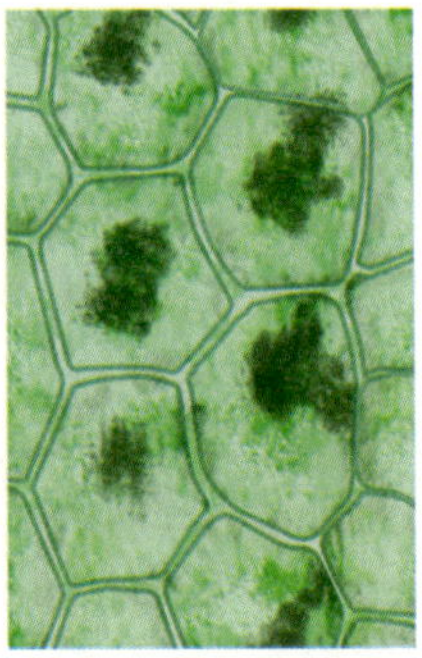

a. ¿Qué fenómeno se está representando? ¿Cómo se dieron cuenta?

b. ¿Por qué ocurre?

Origen de la diversidad biológica

4

Contenidos

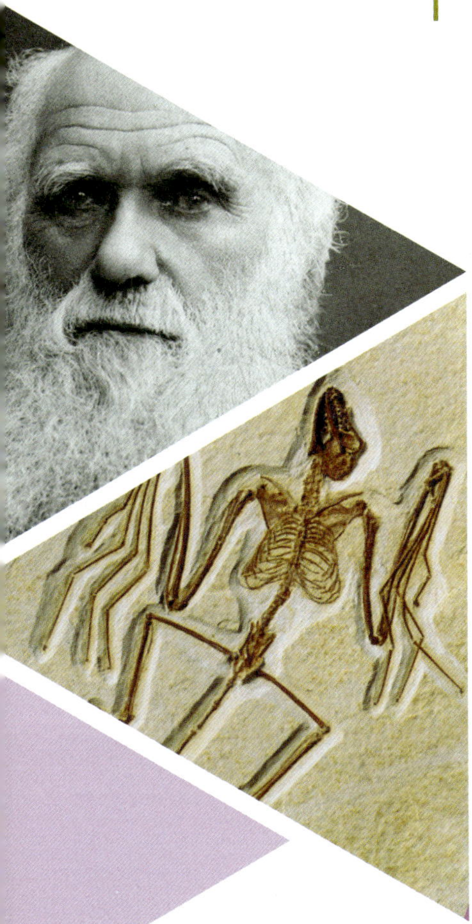

Las alas de las aves, la gruesa capa de grasa subcutánea del oso polar, las hojas delgadas y amplias de las plantas con las que captan gran cantidad de luz. Todas estas características de los seres vivos, que les permiten sobrevivir y reproducirse en los ambientes en los que habitan, parecen estar especialmente diseñadas. Durante muchos años se creyó que eran producto de la creación divina, y que no se modificaban a través del tiempo. Entonces, por ejemplo, ¿todos los perros que conocemos tienen un origen distinto o provienen de un mismo antepasado que vivió hace miles de años? ¿Qué información nos aportan los fósiles para conocer más sobre el origen de las especies actuales? ¿Por qué todos los seres vivos tenemos determinadas características en común? La teoría evolutiva permite dar una respuesta a todas estas preguntas, y explicar además cómo es posible que se haya originado en la Tierra la enorme variedad de seres vivos que habita en ella.

EN ESTE CAPÍTULO...

Se explica cómo se originaron las especies actuales a partir de las transformaciones de especies ancestrales.

Se desarrolla la teoría de la selección natural propuesta por Darwin, que explica los cambios de las especies en el tiempo, el origen de nuevas especies y las adaptaciones.

También se analiza por qué la biodiversidad es una consecuencia de la existencia de diversos ambientes.

Contenido digital adicional

www.tintaf.com.ar/BIO2C4

La diversidad biológica

Los pájaros, insectos y musgos son parte de la diversidad biológica visible que alberga un árbol urbano.

Si observamos los árboles de la cuadra en la que vivimos, podremos reconocer una gran cantidad de seres vivos que habitan en ellos. Seguramente primero distingamos a las aves ubicadas en las zonas más altas, y algunas plantas que crecen adheridas, como enredaderas o claveles del aire. Si miramos con más detalle, encontraremos insectos, como las hormigas, o arañas, y tal vez algunos musgos o algas sobre la corteza. Y si tomáramos una muestra de las hojas, de la misma corteza o del agua que se pueda acumular sobre el árbol, veríamos (usando un microscopio) que también hay una gran variedad de microorganismos, como bacterias. Pero también hay otros seres vivos que habitan nuestra cuadra: el pasto y otras plantas que crecen en los canteros, los perros y gatos, junto con sus pulgas, nosotros y nuestros propios vecinos. Este conjunto de organismos constituye la diversidad biológica de nuestra cuadra, y es solo una muy pequeña porción de la enorme cantidad de seres vivos que alberga nuestro planeta. En sentido amplio, se llama **diversidad biológica** o **biodiversidad** a toda la variedad de formas de vida que se desarrolla en la Tierra e involucra a todas las especies de plantas, animales, hongos y microorganismos.

Las unidades que componen la biodiversidad son las especies. Existen diferentes especies de aves, de mosquitos, de árboles, de bacterias, de hongos y de todos los demás seres vivos. Las **especies** son grupos de poblaciones naturales con características muy similares que se entrecruzan, o potencialmente lo pueden hacer, y que dejan como descendencia organismos fértiles.

Un aspecto sorprendente de la biodiversidad es que puede encontrarse prácticamente en cualquier tipo de ambiente, desde los desiertos hasta el fondo de los océanos, incluidas zonas con condiciones tan extremas como los cráteres volcánicos. Todos los organismos tienen características especiales denominadas **adaptaciones** que les permiten sobrevivir y reproducirse en los ambientes en los que habitan.

¿Por qué los organismos poseen estas adaptaciones? ¿Cómo es posible que la increíble cantidad y diversidad de formas de vida de la Tierra comparta ciertas características? Para responder estas preguntas, no debemos imaginarnos a la biodiversidad como la foto de todo lo que vemos hoy en día, sino como una película. Esta película comenzó con las primeras células, hace casi 4 mil millones de años. Tuvo luego como protagonistas a especies que actualmente están extintas, como los dinosaurios, y siguió hasta la actualidad, con la biodiversidad como la conocemos hoy en día, y continuará... Hoy sabemos que la biodiversidad no es estática, sino que cambia a lo largo del tiempo, y que para comprenderla realmente no podemos ignorar su aspecto temporal.

Curiosidades ▶

Methylacidiphilum fumariolicum es una bacteria que se encontró en un pozo de barro en un cráter volcánico de Italia, en el año 2007. Este microorganismo vive perfectamente a temperaturas de 50 a 60 °C, tolera condiciones tan ácidas como las que provoca el ácido sulfúrico concentrado y utiliza el gas metano como nutriente.

Actividades

1. Respondan las siguientes preguntas.

a. ¿Qué es la biodiversidad? Mencionen diez organismos que sean parte de la biodiversidad que puede encontrarse en las orillas de un lago.

b. ¿Cuál es la relación entre biodiversidad y especie?

c. ¿Qué evidencias conocen que nos permiten saber que la biodiversidad no es estática, sino que fue cambiando a lo largo de la historia de la vida en la Tierra?

El fijismo de las especies

La idea de que la biodiversidad cambia con el tiempo es relativamente nueva y no fue siempre concebida de esa manera. Así como ocurriera con las explicaciones acerca del origen de la vida, durante la Edad Media (siglos V a XV) todos los fenómenos naturales se interpretaban a partir de los textos bíblicos. Se pensaba que los seres vivos eran la obra de la creación de Dios y que, una vez creados, los seres vivos no habían sufrido ningún tipo de modificación posterior. Esta concepción de los organismos como entidades estáticas a lo largo del tiempo recibe el nombre de **fijismo**.

El cuestionamiento de las explicaciones religiosas para los fenómenos naturales comenzó en el Renacimiento (siglos XV y XVI), época de transición entre el pensamiento medieval y el moderno. Muchos pensadores de esa época fueron perseguidos y condenados por pensar en forma diferente, como Galileo Galilei. Fue en el siglo XVII cuando tuvieron lugar las primeras investigaciones de los fenómenos naturales sobre bases científicas, con lo que se inició así la ciencia moderna. Novedosas ideas surgieron en esta época, desde la sustitución de la Tierra como centro del universo por el heliocentrismo*, hasta las primeras leyes sobre el movimiento, propuestas por Newton. El nacimiento de la Física, la Astronomía y la Matemática fue la base para que en el siguiente siglo (XVIII) comenzaran los primeros estudios científicos sobre la vida.

Paralelamente a la pérdida de la imagen de un mundo sin cambios ni movimiento, los naturalistas del siglo XVIII tuvieron a su alcance grandes cantidades de plantas y animales nuevos, que fueron recolectados en los viajes exploratorios alrededor del mundo. Fue inminente entonces la necesidad de ordenar estas colecciones, y establecer criterios para clasificar a todas las especies conocidas hasta el momento. En el año 1735, Carlos Linneo (1707-1778) publicó una obra, *Systema naturae*, en la que presentó el primer **sistema de clasificación formal** para los reinos vegetal y animal. El ordenamiento propuesto por este naturalista seguía un esquema jerárquico, con categorías superiores, como los reinos, que incluyen a otras inferiores, como los géneros y las especies. Linneo era fijista, ya que estaba convencido de que los organismos que él clasificó habían sido creados por Dios y permanecían inmutables desde ese entonces. Por eso, consideraba que el sistema que desarrolló reflejaba el plan divino de la creación.

El sistema de clasificación linneano fue tan útil que se sigue utilizando en la actualidad. Por otro lado, este primer ordenamiento de la biodiversidad permitió comparar a los distintos grupos de seres vivos, y fue la base sobre la cual se comenzó a pensar la historia de la vida en la Tierra.

Galileo Galilei (1564-1642)

Astrónomo y físico italiano. Es considerado el padre de la astronomía moderna. Construyó el primer telescopio astronómico. Fue condenado en el año 1633 por el Santo Oficio por su idea de que la Tierra se movía alrededor del Sol.

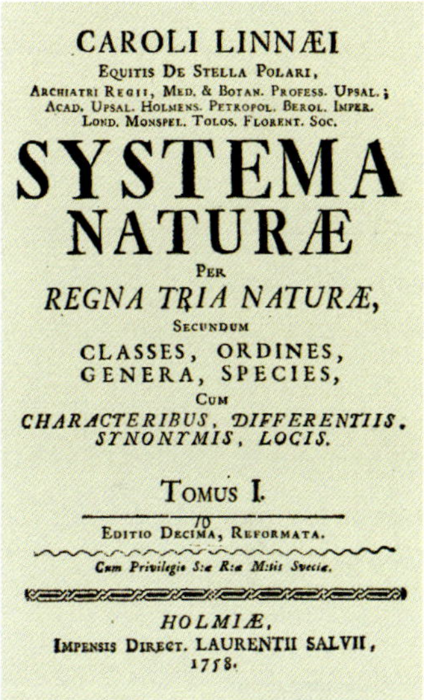

CAROLI LINNÆI
EQUITIS DE STELLA POLARI,
ARCHIATRI REGII, MED. & BOTAN. PROFESS. UPSAL.; ACAD. UPSAL. HOLMENS. PETROPOL. BEROL. IMPER. LOND. MONSPEL. TOLOS. FLORENT. SOC.
SYSTEMA NATURÆ
PER
REGNA TRIA NATURÆ,
SECUNDUM
CLASSES, ORDINES, GENERA, SPECIES,
CUM
CHARACTERIBUS, DIFFERENTIIS, SYNONYMIS, LOCIS.
TOMUS I.
EDITIO DECIMA, REFORMATA.
Cum Privilegio S:æ R:æ M:tis Sveciæ.
HOLMIÆ,
IMPENSIS DIRECT. LAURENTII SALVII,
1758.

Portada de la décima edición de *Systema naturae*, publicada en el año 1758 por Linneo. En esta obra se establecen las bases para la clasificación actual de los animales.

Actividades

1. Respondan las siguientes preguntas.

a. ¿Qué propone el fijismo acerca de los seres vivos?

b. ¿En qué momento histórico comienza a cuestionarse el fijismo?

c. ¿Cuál fue el aporte de Linneo para el estudio de la biodiversidad?

d. ¿Pensaba Linneo que la biodiversidad sufría modificaciones a lo largo del tiempo? Justifiquen su respuesta.

Glosario

heliocentrismo: modelo astronómico según el cual la Tierra y los planetas se mueven alrededor del Sol.

Georges Louis Leclerc, conde de Buffon (1707-1788)

Naturalista francés. Estudió Derecho en la Universidad de Dijon. En 1728 se trasladó a Angers para satisfacer su vocación, y allí estudió Medicina, Botánica y Matemática. En 1749 se publicó su famosa obra *Historia Natural* (*Histoire Naturelle*).

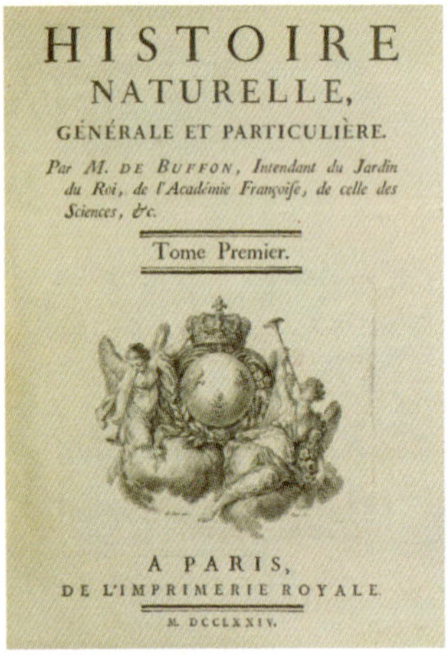

HISTOIRE
NATURELLE,
GÉNÉRALE ET PARTICULIÈRE.
Par M. DE BUFFON, Intendant du Jardin du Roi, de l'Académie Françoise, de celle des Sciences, &c.
Tome Premier.
A PARIS,
DE L'IMPRIMERIE ROYALE.
M. DCCLXXIV.

Histoire Naturelle, la famosa obra del conde de Buffon.

Charles Lyell (1797-1875)

Geólogo escocés. Desarrolló la teoría de la uniformidad, que establecía que los procesos naturales que cambiaban la Tierra en el presente son los mismos que actuaron en el pasado. Realizó numerosas observaciones que incluyó en su obra *Principios de geología*, en la que refuta la teoría de las catástrofes como motor de los cambios geológicos.

Las primeras ideas transformistas de las especies

Las contribuciones del conde de Buffon, Hutton y Lyell

Uno de los primeros naturalistas en cuestionar el fijismo de las especies fue el francés George Louis Leclerc, más conocido como el conde de Buffon. Desarrolló su interés por la historia natural después de haber sido nombrado por Luis XV en 1739 como director del jardín *du Roi de París*. En ese entonces se propuso producir un catálogo de las especies de plantas, animales y minerales para una colección real. Su proyecto fue un tanto ambicioso y transformó su tarea en la creación de una historia completa de todos los animales, plantas y minerales de la naturaleza. En 1749 se publicaron los tres primeros volúmenes de su famosa obra *Historia Natural* (*Histoire Naturelle*). Sin embargo, la importancia de la obra de Buffon no fue solo su carácter enciclopedista, sino que propuso que nuestro planeta habría sufrido procesos de cambio y transformación. Ligaba los procesos geológicos con los procesos básicos de la historia de la vida. Argumentaba que si bien la creación divina había provisto un número reducido de especies, estas se habrían ido transformando y diversificando a lo largo del tiempo. Es decir que los diferentes organismos existentes en la actualidad descienden de unas pocas formas preexistentes. A este tipo de pensamiento se lo conoce como **transformista**.

Uno de los problemas que enfrentaba el pensamiento transformista de las especies era la edad de la Tierra. Para ese entonces, los teólogos cristianos sostenían que la Tierra tenía aproximadamente 6.000 años de antigüedad ya que contaban las sucesivas generaciones desde la creación de Adán, según la Biblia. Resultaba fundamental establecer que la edad de la Tierra era muchísimo mayor, para admitir que las especies pudieron haber sufrido modificaciones a lo largo de millones de años. El geólogo escocés James Hutton (1726-1797) propuso mediante su teoría llamada **uniformista** que la Tierra habría sido formada por procesos lentos y graduales, como la acción del agua o los fenómenos climáticos, y que la superficie terrestre se hallaba en constante proceso de cambio. Respaldó su teoría con el hecho de que si las capas de rocas de miles de metros de espesor se hubieran formado mediante procesos naturales lentos, hubiera sido necesario que transcurrieran millones de años. El geólogo Charles Lyell refinó las ideas de Hutton y concluyó que el efecto lento, constante y acumulativo de las fuerzas naturales habría provocado un cambio continuo en la Tierra. En su obra *Principios de geología* llegó a afirmar que la Tierra se originó hace miles de millones de años. Este libro tuvo un profundo efecto en Charles Darwin, quien lo leyó durante su viaje.

Actividades

1. ¿Qué ideas aportaron Buffon, Hutton y Lyell?

2. ¿Por qué resultaba fundamental determinar la edad de la Tierra? ¿En qué evidencias se basaron Hutton y Lyell para determinar que la Tierra tenía miles de millones de años de antigüedad?

La teoría de Lamarck

A fines del siglo XVIII, las discusiones acerca de si las especies cambiaban a lo largo del tiempo y cómo lo hacían alcanzaron su máximo nivel. En 1801, un naturalista francés llamado Jean Baptiste de Monet, caballero de Lamarck, propuso una teoría. Lamarck dedicaba gran parte de sus investigaciones a los organismos unicelulares y a los animales invertebrados. Clasificó a los invertebrados desde las formas más simples a las más complejas. También estudió fósiles y observó que las formas más simples se encontraban en los estratos más antiguos, mientras que en los estratos más jóvenes se encontraban fósiles con formas más parecidas a las actuales. Propuso como teoría que todas las especies, incluido el ser humano, descienden de otras especies y que existía una fuerza en la naturaleza que obligaba a las especies a cambiar, desde formas vivas muy simples hacia más complejas.

Para explicar esta evolución, planteó la teoría de los **caracteres adquiridos** según la cual los seres vivos poseían una fuerza interna que los impulsaba a cambiar para poder adaptarse a los cambios que se producían en el ambiente. Aquellos órganos que se utilizaban con mucha frecuencia se desarrollaban más, y los que no se usaban tendían a atrofiarse y a desaparecer. Estos cambios en el cuerpo de los organismos que ocurrían durante sus vidas eran transmitidos a sus descendientes, y las crías nacían con esas nuevas características. Un ejemplo de esto es la descripción acerca del origen del cuello largo de las jirafas. Según esta teoría, las jirafas en un principio tenían cuellos cortos y se alimentaban de las hojas de las ramas más bajas. Como todas comían de esas mismas ramas, resultaba conveniente alcanzar las hojas de las ramas más altas. Las jirafas, con el afán de alcanzarlas, estiraban su cuello durante toda su vida y lograban estirarlo unos pocos centímetros. Como el cuello era un órgano que estaba siendo muy utilizado, se desarrollaba cada vez más. Las crías de estas jirafas heredaban las características que sus progenitores desarrollaban a lo largo de su vida, entonces nacían con el cuello más largo. Al cabo de varias generaciones, las jirafas fueron cambiando su aspecto y desarrollaron cuellos largos, que les permitieron alimentarse de las hojas de las ramas más altas. Como consecuencia de este proceso, el cuello largo de las jirafas actuales sería el resultado del estiramiento heredado de las jirafas ancestrales de cuello corto.

Jean-Baptiste de Monet de Lamarck (1744-1829)

Biólogo francés. Se formó en la carrera eclesiástica y luego se enroló en la infantería, que dejó por problemas de salud y se trasladó a París. Allí estudió Medicina y Botánica. Fue miembro de la Academia Francesa de Ciencias, trabajó en el *Jardin du Roi* hasta que se reconvirtió en el Museo Nacional de Historia Natural.

Actividades

1. Enumeren las ideas principales de la teoría de la evolución según Lamarck.
2. Expliquen, según la teoría de Lamarck, cómo los osos hormigueros pudieron haber desarrollado un hocico tan largo.

Secuencia del estiramiento del cuello de las jirafas durante sucesivas generaciones.

El gran adversario de Lamarck: George Cuvier

George Cuvier (1769-1832), zoólogo francés, defensor del fijismo de las especies y opositor de las ideas evolutivas de Lamarck.

Las ideas evolucionistas de Lamarck encontraron una fuerte oposición por parte de George Cuvier, un poderoso y reconocido científico de la época, considerado actualmente como el padre de la Anatomía comparada* y la Paleontología*. Como fuerte defensor del fijismo de las especies, sostenía que estas habían sido creadas por Dios y se mantienen sin modificaciones a lo largo del tiempo. Su estudio de los fósiles fue exhaustivo y le hizo descubrir que la Tierra había estado poblada por faunas muy diversas a lo largo del tiempo. Observó que los fósiles debían de ser muy antiguos al estar enterrados en estratos rocosos muy profundos y que mientras más hondo estuviera el fósil y más vieja fuera la roca, más difería de cualquier forma de vida actual. Para explicar este fenómeno, propuso la **teoría de las catástrofes**. De acuerdo con ella, a lo largo de la historia de la Tierra habrían ocurrido extinciones masivas provocadas por catástrofes universales, seguidas por la creación de una fauna nueva. Desde la perspectiva del catastrofismo, apoyaba la idea de que la edad de la Tierra solo debía rondar los 6.000 años de antigüedad, lo que difería de Charles Lyell, cuyo gradualismo requería millones de años. Cuvier sostenía que los cambios que proponía Lamarck tampoco habrían sido posibles en un lapso tan breve de tiempo.

Cuvier revolucionó las clasificaciones del reino animal basándose en la Anatomía comparada y rompiendo con la idea anterior de que todos los animales formaban una línea continua, desde los más simples hasta el ser humano. Para llevar a cabo esta clasificación, se fijó en la estructura interna del cuerpo del animal más que en las características externas. Uno de los principios que aplicó fue que todas las partes del cuerpo de un animal están relacionadas entre sí y forman un todo coordinado. Sostenía que el diseño eficiente de cada animal era la prueba de que este no podría haber variado desde su creación.

Cuvier fue un influyente y firme adversario de las teorías de la evolución y, con su brillante personalidad, llegó a destruir la carrera científica de Lamarck, a quien desprestigió permanentemente.

Hoy en día se sabe que la Tierra tiene una antigüedad cercana a los 4.600 millones de años y se acepta que las especies van cambiando a lo largo del tiempo, lo que da lugar a otras especies. Si bien el mecanismo que propuso Lamarck sobre cómo ocurrían los cambios evolutivos en los seres vivos no es correcto, fue un adelantado para su época, ya que hablaba de **evolución** y **adaptaciones de los seres vivos**, dos conceptos fundamentales para poder explicar la enorme diversidad de seres vivos que existe en nuestro planeta. Unos pocos años más tarde, Darwin y Wallace dieron una explicación de cómo opera el proceso evolutivo, que sería aceptada hasta la actualidad por la comunidad científica.

Glosario

anatomía comparada: disciplina encargada del estudio de las semejanzas y diferencias de los cuerpos de los seres vivos.

Paleontología: ciencia que estudia los seres vivos que habitaron la Tierra en épocas pasadas y cuyos restos se encuentran en forma de fósiles.

Actividades

1. ¿Quién fue el gran adversario de las ideas evolutivas de Lamarck? ¿Qué ideas sostenía este científico, que no coincidían con las de Lamarck? ¿Por qué logró desprestigiar a Lamarck?

El viaje de Darwin a bordo del *Beagle*

Casi medio siglo después de que Lamarck propusiera que los seres vivos no eran entidades estáticas, el debate entre transformismo y fijismo tuvo un nuevo gran protagonista: Charles Darwin. Las ciencias naturales eran muy populares en Inglaterra en el momento en que nació y, probablemente por esa razón, ya desde pequeño coleccionaba piedras, insectos y flores. A los 22 años recibió una oferta que cambiaría su vida y la de la historia de la Biología: embarcarse como naturalista a bordo del velero *Beagle*. La expedición duró 5 años e incluyó la exploración de las costas de Sudamérica, África y Oceanía. El objetivo principal de la expedición era recoger datos cartográficos*.

Durante el viaje, Darwin tuvo la oportunidad de observar una enorme cantidad de animales, plantas, fósiles y paisajes, cuyas características y distribución le generaron nuevas preguntas. Estas observaciones fueron detalladamente registradas en su diario, que luego publicaría en el año 1839 bajo el título de *El viaje del Beagle*. También recolectó gran cantidad de especies animales y vegetales, realizó investigaciones geológicas en Sudamérica y hasta descubrió una nueva especie de delfín. Las observaciones de Darwin durante la expedición estuvieron fuertemente influenciadas por un libro que estaba leyendo en ese momento: *Principios de la geología*, de Charles Lyell. En su trabajo, Lyell, proponía que los paisajes de la Tierra son producto del efecto de procesos lentos y constantes que modifican su superficie, y que su edad era de millones de años y no de unos pocos miles. Darwin corroboró la hipótesis de Lyell con varias observaciones durante su viaje. Por ejemplo, en Cabo Verde descubrió que uno de los estratos blanquecinos elevados en la roca volcánica contenía restos de conchillas. Esto podía ser fácilmente interpretado, considerando que el relieve de ese lugar se había formado mediante surgimientos y hundimientos a lo largo de grandes períodos. De este modo, la experiencia de Darwin en la geología, ciencia a la que también hizo importantes aportes, fue crucial para sus posteriores explicaciones sobre los cambios de los seres vivos en el tiempo.

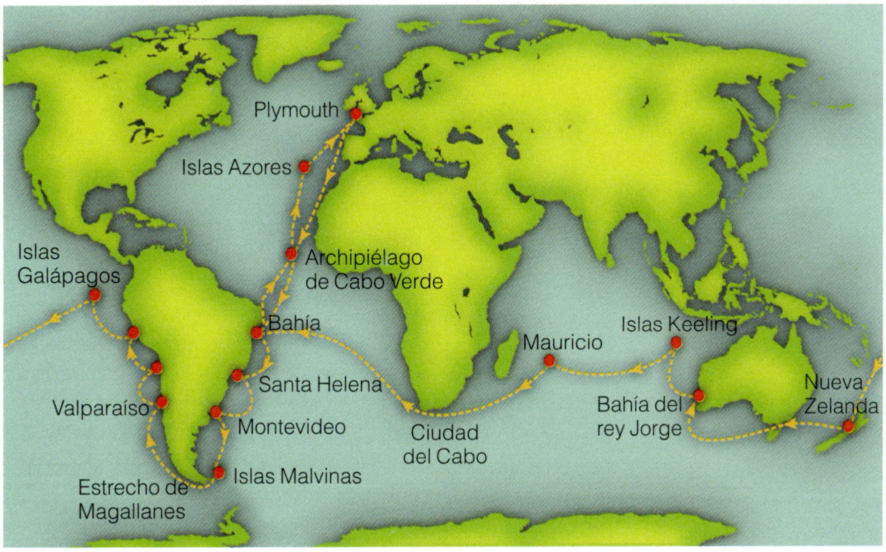

Mapa con el recorrido realizado por el *Beagle* entre los años 1831 y 1836.

Curiosidades ▶

El velero *Beagle* pesaba 240 toneladas y llevó a bordo a 76 personas, entre ellos a Charles Darwin. Su salida del puerto de Plymouth estuvo postergada por más de un mes debido al mal tiempo.

Glosario

cartografía: disciplina que se ocupa de la elaboración, producción y estudio de los mapas.

Charles Darwin (1809-1882)
Naturalista inglés. Su obra más famosa, *El origen de las especies por medio de la selección natural*, fue publicada en 1859. Publicó otros trabajos sobre sus investigaciones botánicas y zoológicas, e incluso sobre evolución humana, como *El origen del hombre y de la selección en relación al sexo*.

Actividades

1. ¿A qué actividades se dedicó Charles Darwin durante el viaje en el *Beagle*? ¿Cuánto tiempo le llevaron y en qué lugares las realizó?
2. Expliquen cómo las ideas de Lyell influenciaron en las observaciones de Darwin durante su viaje.

Charles Darwin

Durante su viaje, Darwin observó la distribución espacial y temporal de algunas especies. A partir de estas observaciones elaboró su teoría de la evolución.

En la pampa argentina encontró restos fósiles de megaterios, toxodontes y gliptodontes, grandes mamíferos ya extinguidos, semejantes a los armadillos que vivían en el lugar. La relación geográfica y morfológica entre la fauna actual de la región y la extinta le llamó poderosamente la atención:

> *"[...] me había impresionado profundamente al descubrir en la formación de las pampas el parecido entre los grandes animales fósiles cubiertos por caparazón y los armadillos existentes. Era evidente que hechos como estos, al igual que muchos otros, podían explicarse bajo el supuesto de que las especies se modificaban gradualmente. El tema me obsesionó [...]".*

La sucesión espacial de especies muy similares a lo largo de Sudamérica fue otro de sus hallazgos. El reemplazo geográfico de un tipo de ñandú, el choique, por el ñandú común en el sur argentino, lo llevaron a pensar que las especies cambian a través del tiempo, y que este cambio luego se ve reflejado en el espacio.

En las islas Galápagos, en Ecuador, Darwin encontró un grupo de aves llamadas pinzones, y detectó que no todas eran iguales. Reconoció trece especies que diferían en el ambiente en el que vivían (desde las copas de los árboles hasta el suelo), en sus hábitos alimentarios (algunos eran herbívoros y otros, insectívoros) y en cada isla había especies diferentes. Estas especies no se encuentran en ningún otro lugar del mundo, excepto una de ellas, que vive en el continente más cercano, a 1.000 km de distancia. ¿Cómo explicó Darwin, posteriormente, esta distribución de los pinzones? Propuso que habían surgido a partir de un tipo ancestral, presente en el continente y que las variaciones entre las distintas especies se habrían ido acumulando con el tiempo al permanecer unas aisladas de las otras.

Restos fósiles de un gliptodonte, mamífero extinto hace más de 10.000 años. Estos animales medían entre 1,5 y 4 metros de largo, y podían pesar hasta 2.000 kg.

El armadillo es un mamífero que tiene un caparazón dorsal formado por placas. Mide entre 30 cm y 1,5 m. La especie más grande que vive en la actualidad, el armadillo gigante, puede superar los 60 kg de peso.

Actividades

1. ¿Qué diferencias y qué similitudes encuentran entre el gliptodonte y el armadillo?

2. ¿Cómo pueden explicar la similitud entre el gliptodonte y el armadillo?

3. ¿Cómo explicó Darwin la existencia de dos especies de ñandúes muy similares que habitan en regiones vecinas?

4. ¿Cómo explicó Darwin que en las Islas Galápagos había trece especies diferentes de pinzones pero solo un tipo en el continente?

La teoría del ancestro común

A su regreso del viaje, Charles Darwin contaba con una amplia colección de animales y plantas, que analizaría durante los siguientes años. Los fósiles que había descubierto en las pampas argentinas, el reemplazo de animales relacionados a lo largo de Sudamérica y las características particulares de los pinzones de las Islas Galápagos fueron algunas de las observaciones que apoyaban su idea de la modificación gradual de las especies. Si bien compartió sus pensamientos con algunos naturalistas de la época, fue recién más de 20 años después, en 1859, cuando publicó su obra fundamental, *El origen de las especies por medio de la selección natural, o la preservación de las razas preferidas en la lucha por la vida.* Esta demora en la publicación no se debió a que el naturalista estuviera buscando una buena explicación a sus observaciones, sino a que utilizó todo ese tiempo para evaluar la confiabilidad de sus ideas.

El perro y el lobo comparten muchas características, que heredaron de su ancestro común.

Una de las hipótesis más importantes de su libro es que las especies se modifican gradualmente a través del tiempo a partir de un **antepasado** o **ancestro común**. Las especies que observamos en la actualidad están entonces relacionadas con otras que no existen hoy en día, pero cuya descendencia fue sufriendo modificaciones a lo largo de miles de generaciones hasta tener las actuales características. De este modo, Darwin explicó cómo los fósiles de gliptodontes encontrados en la pampa argentina serían restos de los ancestros de los actuales armadillos. Para el caso de los pinzones de las Islas Galápagos, las distintas especies encontradas en las islas habrían surgido a partir de una especie ancestral que vivió en el continente. Con el paso del tiempo, y debido al aislamiento, las poblaciones de pinzones de cada isla habrían ido teniendo descendencia con modificaciones particulares, hasta convertirse en diferentes especies luego de muchas generaciones. Los descendientes de la especie ancestral que vivía en el continente no habrían sufrido grandes cambios, y constituirían la especie de pinzón que Darwin encontró en el continente.

La hipótesis de Darwin de la **descendencia con modificación a partir de un ancestro común** es aceptada hoy en día ampliamente. Dada la gran cantidad de evidencias que la apoyan, puede considerarse como una teoría, que ha sido también llamada **teoría del ancestro común**. En sentido amplio, llamamos ancestro común de un conjunto de especies actuales o extintas a una especie que vivió en el pasado, y cuyas siguientes generaciones fueron acumulando cambios hasta originar las actuales especies. Cuando decimos que el lobo y el perro comparten un ancestro común, estamos asumiendo que hace miles de años existió una población de organismos similar a los dos, su ancestro común. Dentro de esta población, y con el correr del tiempo, se fueron diferenciando dos subpoblaciones, que luego de millones de años de acumular pequeñas diferencias, llegaron a ser especies independientes. Se considera que el proceso concluyó cuando fueron tantas las diferencias que ya no pudieron dejar descendencia fértil.

Actividades

1. ¿Qué características tienen en común el perro y el lobo, que debieron estar presentes en su ancestro común? ¿Qué rasgos los diferencian?

2. Expliquen con sus palabras la teoría del ancestro común.

3. El tigre, el león, el leopardo y el jaguar son felinos de gran tamaño con muchas características en común.

a. ¿Qué características tienen en común todos estos animales, que deberían haber estado presentes en su ancestro común?

b. Expliquen con sus palabras cómo estas cuatro especies pudieron haberse originado a partir de un ancestro común.

Observaciones que se explican por la teoría del ancestro común

1

2

3

El camello (1), el guanaco (2) y la vicuña (3) son representantes de los camélidos. La distribución geográfica de estos organismos puede explicarse con la teoría del ancestro común.

La teoría del ancestro común permite explicar varias observaciones y fenómenos biológicos. A continuación se detallan algunos de ellos.

Existencia de los fósiles

Los **fósiles** son huellas o restos de organismos que vivieron en el pasado. Según la teoría del ancestro común, pueden interpretarse como una evidencia de la existencia de formas de vida antepasadas que dieron origen a las actuales. Los fósiles aparecen asociados a capas de rocas, cuya antigüedad puede calcularse, y de esta manera tener idea de la época en que vivieron. Así pudo estimarse que los primeros vertebrados, similares a peces sin mandíbula, habrían habitado la Tierra hace aproximadamente 530 millones de años.

No todos los fósiles se encuentran depositados en capas de la misma antigüedad. En general, los fósiles más antiguos se encuentran también en las capas más profundas o de mayor edad. Por ejemplo, los restos de dinosaurios más antiguos se hallaron en rocas de aproximadamente 230 millones de años, más recientes que las asociadas a los primeros vertebrados. Esta distribución de fósiles en capas de rocas de distinta antigüedad puede explicarse también por la teoría del ancestro común. Los fósiles más antiguos son los ancestros de los más recientes, y por eso se encuentran en capas de rocas de mayor edad.

El registro fósil no solo proporciona información sobre las características de las especies extintas, sino que además permite investigar las relaciones espacio-temporales entre estos organismos del pasado, y también con respecto a los actuales. Por ejemplo, los fósiles encontrados en un determinado sitio se parecen más a los animales locales actuales que a otros fósiles de la misma época de lugares lejanos.

Distribución geográfica de las especies actuales

La **distribución geográfica de las especies actuales** también puede ser explicada por la teoría del ancestro común. Los organismos que habitan en zonas cercanas son más parecidos entre sí que los que habitan en otros sitios más lejanos, debido a que comparten un antepasado más próximo. Así, las modificaciones de las especies en el espacio son un reflejo de las modificaciones de las especies en el tiempo. Un interesante ejemplo de esto son los camélidos, una familia de mamíferos que incluye la vicuña, el guanaco, el dromedario y el camello. Las dos especies que viven en Sudamérica, la vicuña y el guanaco, comparten más rasgos entre sí que con el camello, originario de Asia. Analizando el registro fósil se pudo establecer que el ancestro de todos los camélidos vivió en América del Norte, y a partir de él se originaron otras dos especies. Hace aproximadamente 3 millones de años, una de estas especies migró por el Estrecho de Bering y se extendió por Asia, lo que luego dio origen a los camellos. La otra especie migró a América del Sur y allí dio origen a las vicuñas y los guanacos actuales.

Homologías anatómicas entre organismos

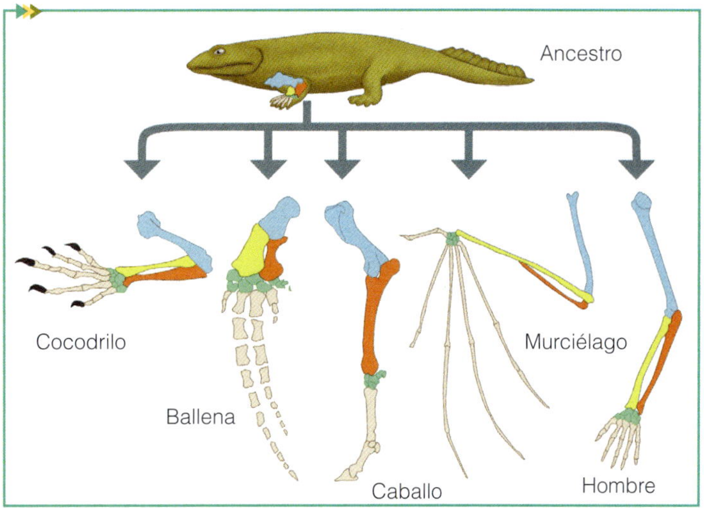

Las similitudes entre las extremidades anteriores del cocodrilo, la ballena, el caballo, el murciélago y el ser humano pueden explicarse por la teoría del ancestro común.

La teoría del ancestro común permite explicar los rasgos compartidos en grupos de organismos. El caso de las extremidades de los anfibios, reptiles y mamíferos es un ejemplo. Estos animales poseen miembros superiores que cumplen diferentes funciones según el ambiente en el que viven: las alas del murciélago, las aletas de la ballena, las patas del caballo o el cocodrilo, y los brazos del ser humano. A pesar de las diferencias externas, todas tienen un mismo patrón interno: los huesos se ubican en posiciones relativas similares y siempre tienen cinco dedos. Las similitudes pueden explicarse proponiendo que todos estos animales tuvieron un antecesor que tenía cinco dedos, y los huesos en esas posiciones particulares. Estas características compartidas entre grupos de organismos, que son consecuencia de haber tenido un antepasado común, reciben el nombre de **homologías**. Estas pueden ser parte del cuerpo, y se las llama anatómicas, pero también pueden encontrarse a nivel molecular. Por ejemplo, las secuencias de aminoácidos de las proteínas son homologías moleculares, y se pueden estudiar para establecer relaciones de parentesco entre microorganismos. Aquellos microorganismos que tengan un antepasado en común tendrán una secuencia más semejante que los que no lo tengan.

Glosario

embrión: estadio temprano del desarrollo de un organismo, desde la fecundación hasta su nacimiento.

Semejanzas embriológicas entre organismos

Las homologías también pueden encontrarse durante el **desarrollo embrionario**, etapa que ocurre desde la fecundación hasta el nacimiento de los organismos. Los embriones* de todos los vertebrados son muy similares durante las primeras etapas, y luego se van diferenciando a medida que avanza el desarrollo. A su vez, los organismos que están más emparentados mantienen durante más tiempo las similitudes. Según la teoría del ancestro común, las semejanzas embriológicas entre un grupo de organismos son el reflejo de su grado de parentesco.

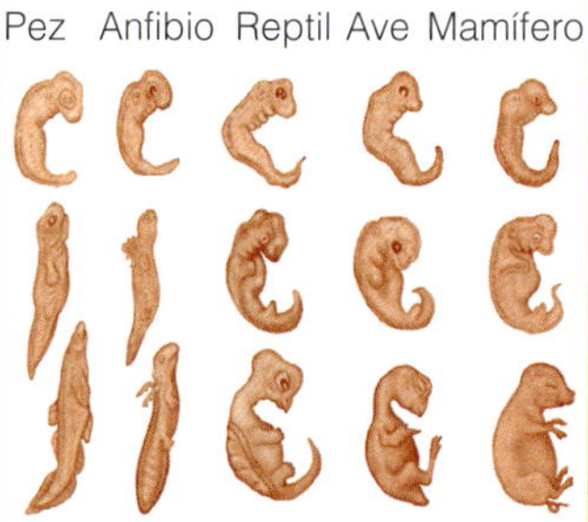

Las similitudes en el desarrollo embrionario entre los vertebrados pueden explicarse por la teoría del ancestro común.

Actividades

1. Expliquen, según la teoría del ancestro común, las siguientes observaciones.

a. Los fósiles de cierta época se parecen más a los animales locales actuales que a los fósiles de la misma época de lugares remotos.

b. Las especies tropicales de América del Sur se parecen más a las especies de América del Sur templada que a las especies tropicales de África o Asia.

c. Los embriones de los peces, los anfibios y los mamíferos son parecidos durante las primeras etapas del desarrollo, mientras que al final de la gestación los embriones de los peces son más parecidos a los de los anfibios que a los de los mamíferos.

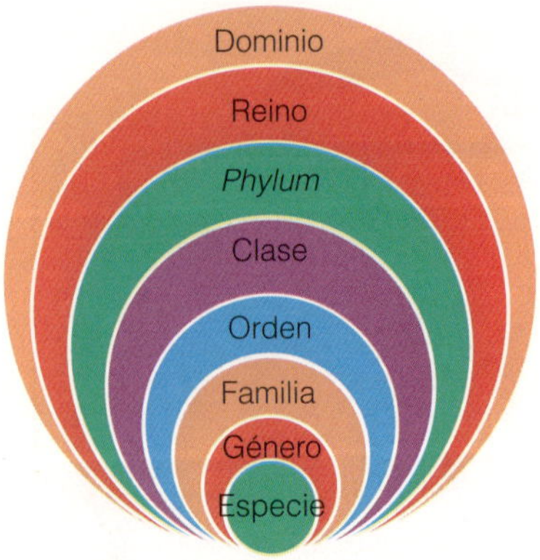

Las categorías que propuso Linneo en su sistema de clasificación son inclusivas. La de menor jerarquía está incluida dentro del siguiente rango.

El tigre, el leopardo, el león y el jaguar son especies del género *Panthera*, que está incluido dentro de la familia Felidae.

La clasificación linneana

La clasificación de los seres vivos propuesta por Linneo también adquiere sentido si se interpreta según la teoría del ancestro común. En este sistema, cada especie de organismos se ubica dentro de un grupo y, a su vez, cada grupo se coloca dentro de grupos de jerarquía mayor. Así, las **especies** pueden agruparse en **géneros**, los géneros en **familias**, las familias en **órdenes**, los órdenes en **clases**, las clases en **phylums** (para los animales) o **divisiones** (para las plantas), y estos últimos en **reinos**. En este sistema inclusivo, el reino es la categoría de mayor jerarquía, y la especie, la de menor.

El ser humano, por ejemplo, pertenece a la especie *Homo sapiens*. A su vez, la especie *Homo sapiens* está incluida dentro del género *Homo*, que se ubica en la familia Hominidae y en el orden Primates. A lo largo de la historia de la Tierra han existido otras especies de *Homo*, como *Homo erectus* u *Homo neanderthalensis*, todos actualmente extintos. *Homo sapiens* también es el único miembro actual de la familia Hominidae. Sí hay especies actuales que pertenecen al orden Primates: el gorila, el chimpancé y otros monos. Todos ellos tienen en común ciertas características, como manos y pies con cinco dedos con el pulgar oponible, o una dentición muy similar. Bajo la teoría del ancestro común puede interpretarse que el grupo Primates incluye a todas las especies que descendieron de un antepasado que tenía los rasgos que definen a este orden. A su vez, todos los miembros del género *Homo*, el hombre y las especies extintas, no solo tienen los rasgos de todos los primates, sino que además comparten otras particularidades, como una gran capacidad craneana. Es por esta gran cantidad de caracteres compartidos que pertenecen al mismo género, y que se dice que tienen un ancestro común más próximo. Esto significa que el ancestro de todos los primates dio origen a diferentes tipos de organismos, algunos de los cuales fueron los ancestros de los gorilas, otros los ancestros de los chimpancés y otros los de todos los *Homo*.

Bajo la hipótesis del ancestro común, hoy asumimos que todas las especies pertenecientes a un mismo género descienden del mismo ancestro, y es por eso que comparten características morfológicas que las colocan en el mismo grupo. Este ancestro común es más reciente que el que comparten los géneros de una misma familia, y por eso tienen menos rasgos en común.

Actividades

1. Lean la siguiente información y respondan las preguntas.

El tigre (*Panthera tigris*), el león (*Panthera leo*), el leopardo (*Panthera pardus*) y el jaguar (*Panthera onca*) pertenecen al género *Panthera*. Se diferencian de otros felinos por su gran tamaño y por tener ciertas estructuras anatómicas que les permiten rugir. El género *Panthera*, al igual que el género *Felis* (al que pertenece el gato común) y otros géneros de felinos, está incluido dentro de la familia Felidae.

a. ¿Qué características comparten los miembros de la familia Felidae y debieron estar presentes en su ancestro común?

b. ¿Qué características debe haber tenido el ancestro del género *Panthera*?

c. ¿Qué ancestro piensan que fue más reciente, el del género *Panthera* o el de la familia Felidae? ¿Por qué?

Predicciones de la teoría del ancestro común

Toda teoría bien elaborada permite hacer **predicciones**, y se espera que puedan ser probadas con éxito a lo largo del tiempo. La teoría del ancestro común predice, por ejemplo, que es posible encontrar en el registro fósil formas intermedias entre los distintos grupos de organismos. El hallazgo de fósiles con características intermedias entre las aves y los dinosaurios es una interesante prueba de esta predicción.

Fósil de *Archaeopteryx lithographica*.

En 1861, en la cantera de Solnhofen, Alemania, se encontró el esqueleto de una especie fósil a la que se llamó *Archaeopteryx lithographica*, que habría vivido en el período Jurásico, hace aproximadamente 147 millones de años. Este organismo fue en principio considerado como el ave más antigua, por la presencia de plumas en las alas y cola. Pero tenía además dientes y una cola más larga que las aves actuales. En 1868, Thomas Huxley sugirió que *Archaeopteryx* mostraba la conexión evolutiva entre los dinosaurios y las aves, y que entonces las aves habrían descendido de los dinosaurios. Desde ese primer hallazgo hasta la actualidad se han encontrado más fósiles de *Archaeopteryx* y de otros dinosaurios similares con plumas. Hoy en día existe el consenso de que las aves evolucionaron de un dinosaurio bípedo de talla pequeña y de hábitos carnívoros, y que esto ocurrió hace más de 150 millones de años.

Probable aspecto de *Archaeopteryx lithographica*.

Las **semejanzas genéticas entre especies emparentadas** son otra de las predicciones que pueden desprenderse de la teoría del ancestro común. El ADN es el material genético de las células, y contiene las instrucciones para el desarrollo y funcionamiento de los seres vivos. La información del material genético está codificada como una secuencia de cuatro letras distintas (cada letra corresponde a un tipo de nucleótido diferente). Es decir, todas las características de un organismo están "escritas" como una larguísima sucesión de cuatro letras diferentes: A, C, G y T. Así, si las moléculas de ADN que están en las células de un organismo fueran un libro, al abrirlo encontraríamos cientos de páginas escritas con una combinación de estas letras, por ejemplo: AAAGCTTTAAACCCTTT. Estas secuencias son las que determinan que un chimpancé sea un chimpancé y no un gorila.

Para el momento en que Darwin propuso la hipótesis del ancestro común, poco se sabía sobre la información genética. Fue recién a finales de la década de 1970 cuando los investigadores comenzaron a sospechar que los organismos que comparten un gran número de características, por ejemplo el chimpancé y el gorila, también deberían presentar grandes semejanzas en su información genética. Recordemos además que el material genético se transmite de generación en generación, asegurándose la continuidad de las especies en el tiempo. Por ese motivo, es lógico pensar que el ADN de organismos que provienen de un mismo antepasado sea similar, pero que tenga a su vez pequeñas variaciones que se hayan acumulado a lo largo de las generaciones. Es por esto que los científicos que actualmente investigan las relaciones de parentesco entre los seres vivos sacan muchas de sus conclusiones a partir de la comparación de las secuencias del ADN de los organismos en estudio.

Actividades

1. La información genética del chimpancé es un 96% idéntica a la de los seres humanos, mientras que la de la rata tiene un 90% de similitud.

a. Según la teoría del ancestro común, ¿cómo pueden explicar estos porcentajes de similitud? ¿Por qué el chimpancé tiene mayor semejanza genética con nosotros que las ratas? ¿Cómo pueden explicar el 4% de diferencias entre chimpancés y humanos?

b. ¿Piensan que la información genética de una planta será más o menos parecida a la de los humanos que la de los chimpancés? ¿Y la de las bacterias? ¿Por qué?

Dinosaurios con plumas

En la actualidad solo las aves tienen plumas, pero esto no fue siempre así, como lo confirma una serie de descubrimientos de fósiles en China. En 1996 se encontró en la provincia de Liaoning, al noreste de este país, un fósil de un dinosaurio terópodo* que tenía la cola y el lomo cubiertos por unas estructuras parecidas a plumas. Este ejemplar fue bautizado como *Sinosauropteryx prima* y era del tamaño de un gallo. Al siguiente año se descubrieron otros dos dinosaurios emplumados en la misma área, a los que se les dio el nombre de *Caudipteryx zoui* y *Protarchaeopteryx robusta*. Dos nuevos dinosaurios con plumas más complejas y ramificadas se hallaron en 1999 en Liaoning: *Beipiaosaurus inexpectus* y *Sinornithosaurus millenii*. En el año 2000 se registraron la sexta y séptima especies de dinosaurios emplumados en el oeste de la provincia de Liaoning: *Caudipteryx dongi* y *Microraptor zhaoianus*. Este último ejemplar es el dinosaurio adulto más pequeño conocido hasta la fecha (tiene menos de 40 cm de largo) y el más cercano a las aves. Presenta un cráneo expandido como las aves, las patas delanteras largas (lo que le permitía aletear) y las traseras tienen adaptaciones para trepar árboles. En 2003 se descubrió un nuevo dinosaurio emplumado: *Microraptor gui*, poseedor de plumas casi idénticas a las de las aves actuales.

Posible aspecto de *Microraptor*, el dinosaurio adulto más pequeño conocido, y el más similar a las aves.

El descubrimiento de estos dinosaurios con plumas desafió la idea de que las plumas solo sirven para volar y que son específicas de las aves. Cuando se analiza la diversidad de plumas que presentan los fósiles chinos, se puede asegurar que estos organismos, a excepción de *Microraptor*, no volaban. Entonces, ¿para qué servían las plumas o qué ventaja tenía poseerlas? El hecho de que la mayoría de estos dinosaurios fueran de tamaño pequeño y que las primeras formas de plumas eran parecidas a los plumones*, hace pensar que tener esta cubierta en el cuerpo podría haber ayudado a mantener la temperatura estable, ya sea en los recién nacidos o en los adultos pequeños.

Marisol Montellano Ballesteros, *Dinosaurios con plumas*, *¿Cómo ves?*, volumen 79, páginas 10 a 15, 2005. (Adaptación).

Glosario

plumón: tipo de pluma suave con eje central muy corto, o ausente, cuyas barbas están sueltas y no se entrelazan.

terópodo: grupo diverso de dinosaurios bípedos y carnívoros, como los carnosaurios y los ovirraptores, entre otros.

Actividades

1. Lean el artículo y luego, respondan las preguntas.

a. ¿Cuántas especies distintas de dinosaurios se nombran en el texto?

b. ¿Qué características en común tienen todas y cuáles las diferencian?

c. ¿Qué características debía tener el ancestro de todas estas especies?

d. ¿Qué características comparten estas especies con las aves?

e. Comparen los rasgos de *Archaeopteryx lithographica* con los de *Microraptor zhaoianus*. ¿Cuál de ellos es más similar a las aves, por lo que podría ser su ancestro? ¿Cómo podrían investigar acerca de cuál de las dos especies es más probable que sea el ancestro de las aves?

f. ¿Cuál predicción de la teoría del ancestro común permite comprobar el hallazgo de estos fósiles?

Los árboles filogenéticos

Para representar la idea de la **descendencia con modificaciones a partir de un ancestro común**, Darwin incluyó en su obra un esquema, que tiene la forma de un árbol formado por ramas que se dividen en otras ramas. En este dibujo mostraba las relaciones de parentesco entre especies actuales y sus antepasados. Ubicó a los antepasados en la base, a los que consideró la primera generación. A partir de ellos, dibujó ramas que terminaban en la siguiente generación. De las nuevas generaciones se desprendían a su vez otras ramas, algunas de las cuales seguían prosperando en el tiempo hasta las actuales (en el borde superior del árbol). Algunas ramas llegaban hasta la mitad del árbol, es decir, no prosperaban hasta las generaciones actuales, indicando así las especies extintas.

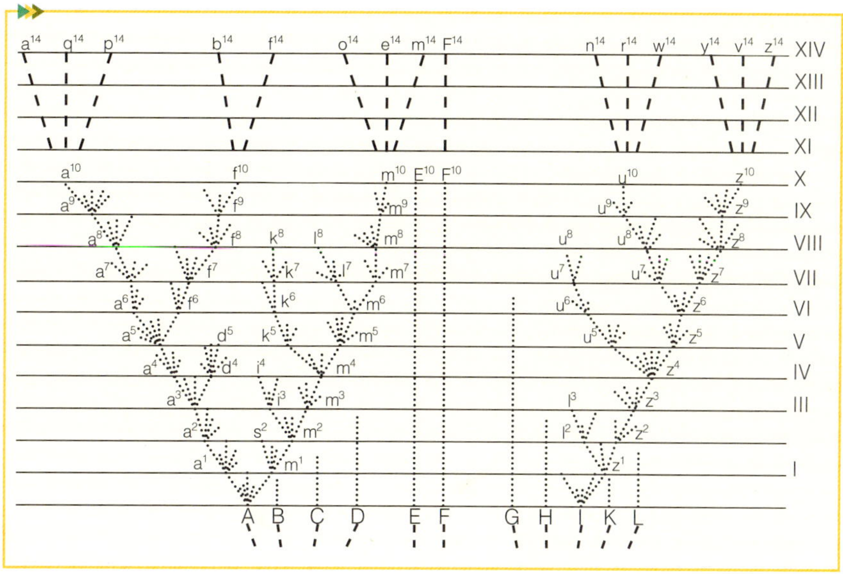

Árbol de la vida ideado por Darwin.

En el eje vertical, los números romanos indican los intervalos de tiempo y representan miles de generaciones. La distancia a lo largo del eje horizontal representa la cantidad de diferencias entre las especies. Los ancestros, ubicados en la base, se señalan con las letras de A a L. A partir de estos ancestros, por modificaciones a lo largo del tiempo, derivan las especies actuales (que son las que se encuentran en la línea superior, z^{14} por ejemplo) y las extintas (aquellas que quedan en las líneas intermedias, como l^3). Este tipo de diagrama ramificado, que se utiliza para representar las **relaciones de parentesco** o **filogenia** entre grupos de organismos, recibe el nombre de **árbol filogenético**. Darwin dibujó el primer árbol filogenético, y con los años este tipo de representación fue ampliamente adoptada, e incluso mejorada, para describir las relaciones entre los seres vivos.

En las ramas terminales de un **árbol filogenético** se ubican grupos de organismos que existan o hayan existido, actuales o extintos, y los puntos de ramificación representan los ancestros. Por ejemplo, en el árbol filogenético que muestra las relaciones de parentesco entre las aves, los reptiles y los dinosaurios, el ancestro común entre las aves y los terópodos se señala con un círculo, el de las aves, los dinosaurios y los cocodrilos se muestra con un rombo. El ancestro de las aves representado por el círculo es más **reciente** que el ancestro representado con el rombo (que es más **remoto**), ya que está más próximo a ellas. El punto de ramificación del cual se desprenden todas las ramas es el ancestro común a todos los organismos incluidos en el árbol, aquí representado con un cuadrado. Este ancestro tiene las características que comparten todos los organismos incluidos en el árbol, por ejemplo, reproducción a partir de huevos.

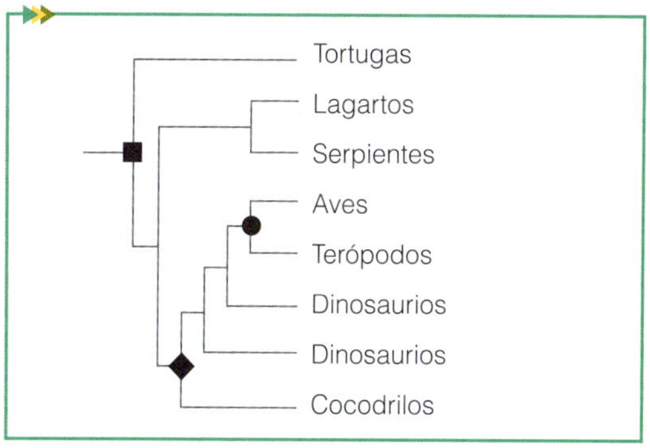

Actividades

1. ¿Qué es un árbol filogenético?

2. Ubiquen la especie z^{14} del árbol filogenético ilustrado por Darwin en la esquina superior derecha.

a. ¿Con qué letra está representado el ancestro más primitivo de z^{14}?

b. ¿Cuáles son las dos especies actuales que más emparentadas están con z^{14}?

Teoría de la selección natural

Glosario

teosinte: conjunto de plantas similares al maíz pero más pequeñas. Todas ellas pertenecen al género *Zea*, y no son cultivadas por el ser humano: son nativas.

Darwin llegó a la conclusión de que los seres vivos cambiaban a través del tiempo, pero aún quedaba sin resolver cuál era el proceso que explicaba esos cambios. Dos fueron las fuentes que inspiraron al naturalista para responder a esta pregunta: el proceso de selección artificial que practicaban los criadores de ganado y el concepto de lucha por la existencia de Malthus.

La **selección artificial** es una técnica que aplica el ser humano desde épocas remotas para mejorar las características de los animales y cultivos. Consiste en elegir para cruzar organismos que tienen rasgos que son interesantes para el criador, por ejemplo, vacas y toros que tengan una buena calidad de carne. Así, a lo largo de varias generaciones, la descendencia tendrá estas características deseadas bien desarrolladas. Por este proceso se han generado todos los vegetales que consumimos actualmente, los diferentes tipos de ganado y las distintas razas de perros. Un interesante caso de selección artificial es el del maíz, una de las primeras plantas cultivadas, desde hace entre 7.000 y 10.000 años. La hipótesis más fuerte sobre su origen sostiene que el teosinte* es su ancestro silvestre, y que los aborígenes mexicanos lo habrían domesticado. Esto significa que habrían ido cruzando por muchas generaciones aquellos teosintes con granos de mayor tamaño hasta finalmente obtener una variedad similar a la del actual maíz.

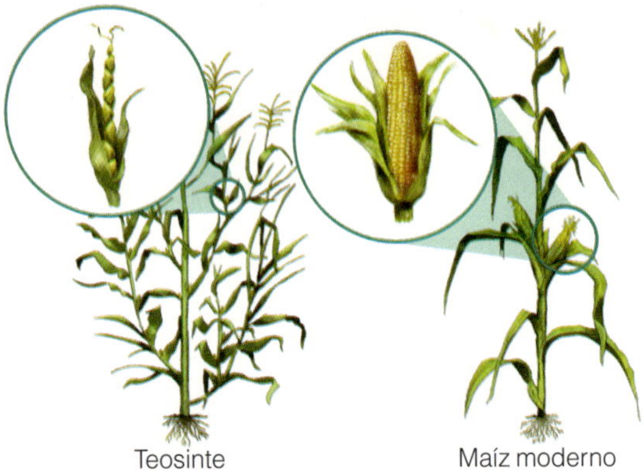

Maíz comercial, obtenido por selección artificial a partir del teosinte.

Darwin no había estudiado solo la experiencia de los criadores de ganado, sino que él mismo hizo experimentos con palomas caseras, en los que obtuvo variedades con rasgos deseados. La selección artificial fue entonces una primera evidencia de cómo un proceso de selección podía modificar las características de las poblaciones en el tiempo.

La siguiente pregunta que se hizo Darwin fue qué o quién era responsable de ejercer esta selección en la naturaleza. La lectura del libro de Thomas Malthus, *Ensayo sobre el principio de la población*, le dio la clave para esto. En esta obra, Malthus propone que la población humana crece más rápidamente que los recursos alimenticios. Al ser los recursos cada vez más escasos, predice que dentro de la población se desatará una feroz lucha por la existencia. Esta idea interesó profundamente a Darwin, y le llevó a pensar que en las poblaciones naturales podría ocurrir algo similar. Las palabras con las que el naturalista lo explicó son: “Como de cada especie nacen muchos más individuos de los que pueden sobrevivir, y como, en consecuencia, hay una lucha por la vida, que se repite frecuentemente, se sigue que todo ser, si varía, por débilmente que sea, de algún modo provechoso para él bajo las complejas y a veces variables condiciones de la vida, tendrá mayor probabilidad de sobrevivir y, de ser así, será naturalmente seleccionado. Según el poderoso principio de la herencia, toda variedad seleccionada tenderá a propagar su nueva y modificada forma”. A este proceso por el cual se conservan las diferencias y variaciones individualmente favorables y se destruyen las que son perjudiciales, Darwin lo llamó **selección natural** o supervivencia de los más aptos.

Thomas Malthus (1766-1834)
Economista y sacerdote inglés. Sus obras principales son *Ensayo sobre el principio de la población* (1789) y *Principios de economía política* (1817). Intentó explicar la desigualdad económica, la miseria y la pobreza de las masas trabajadoras recurriendo a las leyes de la naturaleza.

Analicemos más en detalle cómo Darwin explicó los cambios de las especies en el tiempo mediante el mecanismo de selección natural. Él propuso que en las poblaciones naturales existen individuos con características ventajosas o perjudiciales en un determinado ambiente. Cuando los recursos escasean, tendrán más probabilidad de sobrevivir y en consecuencia de dejar descendencia, los individuos portadores de las características ventajosas. Es así que, generación tras generación, el porcentaje de individuos con características ventajosas irá aumentando en la población.

La variante clara de la mariposa del abedul se camuflaba sobre la corteza de los árboles. En cambio, la variante oscura era fácilmente detectada por sus predadores: las aves.

Un caso interesante de selección natural es el de las mariposas del abedul (*Biston betularia*) de Gran Bretaña. Dentro de esta especie, existen dos variedades, la clara y la oscura. Antes de la Revolución Industrial, la variedad clara era la más abundante. Esto se debía a que gracias a sus alas blancas con motas parduscas, se camuflaba muy bien con los líquenes que crecían en las cortezas de los árboles, y lograban pasar inadvertidas para las aves que se alimentaban de ellas. En cambio, las mariposas oscuras eran menos abundantes y tenían menos probabilidad de supervivencia, ya que las aves las detectaban con facilidad y las predaban. Es decir que el color de la variante clara era una característica ventajosa, y por lo tanto los individuos portadores de esta podían llegar a la madurez sexual y dejaban más descendientes que los individuos oscuros. A finales del siglo XVIII, el ambiente en el que vivían estas mariposas sufrió grandes cambios. La quema masiva de carbón de las fábricas que tuvo lugar durante la Revolución Industrial generó gran cantidad de hollín, que ennegreció las cortezas de los árboles. Como consecuencia, las mariposas claras empezaron a ser más notorias y fácilmente detectables por las aves, mientras que las oscuras lograban camuflarse mucho mejor. En menos de 50 años se invirtió la proporción de las variantes: solo el 1 o 2% de la población era de color claro. Este ejemplo demuestra cómo la selección natural no tiene una dirección preferencial: no hay una característica que sea mejor que otra, sino que l**a ventaja depende del ambiente**.

Actividades

1. Completen el siguiente cuadro sobre la selección artificial y la selección natural.

	Selección artificial	**Selección natural**
¿Tiene una finalidad? ¿Cuál?		
¿Sobre qué poblaciones ocurre?		
¿Cuál es la "presión" que ejerce la selección?		
¿Cuál es el resultado?		

2. Respondan las siguientes preguntas.

a. ¿Cuál es el motivo para que haya una "lucha por la vida" en la naturaleza?

b. ¿Cuál es la consecuencia de esta "lucha por la vida" en la naturaleza?

c. ¿Qué determina que un organismo sea naturalmente seleccionado?

3. ¿Por qué piensan que tiene que haber individuos con distintas características para que pueda ocurrir la selección natural? Dicho de otra manera, ¿podría haber selección natural si todos los individuos de una población fueran iguales? ¿Por qué?

Conceptos clave para comprender la selección natural

La especie *Canis lupis familiaris* (perro doméstico) incluye gran cantidad de variantes o individuos con distintas características.

Dentro de la especie *Impatiens walleriana* (alegría del hogar) pueden encontrarse distintas variantes de plantas con flores de diferentes colores.

La teoría de la selección natural se basa en algunos conceptos que no son intuitivos. Es por esto que puede ser mal interpretada. A continuación analizaremos algunas de estas ideas clave para comprender el mecanismo propuesto por Darwin.

La selección natural actúa sobre poblaciones

Las ideas relacionadas con la selección natural se basan en un modo de pensamiento poblacional. No son los individuos los que evolucionan, sino las poblaciones. La existencia de los organismos es breve, pero no así la de su material genético, que se transmite de generación en generación. A diferencia de los individuos, las poblaciones son sistemas que tienen continuidad temporal.

La variabilidad dentro de la población es previa a la selección natural

Las especies no son agrupaciones de individuos idénticos, sino que existe una gran variedad entre ellos. La existencia de estas variaciones, lejos de ser "desviaciones" de un "tipo", es un requisito para que pueda actuar la selección natural. Si todos los individuos fueran iguales, no habría algunos que tuvieran características más ventajosas que otros, y entonces no hay forma de que haya ningún tipo de cambio.

Llamamos **variabilidad** de una especie a las diferencias entre los individuos que la componen. Estas diferencias pueden ser visibles (como el tamaño de los perros o el color del pelo en los seres humanos) o no visibles (por ejemplo, las diferencias en el material genético). La variabilidad puede estar determinada por el material genético o ser consecuencia del ambiente. Solo la primera de ellas es importante para la selección natural, ya que es la única que pasará a las próximas generaciones. La variabilidad genética es además fundamental para mantener la continuidad de la especie. Tener distintas variantes que sobrevivan a diferentes condiciones es de gran ventaja en los cambiantes ambientes naturales.

El ambiente ejerce la presión que selecciona las variantes más aptas

Las restricciones que impone el ambiente a los organismos son las que determinan qué individuos podrán llegar a la madurez sexual y reproducirse. La **presión de selección** es el factor del ambiente que beneficia la supervivencia y reproducción de ciertas variantes dentro de la población y perjudica a otras. En el ejemplo de las mariposas del abedul, la presión de selección era la predación de las aves, ya que son las aves las que seleccionan al cazar cuál variante es más apta según el color de la corteza de los árboles.

El más apto es el que deja mayor número de descendientes

Darwin propuso en su teoría que los organismos que tuvieran mayor probabilidad de sobrevivir y de propagarse en el tiempo son los más aptos. Los individuos más aptos no son entonces los más fuertes, sino aquellos que dejan más descendientes. Una variante es seleccionada positivamente cuando posee ciertas características que, en determinado ambiente, le permiten sobrevivir y dejar más descendientes que las otras variantes. A estas diferencias en la capacidad para reproducirse de las variantes de una población se la llama **reproducción diferencial**.

Las características ventajosas deben ser heredables

Para que una característica cambie su porcentaje dentro de una población en el tiempo debe poder pasar de una generación a otra, es decir, debe ser heredable. Aunque Darwin sabía que ciertos rasgos se transmitían de padres a hijos, no pudo explicar en su teoría cómo sucedía esto. El naturalista propuso el **mecanismo de herencia mezclada**, que supone que las características de los progenitores se mezclan en sus descendientes. Si esto fuera válido, los hijos tendrían una apariencia intermedia respecto de la de los padres. La herencia mezclada fue el punto más atacado por los adversarios a la teoría de la selección natural: si las características se mezclaban, se irían diluyendo en las siguientes generaciones hasta ser imperceptibles.

El mecanismo por el cual las características se transmiten de una generación a la siguiente fue explicado por otro naturalista, Gregor Mendel. A pesar de la coincidencia en la época entre el trabajo de Darwin y de Mendel, ellos no compartieron los resultados de sus investigaciones. Es más, las ideas mendelianas fueron valoradas muchos años después de su muerte. La gran contribución de Mendel fue demostrar que las características heredadas eran llevadas en el material genético. Es por eso que a Mendel se lo conoce como el padre de la genética.

Gregor Mendel (1822-1884)
Monje y naturalista austríaco. Realizó cruzas entre variedades de arvejas a partir de las cuales propuso las leyes básicas de la herencia. Publicó sus resultados en 1866, pero fueron ignorados por la comunidad científica hasta el año 1900, cuando otros investigadores los redescubrieron.

La combinación de los aportes de la genética y la teoría de la selección natural tuvo lugar entre 1920 y 1950, aproximadamente. Fue el resultado del trabajo de muchos investigadores, entre los que puede nombrarse a Theodosius Dobzhansky y Julian Huxley. Esta nueva teoría se conoce como **síntesis neodarwiniana** o **teoría sintética de la evolución**.

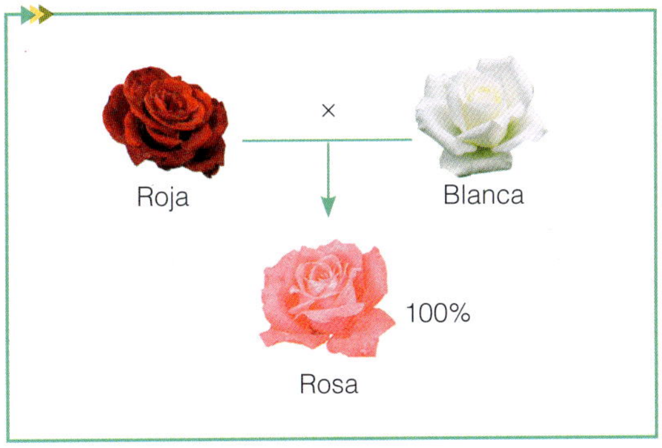

Según el mecanismo de la herencia mezclada, la descendencia de la cruza de una flor roja y una blanca debería ser de color rosa.

Actividades

1. Analicen la siguiente situación y respondan las preguntas.
Cuando una persona está enferma por el ingreso de una bacteria en su cuerpo (es decir, tiene una infección bacteriana), le indican tomar antibióticos. Hay diferentes tipos de antibióticos, con distintos efectos, pero básicamente todos tienen en común que detienen el crecimiento de las bacterias. Sucede a veces que, dentro de la población bacteriana, hay algunos pocos individuos que son resistentes al antibiótico, es decir, el antibiótico no impide que se reproduzcan. Estos individuos son los que luego de la ingesta del antibiótico sobreviven, y aumentan su proporción dentro de la población.
a. ¿Cuál es la población que se menciona en el texto, sobre la que actúa la selección natural?
b. ¿Cuáles son las dos variantes dentro de esta población con relación a la resistencia a los antibióticos?
c. ¿Qué variante era la predominante antes de que se aplicara el antibiótico?
d. ¿Qué variante será la predominante luego de que se aplique el antibiótico?
e. ¿Cuál es la presión de selección que actuó sobre la población, modificando los porcentajes de cada variante?
f. Las bacterias, ¿se volvieron resistentes al aplicar el antibiótico o la resistencia era previa?
g. ¿Cuál es la variante más apta luego de la aplicación del antibiótico?

Alfred Wallace

La evolución por selección natural es conocida como “darwinismo”, pero en realidad tuvo dos diferentes autores que llegaron a la misma idea. Alfred Russel Wallace (1823-1913) fue un naturalista que estudió la distribución geográfica de las especies; y obtuvo las mismas conclusiones a las que había llegado Darwin.

> *“Toda especie ha comenzado a existir coincidiendo en espacio y tiempo con otra especie preexistente y estrechamente ligada a ella”.*

En febrero de 1858, Wallace envió su ensayo *Sobre la tendencia de las variedades a diferenciarse indefinidamente del tipo original* al ya reconocido naturalista, pidiéndole ayuda para hacer pública su teoría. Cuando Charles Darwin lo leyó, se quedó sorprendido y temió ser adelantado a la hora de presentar sus conclusiones. Los mentores de Darwin, Charles Lyell y Joseph Hooker, llegaron a lo que se ha dado en llamar un “arreglo delicado”: presentaron la teoría de ambos autores en la Sociedad Linneana de Londres en julio de 1858. Wallace se enteró de esto después y demostró su total aceptación, declarando que sus ideas hubieran pasado desapercibidas sin el apoyo de Darwin. De hecho, consideró que había sido de mucha ayuda para ganar una posición en la comunidad científica de la época. En los siguientes años, los dos naturalistas mantuvieron una activa correspondencia. Este es un fragmento de una carta que Darwin envió a Wallace en mayo de 1860:

> *“He recibido esta mañana su carta de Amboyna del 16 de febrero, que contiene algunas acotaciones suyas y la demasiado alta aprobación que hace de mi libro. Su carta me ha agradado mucho... Antes de contarle sobre el progreso de opinión sobre el tema, déjeme decirle cómo he admirado la manera generosa con que usted se expresa de mi libro: la mayoría de las personas, en su posición, habrían sentido amargos celos y envidia... Qué noblemente libre parece usted de ese defecto común de la humanidad. Pero usted habla demasiado modestamente de usted mismo. De haber tenido el tiempo libre que yo tengo, usted habría hecho este trabajo tan bien o tal vez mejor que yo... Y aquí hay una cosa curiosa: un Sr. Pat Matthews, un escocés, ha publicado en 1830 un trabajo sobre maderas de navegación y arboricultura, y en un apéndice, en media docena de párrafos da muy clara, aunque brevemente, nuestra visión de la selección natural. Mi hermano, que es un hombre muy sagaz, solía decir: ‘Siempre encontrarás que alguien ha estado allí antes que tú’. Sigo trabajando en mi compromiso mayor, que lo publicaré en volúmenes separados, pero por mala salud y la multitud de cartas que recibo, estoy avanzando lenta, muy lentamente”.*

Actividades

1. Propongan explicaciones para el hecho de que dos naturalistas distintos hayan llegado a la misma conclusión de forma independiente.

2. ¿Cómo se resolvió el conflicto por la autoría de la teoría de la selección natural entre Wallace y Darwin?

Las adaptaciones como consecuencia de la selección natural

Los individuos de una especie que tienen alguna característica favorable en un determinado ambiente compiten en mejores condiciones que aquellos que no la poseen. Son, en consecuencia, más aptos para sobrevivir y dejar más descendencia. Sus hijos heredan esa característica y, a medida que transcurren las generaciones, aumentan los individuos que poseen el rasgo favorable y disminuyen los que no lo tienen. Al cabo de muchas generaciones, los primeros ocuparán todo el hábitat y los segundos habrán desaparecido. Estas características que se fijan en una especie por selección natural bajo la presión de un ambiente determinado son adaptaciones.

Las alas de las aves son adaptaciones de estos organismos que les permiten sobrevivir y reproducirse en el ambiente aeroterrestre.

Una **adaptación** es una característica que le posibilita a los individuos de una especie a sobrevivir y reproducirse en un ambiente determinado. Cuando decimos que las alas son adaptaciones de las aves, asumimos que estas estructuras les aportan beneficios para desplazarse en el medio aéreo. También pensamos que en la especie que fue el ancestro de las aves había algunos individuos con alas desarrolladas que les permitían volar, y otros sin esta capacidad. Los individuos con capacidad para volar probablemente hayan tenido más habilidad para escapar de los predadores o para conseguir alimento. Dada su mayor capacidad para sobrevivir y para reproducirse con el paso del tiempo, habrían sido dominantes en porcentaje respecto de los que no las tenían. Al cabo de muchas generaciones, la variante con alas funcionales habría ocupado todo el hábitat y la variante sin esta característica habría desaparecido.

La selección natural permite responder "por qué" todas las aves poseen alas, pero no "para qué". En el ejemplo anterior, las alas no aparecieron en la especie ancestral de las aves por ser beneficiosas para el vuelo, sino que existían antes de que actuara la selección natural. La presencia de alas resultó beneficiosa para sobrevivir y es por eso que este carácter aumentó su presencia en las siguientes generaciones, hasta fijarse. Recordemos que las variantes existen antes de que las presiones de selección actúen sobre ellas. Es por esto que la selección natural no explica la aparición de las características adaptativas, solo su expansión en las poblaciones debido a las ventajas que implica.

Conviene entender que las adaptaciones no son finalidades. Que las alas de las aves sean adaptaciones no significa que les sirvan "para" volar, ya que sus ancestros no desarrollaron esta característica para obtener una ventaja. Pero sí podemos decir que las alas están presentes en las aves "porque" les aportaron a sus ancestros un beneficio en el ambiente aeroterrestre y son el resultado de un proceso de selección natural. La selección natural no explica "**para qué**" están presentes ciertas estructuras sino "**por qué**" lo están.

Si cada tipo de organismo se adapta a un determinado ambiente como consecuencia de la selección natural, dada la existencia de muchísimos tipos de ambientes, es esperable que en ellos habiten diferentes seres vivos adaptados a esas condiciones. Es por eso que la biodiversidad es una consecuencia de la selección natural.

Actividades

1. ¿Por qué las adaptaciones son consecuencia de la selección natural?
2. Expliquen por qué son incorrectas las siguientes afirmaciones:

a. Los osos pardos hibernan para sobrevivir bajo las condiciones adversas del invierno.

b. Las aves macho cantan para atraer a las hembras.

Las adaptaciones según Lamarck y según Darwin

El cuello largo en las jirafas.

Tanto Darwin como Lamarck propusieron que las adaptaciones son el resultado de un proceso de transformación poblacional, que ocurre luego de acumular cambios durante muchas generaciones. Pero ambos se diferenciaron en cuanto al **mecanismo** por el que explicaron cómo ocurrían estas transformaciones.

La idea de voluntad para el cambio y de transmisión de características adquiridas durante la vida fueron los dos puntos débiles de la teoría de Lamarck. Estos conceptos fueron mejorados por Darwin y por los autores de la teoría sintética de la evolución. Darwin demostró que esas variantes o modificaciones existen previamente a que el ambiente cambie y las seleccione. Por su parte, los aportes de la genética incluidos en la teoría sintética permitieron establecer que los caracteres que adquieren los organismos solo se transmiten a las siguientes generaciones si están codificados en el material genético. Por ejemplo, si una persona pierde un brazo durante su vida, sus hijos no nacerán sin este brazo. Lamarck explicó que las jirafas tienen el cuello largo debido a que sus ancestros lo habían estirado durante su vida para alcanzar mejor el alimento. La presencia de un largo cuello se habría transmitido a la siguiente generación, y luego de muchas generaciones esta característica se habría ido desarrollando, hasta que todas las jirafas habrían tenido cuellos largos. Darwin y Wallace dirían en cambio que hace miles de años habría existido una población de antílopes de cuello corto. Pero los antílopes no eran todos iguales y había algunos que tenían el cuello un poco más largo. Gracias a esta característica, en épocas desfavorables, los individuos de cuello más largo podían alcanzar las hojas de las ramas altas de las acacias para comer, por lo que tendrían mayor probabilidad de sobrevivir y reproducirse. Los demás irían pereciendo de hambre. Como esta característica era de origen genético, se transmitía de generación en generación. De este modo, como en cada generación se reproducían los animales de cuello más largo, cada vez los descendientes tenían el cuello más largo. Al cabo de millones de años, la totalidad de los animales eran altos, como las jirafas actuales.

Actividades

1. Expliquen cómo podrían haberse originado las siguientes adaptaciones, según Lamarck y según Darwin.

a. Las aletas de los peces, que les permiten desplazarse con gran efectividad en el medio acuático;

b. Las raíces desarrolladas de las plantas, que les permiten obtener nutrientes y un buen anclaje en el suelo.

2. Expliquen qué quiso decir Theodosius Dobzhansky con su famosa frase: "*En Biología nada tiene sentido, si no es a la luz de la evolución*".

¿Qué es la evolución?

La **evolución biológica** es el proceso de transformación de las especies en el tiempo. La evolución es un hecho (porque ocurre en las poblaciones naturales) y también una teoría (que propone explicar los mecanismos que operan durante este hecho). La teoría evolutiva (también llamada síntesis neodarwiniana) es uno de los pilares de la Biología, ya que da coherencia a una enorme cantidad de datos y fenómenos observables. Permite explicar el origen de la biodiversidad y de nuevas especies, además de las adaptaciones de los seres vivos al ambiente.

Para conocer más

Curtis, H., Barnes, S., Schnek, A. y A. Massarini, *Curtis Biología*, Madrid, Editorial Médica Panamericana, 2008.

Darwin, C., *El origen de las especies*, Buenos Aires, Longseller, 2009.

Massarini, A. y R. Liascovich, *Biología 2*, Buenos Aires, Editorial Kapelusz, 2001.

Evolución tecnológica: *Yo, robot*

Yo, robot es una película de 2004, dirigida por Alex Proyas y protagonizada por Will Smith. Incluye algunas de las ideas de las *Series de los robots*, de Isaac Asimov, entre ellas las "tres leyes de la robótica". La primera de estas leyes dice: "Un robot no hará daño a un ser humano o, por inacción, no permitirá que un ser humano sufra daño".

La película está ambientada en el año 2035, en Chicago, donde los robots forman parte de la vida cotidiana en la Tierra y son la principal fuerza laboral de la especie humana. La historia comienza con el presunto suicidio de Alfred J. Lanning, ingeniero diseñador de robots y cofundador de la compañía. Lanning muere después de caer al vacío por la ventana de su oficina, y el detective Spooner sospecha que Lanning fue asesinado. Así, entrará en contacto con Susan Calvin, psicóloga de robots de la empresa, junto con quien descubre a un robot llamado Sonny, que parece estar fuera de control y que podría ser el asesino del Dr. Lanning. Pronto, la vida del detective se ve amenazada por diversos ataques de robots. Por medio de un estudio de Sonny, la doctora Susan Calvin descubre que el Dr. Lanning construyó un prototipo, los robots NS-5, con una aleación más densa y los dotó de un segundo cerebro positrónico*, lo que les permite desobedecer las tres leyes de la robótica. Los NS-5 comienzan a destruir a los otros robots más viejos, afines a los humanos. El ordenador central de la compañía, Viki, un cerebro positrónico que dirige a los NS-5 y había intentado matar a Spooner, posee el propósito de proteger a la humanidad de sí misma y de su instinto de autodestrucción. Viki tiene en marcha una auténtica rebelión de robots. La inteligencia artificial de la supercomputadora Viki fue creciendo y determinó que los seres humanos son una raza altamente autodestructiva, creando una ley adicional, que dice que los robots deben proteger a los humanos incluso si tienen que desobedecer la primera y segunda ley, y matar a algunos de ellos. Viki controla a los NS-5 para llevar un control global de los robots, justificando que menos personas morirán después de esta rebelión, en comparación con las que mueren en la naturaleza de la propia humanidad. Finalmente, Viki es desactivada y los NS-5 recuperan su programación original, con lo que vuelven a ser robots normales. Así, Spooner devuelve el control de los robots a los humanos, y Sonny muestra su fidelidad a la humanidad.

Película *Yo, robot*, de Alex Proyas, en la que se plantea un conflicto entre robots y humanos como consecuencia de la evolución de la inteligencia artificial.

Glosario

cerebro positrónico: artefacto tecnológico ficticio, concebido por el escritor de ciencia ficción Isaac Asimov, que opera como una unidad central de procesamiento (CPU) para los robots y les dota de cierta forma de conciencia. Es de tamaño similar al cerebro humano, pero es artificial y está ubicado en la cabeza de los robots.

Actividades

1. Resuelvan las siguientes consignas.

a. ¿Existe variabilidad entre los robots? Detallen cuáles son las variantes de robots que se mencionan en el texto y qué características tiene cada una.

b. En el texto que leyeron se relata que hay un cambio en los porcentajes de las distintas variantes de robots. ¿Cuál es la variante que pasa a ser dominante?

c. ¿Qué opinan sobre la inserción de robots en nuestra vida cotidiana?

d. Los cambios en la tecnología de los robots, ¿se dan más rápido o más lento que en los seres vivos?

e. Comparen cuáles son las fuerzas que determinan los cambios de los seres vivos y cuáles las que determinan los cambios tecnológicos.

f. ¿Qué les parece que es la "evolución tecnológica"? ¿En qué se parece y en qué se diferencia de la evolución biológica?

1. Resuelvan las siguientes consignas.

a. Elaboren una línea de tiempo en la que señalen el período en el que vivieron los siguientes naturalistas y el año en qué se publicó su obra más famosa (si es posible):

Buffon ◆ Lamarck ◆ Cuvier ◆ Linneo ◆ Lyell
Malthus ◆ Wallace ◆ Darwin ◆ Mendel

b. Establezcan tres relaciones entre autores que hayan vivido en la misma época, con la ayuda del texto del capítulo. Por ejemplo: Wallace y Darwin vivieron en la misma época y llegaron a la misma teoría.

c. Establezcan dos relaciones entre autores que no hayan vivido en la misma época. Por ejemplo: el ordenamiento de la biodiversidad realizado por Linneo permitió la comparación sistemática entre los seres vivos y fue la base para que otros autores, como Darwin, propusieran explicaciones sobre el origen de los seres vivos.

2. *Cosmos: un viaje personal* es una serie documental de divulgación científica escrita y presentada por Carl Sagan en 1980. En el año 2014 se presentó una continuación: *Cosmos: una odisea espacio-temporal*. Uno de sus episodios, "Evolución molécula a molécula", trata sobre la evolución biológica. Vean ese episodio y, luego de verlo, resuelvan las siguientes consignas.

a. ¿Cómo explica el documental el origen de los osos polares blancos?

b. ¿Qué dice este episodio sobre la distribución de los fósiles en las rocas?

c. Mencionen tres conceptos que aparezcan en el documental y hayan estudiado en este capítulo.

3. En una región de Japón hay una especie de cangrejos con marcas en el caparazón que tienen la forma de la cara de un guerrero samurái. Durante el siglo XII se disputó una batalla naval en la que perdió el clan samurái. Muchos de ellos murieron a manos del enemigo y otros se lanzaron al mar, donde finalmente murieron ahogados. Los pescadores, al capturar cangrejos con dibujos en el caparazón que parecían la cara de un samurái, los devolvían al mar por miedo a los espíritus y para conmemorar lo ocurrido. Al cabo del tiempo, todos los cangrejos de la región poseían caparazones con dibujos similares a la cara de los samurái.

Resuelvan las siguientes consignas.

a. ¿Cuáles eran las dos variantes de cangrejos?

b. ¿Qué ventaja tenían los cangrejos con caparazones con dibujos que parecían la cara de un samurái? ¿Qué consecuencia tuvo esto?

c. ¿Cuál fue la presión de selección que actuó sobre la población de cangrejos?

d. Expliquen qué proceso evolutivo operó en el ejemplo de los cangrejos samurái.

4. A algunos perros de raza les cortan la cola y las orejas al nacer. ¿Qué opinarían Lamarck y Darwin en cuanto a la descendencia? ¿Nacerán con cola y orejas largas o no? Justifiquen la respuesta.

5. Marquen con X, según corresponda:

Características sobre la teoría de la evolución	Lamarck	Darwin
Los cambios ocurren en el individuo.		
Los cambios suceden en una proporción de la población.		
Los individuos de una población presentan variabilidad.		
Las características adaptativas de los individuos son transmitidas a la descendencia y les permiten dejar mayor número de descendientes.		
Los seres vivos buscan adaptarse al ambiente.		
Los seres vivos adquieren características durante su vida que luego son transmitidas a su descendencia y eso les permite adaptarse mejor al ambiente.		
Las características adaptativas son seleccionadas por el ambiente.		
Cuando un órgano del cuerpo se usa mucho, este se desarrolla más y cuando no se lo utiliza, luego de un tiempo desaparece.		

Clasificación de los seres vivos

5

Contenidos

> Criterios para clasificar
> Clasificación de los seres vivos en dominios
> Árboles filogenéticos
> Adquisiciones evolutivas de los grandes grupos de organismos
> Conservación de la biodiversidad

Escuchamos un sonido, una simple nota musical en el aire. Un experto en música nos podría contar que esa nota es fa, o que está incluida en una escala musical. Otro experto nos podría decir que esa misma nota pertenece a un acorde musical, que es parte de una canción, que a su vez pertenece a un género musical. Un tercero afirmaría que dentro de esa canción, la nota debe estar en "armonía" con otras notas. Al igual que las notas musicales, los seres vivos tenemos características que nos distinguen de otros según las cuales podemos ser clasificados. También compartimos más rasgos con algunos seres vivos que con otros, como ocurre entre los géneros musicales. ¿Habrá entonces una única manera de clasificar a los seres vivos o a la música? ¿Qué características son importantes para establecer agrupamientos? ¿Cómo se pueden estudiar estas relaciones de parentesco y por qué serán importantes? ¿Qué sucede cuando se pierden seres vivos dentro de un ecosistema, o notas dentro de una canción?

EN ESTE CAPÍTULO...

Se analiza por qué las relaciones de parentesco evolutivo son el criterio más útil para clasificar a los organismos, y cómo estas se representan con árboles filogenéticos.
Además, se caracterizan los tres grandes dominios en los que se puede clasificar la biodiversidad y se busca reconocer los rasgos que heredaron de su ancestro común.
Se aborda, por último, el tema de la importancia ecológica y económica de conservar la biodiversidad.

Contenido digital adicional

www.tintaf.com.ar/BIO2C5

Las clasificaciones

En la vida cotidiana clasificamos la ropa según su utilidad, por ejemplo, las medias suelen colocarse dentro de un mismo cajón.

Ana se levanta de la cama y busca en el segundo cajón de su ropero un par de medias de color blanco. Ni a Ana ni a ninguno de ustedes se les habría ocurrido ir a buscar las medias a la alacena de la cocina, ni dentro de la bañera, así como tampoco se les habría ocurrido buscar una cucharita en el segundo cajón del ropero. Ordenar y clasificar son dos procedimientos tan cotidianos que ni siquiera tomamos conciencia de ellos. ¿Cuál es la ventaja de colocar las medias en un cajón del ropero y los cubiertos en uno de la cocina? Esto nos permite recuperar los objetos clasificados rápidamente, sin perder demasiado tiempo en buscarlos.

Las clasificaciones son agrupamientos de objetos según un **criterio**. Ana clasificó sus medias en el cajón del ropero y las cucharitas en el cajón de la cocina utilizando como criterio la función que cumplen estos objetos. Existen distintos criterios para clasificar, y según cuál se elija, se obtendrán diferentes agrupamientos.

Algunos criterios son mejores que otros a la hora de clasificar. No sería muy útil para Ana clasificar los elementos de cocina y a su ropa según el color. Ubicar las espátulas, medias y remeras blancas en un mismo cajón dificultará encontrarlos rápidamente. Establecer una buena clasificación implica elegir un buen criterio para separar los objetos.

Para analizar algunos aspectos importantes de las clasificaciones, les proponemos una experiencia en la que clasificarán figuras geométricas de diferentes colores y tamaños.

Actividades experimentales

Clasificación de figuras geométricas

El objetivo es analizar algunas de las características de los sistemas de clasificación.

Necesitan:

- una cartulina azul
- una cartulina roja
- tijera
- lápiz
- regla

Paso 1. Dibujen y recorten en la cartulina azul dos cuadrados grandes (de 5 cm de lado aproximadamente), dos cuadrados chicos (de 2 cm de lado aproximadamente), dos triángulos grandes (de 5 cm de lado aproximadamente) y dos triángulos chicos (de 2 cm de lado aproximadamente). Repitan el mismo procedimiento utilizando la cartulina roja.

Paso 2. Clasifiquen las figuras en dos grupos. Luego, comparen con otros grupos. ¿Utilizaron todos el mismo criterio para clasificar?

Paso 3. Dentro de cada uno de los dos grupos de figuras que formaron, vuelvan a clasificarlas (usando el mismo criterio en ambos casos).

Paso 4. Dibujen y recorten un círculo grande (de 5 cm de diámetro aproximadamente) en la cartulina roja. ¿Pueden ubicarlo en alguno de los grupos que formaron? ¿Qué tendrían que hacer para poder ubicar esta nueva figura en algún grupo?

Paso 5. Copien y completen en su carpeta el párrafo.

En esta experiencia clasificamos ....
En primer lugar, lo hicimos según su ....
y luego según su .... Cuando quisimos clasificar un objeto con nuevas características ....

Figuras geométricas que se pueden clasificar según diferentes criterios.

Un buen sistema de clasificación debería facilitar la recuperación de la información o de los objetos clasificados. En el caso de las medias de Ana, si su ropa fue bien clasificada, le será sumamente sencillo recuperar un par de medias o una remera. Una buena clasificación también debería permitir incorporar nueva información u objetos. Por ejemplo, si a Ana le regalan unas polainas* probablemente las ubique en el mismo cajón de las medias, aunque no haya tenido nunca antes esta prenda de vestir. Si el sistema de clasificación no es muy bueno, quizás haya que modificarlo cuando aparezcan objetos nuevos que no se puedan ubicar en ningún grupo. Es probable que esto les haya sucedido cuando quisieron clasificar el círculo rojo en la experiencia de las figuras geométricas.

Cuando los elementos a clasificar son muchos, suelen establecerse subdivisiones dentro de los grupos. Por ejemplo, en una cocina cada tipo de elemento se ubicará en un lugar distinto: las tazas en algún estante, los platos en otro y los cubiertos en un cajón. A su vez, dentro del cajón de los cubiertos, los cuchillos estarán separados de los tenedores, de las cucharas y de las cucharitas. Por su parte, probablemente separemos los platos en hondos y playos. Este tipo de clasificación, en la que se diferencian subgrupos dentro de los grupos, se llama **jerárquica**. Ustedes también hicieron una clasificación jerárquica en la experiencia de las figuras geométricas, ya que dividieron en subgrupos los grupos que habían establecido.

Las polainas son prendas de vestir que podrían clasificarse junto a las medias, según su función.

Glosario

polainas: prenda de vestir que protege la pierna desde la rodilla hasta el tobillo o desde el tobillo hasta el empeine del pie.

El desafío de clasificar la biodiversidad

Los seres vivos no son solo diversos, sino también muy abundantes. Hasta la fecha se han descrito aproximadamente 1,8 millones de especies distintas, tanto de microorganismos como de animales, plantas y hongos. Los científicos estiman que aún falta descubrir y describir a la mayor parte de la biodiversidad. Según el método que utilicen para calcularlo, se predice que la cantidad total de especies que habita el planeta Tierra podría ser entre 3 y 100 millones. ¿Se imaginan lo difícil que es tener un buen sistema para clasificar esta enorme cantidad de seres vivos?

La biodiversidad presente en un ecosistema aeroterrestre puede clasificarse según distintos criterios.

Actividades

1. ¿Por qué es importante elegir un buen criterio para clasificar?

2. ¿Qué características debería tener un buen sistema de clasificación?

3. Observen el esquema del ecosistema aeroterrestre.

a. Nombren diez organismos que formen parte de la biodiversidad que lo compone.

b. Clasifiquen a los organismos que mencionaron. ¿Qué criterio utilizaron para hacerlo?

c. Clasifiquen a los mismos organismos eligiendo otro criterio.

d. ¿Qué criterios piensan que se utilizan para clasificar a los seres vivos?

La clasificación de los seres vivos

Las arañas son animales que tienen un exoesqueleto y patas articuladas, como los insectos. A diferencia de estos últimos, presentan el cuerpo dividido en dos grandes regiones y cuatro pares de patas locomotoras.

Clasificar a los seres vivos es una tarea que ha preocupado a los naturalistas desde épocas remotas, ya que es un paso previo necesario para poder compararlos y estudiarlos. De hecho, las teorías acerca del origen de los seres vivos, como la selección natural de Darwin, fueron planteadas una vez que el científico y naturalista sueco Carlos Linneo propuso una primera clasificación para la biodiversidad. Cuando reconocen un grillo, una araña o una rosa, están asumiendo una clasificación sin tal vez notarlo. Para que ustedes puedan llamar "araña" a ese pequeño animal tan familiar, alguien definió previamente qué características debe tener un ser vivo para ser incluido dentro del grupo de las arañas.

Un buen sistema de clasificación de la biodiversidad debe poder dar un nombre a cada tipo de ser vivo distinto y, al mismo tiempo, permitir agruparlos de una manera **eficiente**. Como sabrán, existen distintos tipos de arañas, de diferentes tamaños y colores, algunas venenosas para el ser humano y otras no. Cada una de ellas tiene un nombre distinto, para poder identificarlas y no confundirlas. A su vez, todas tienen ciertos rasgos en común, y por eso se agrupan dentro de un conjunto al que llamamos coloquialmente "arañas".

Otro requisito para un buen sistema de clasificación de la biodiversidad es que sea lo suficientemente **flexible** como para poder crear nuevos grupos cuando se descubran organismos con características nuevas. Actualmente hay grandes avances tecnológicos que permiten reconocer nuevos seres vivos todos los días. Estos nuevos organismos deben recibir un nombre adecuado y, además, deben ser incluidos dentro de otros grupos de seres vivos conocidos, con los que compartan características.

Carlos Linneo (1707-1778)

Es el padre de la taxonomía. Fue quien propuso el actual sistema de clasificación de la biodiversidad, y además estableció las primeras reglas para dar un nombre científico a los seres vivos.

La taxonomía

La disciplina biológica que se dedica a la clasificación de los seres vivos se llama **taxonomía**. Su función no se limita a identificar a los organismos, darles nombre y agruparlos, sino que además se encarga de establecer los principios teóricos para hacerlo. Como podrán imaginarse, esta tarea es tan complicada que los científicos que se especializan en esta área encuentran constantemente formas de mejorarla. La taxonomía no es un área estática del conocimiento, sino que se actualiza todo el tiempo. Por eso es importante recordar que las clasificaciones biológicas son **hipótesis**. ¿Qué significa esto? Que las clasificaciones son propuestas por científicos y que tienen una validez temporal, ya que nuevos descubrimientos pueden modificarlas.

Actividades

1. Imaginen que están visitando el jardín de la abuela de un amigo y ella les muestra que una de sus plantas, a la que llama "rosa", acaba de dar unas flores muy bonitas.

a. ¿Por qué cuando la abuela llama a esta planta "rosa", la está clasificando aunque no lo note?

b. ¿Qué sucedería si un investigador en el futuro descubriera que dentro de las plantas a las que llamamos"rosa", existen dos variedades distintas, que no pueden dejar descendencia entre ellas?

c. ¿Por qué les parece entonces que llamar "rosa" a cierto grupo de plantas es una hipótesis?

La nomenclatura binomial

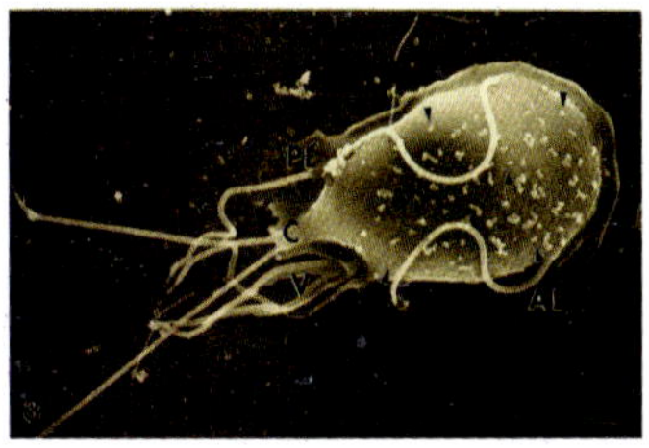

Giardia lamblia es un parásito intestinal microscópico. Si un doctor quisiera comunicar a otra persona que su paciente está infectado con este organismo, debería indicar su nombre científico para evitar confusiones.

Para dar un nombre científico a las especies se sigue una serie de reglas propuestas por Linneo, que se llama **nomenclatura binomial**. Según este sistema, el nombre de las especies se compone por dos términos, es decir, es un binomio, y se escribe en latín. Por ejemplo, el nombre científico de la especie humana es *Homo sapiens*. El primer término siempre comienza con mayúscula e indica el género al cual pertenece la especie. El segundo siempre se inicia con letra minúscula. Ambos se escriben en itálica para señalar que pertenecen a una lengua extranjera.

Identificar a cada especie con un nombre único y estandarizado es útil para evitar confusiones. Imagínense que cocineros de países distintos quieren comparar sus recetas de mermelada de damasco. Esto no sería sencillo si utilizaran el nombre común de esta fruta que se llama, por ejemplo, albaricoque en España o chabacano en México. Pero no tendrían problemas si todos se refirieran a *Prunus armeniaca*, el nombre científico del damasco.

El sistema de clasificación linneano

El número de seres vivos es tan grande que para clasificarlos, Linneo eligió un sistema jerárquico, que incluye una serie de niveles subordinados. Estos niveles reciben el nombre de **categorías taxonómicas**. La categoría taxonómica de menor rango es la de las **especies**. Los organismos con características muy similares pertenecen a una misma especie, como todos los perros, que se asignan a la especie *Canis familiaris*. El nivel de siguiente jerarquía se llama **género**. Un género agrupa a varias especies que son parecidas entre sí. Por ejemplo, en el género *Canis* se incluyen las especies *Canis familiaris* (perro), *Canis mesomelas* (chacal común), *Canis latrans* (coyote) y *Canis rufus* (lobo rojo), entre otras. El nombre de los géneros también se escribe en latín y por eso también usamos letra itálica, como para las especies.

Las categorías taxonómicas de mayor rango que el género se inician también con letra mayúscula, pero no se escriben en latín. La **familia** es la categoría que sigue al género, es decir, una familia agrupa a varios géneros que sean parecidos. Así, la familia Canidae incluye a los géneros *Canis* (perros, chacales, coyotes y lobos), *Lycalopex* (zorros colorado, patagónico, pampeano y del desierto peruano), *Urocyon* (zorros grises) y *Vulpes* (zorros indio, afgano, mongol y tibetano), entre otros. Del mismo modo, varias familias forman un **orden**, varios órdenes se agrupan en una **clase** y las clases con características similares se incluyen dentro de una misma **división** (en el caso de las plantas) o **phylum** (para los animales). Finalmente, las divisiones o phylums se agrupan en **reinos**. De este modo, el reino es la categoría taxonómica de mayor jerarquía dentro del sistema linneano de clasificación.

Los grupos de organismos de cualquier categoría taxonómica se llaman **taxones**. Por ejemplo, *Canis* y *Homo sapiens* son distintos taxones.

Los perros pertenecen a la especie *Canis familiaris*, que se ubica dentro del género *Canis*, el cual a su vez pertenece a la familia Canidae.

Las clasificaciones después de Darwin

Las alas de las aves, las patas delanteras de los reptiles y los brazos de los seres humanos son un ejemplo de homologías anatómicas.

Linneo pensaba que los seres vivos habían permanecido inmutables desde el momento en que fueron creados por Dios. Este naturalista estableció las reglas para clasificar las plantas y los animales comparando sus características, a las cuales consideraba como producto de un plan divino de la creación. Casi 100 años después, Darwin demostró que los seres vivos cambiaban a lo largo del tiempo, y que sus rasgos eran la consecuencia de modificaciones graduales a partir de ancestros comunes. Pasaron casi 100 años más hasta que el sistema de clasificación linneano comenzó a ser cuestionado. Fue a mediados del siglo XX cuando los biólogos reconocieron que si la evolución permite explicar las características de los seres vivos, un buen sistema de clasificación de la biodiversidad debería reflejar la historia evolutiva de los organismos: la **filogenia**. ¿Pueden imaginarse el revuelo que significó esto? Adoptar un nuevo criterio de clasificación, la filogenia en lugar de las características morfológicas, implicaba reevaluar toda la clasificación de los seres vivos. Por suerte, a pesar de que Linneo era fijista, muchos de los rasgos que eligió para clasificar eran **homologías**, es decir, permitían reconstruir esta historia evolutiva. Un verdadero adelantado para su época. Pero la historia aún continúa, y muchos científicos se dedican actualmente a mejorar la clasificación de los cientos de grupos de organismos que se conocen y los que se siguen descubriendo.

Árboles para representar la filogenia

La herramienta que se utiliza para representar las relaciones de parentesco entre los seres vivos es el **árbol filogenético**. Este tipo de esquema sirve para mostrar el agrupamiento de taxones, y las características que comparten y provienen de su ancestro común. En los árboles filogenéticos, los organismos se van agrupando de acuerdo con sus homologías. Cuantas más homologías compartan, más cercanos serán dentro del árbol.

Para construir un árbol filogenético se sigue una serie de pasos. Para ejemplificarlos, armaremos un árbol filogenético que muestre las relaciones de parentesco entre la ballena común, el zorro, el gato, el perro, el león, la orca y el lobo. Comenzamos por escribir en una misma línea todos los organismos. No hacemos esto de cualquier manera, sino que ubicamos a aquellos que son más similares uno al lado del otro, por ejemplo, lobo al lado de perro. Luego unimos estos organismos más similares de a pares, extendiendo una línea diagonal desde cada uno hacia abajo, hasta que se crucen. De este modo, los pares perro-lobo, ballena-orca y gato-león quedan unidos por un trazo con forma de "V". En el paso siguiente, agrupamos estos grupos con otros grupos, o con organismos con los que sean más similares. Así, unimos perro-lobo con zorro. Los siguientes grupos en ser unidos serán perro-lobo-zorro y gato-león (todos carnívoros terrestres). Siempre se asocian primero aquellos grupos que compartan más homologías, y luego los que compartan menos. El árbol queda completo cuando todos los organismos quedan relacionados.

Actividades

1. ¿Por qué piensan los científicos actuales que el mejor criterio para clasificar la biodiversidad es la filogenia?
2. Reflexionen acerca de la influencia de las ideas de la época sobre los criterios para clasificar.

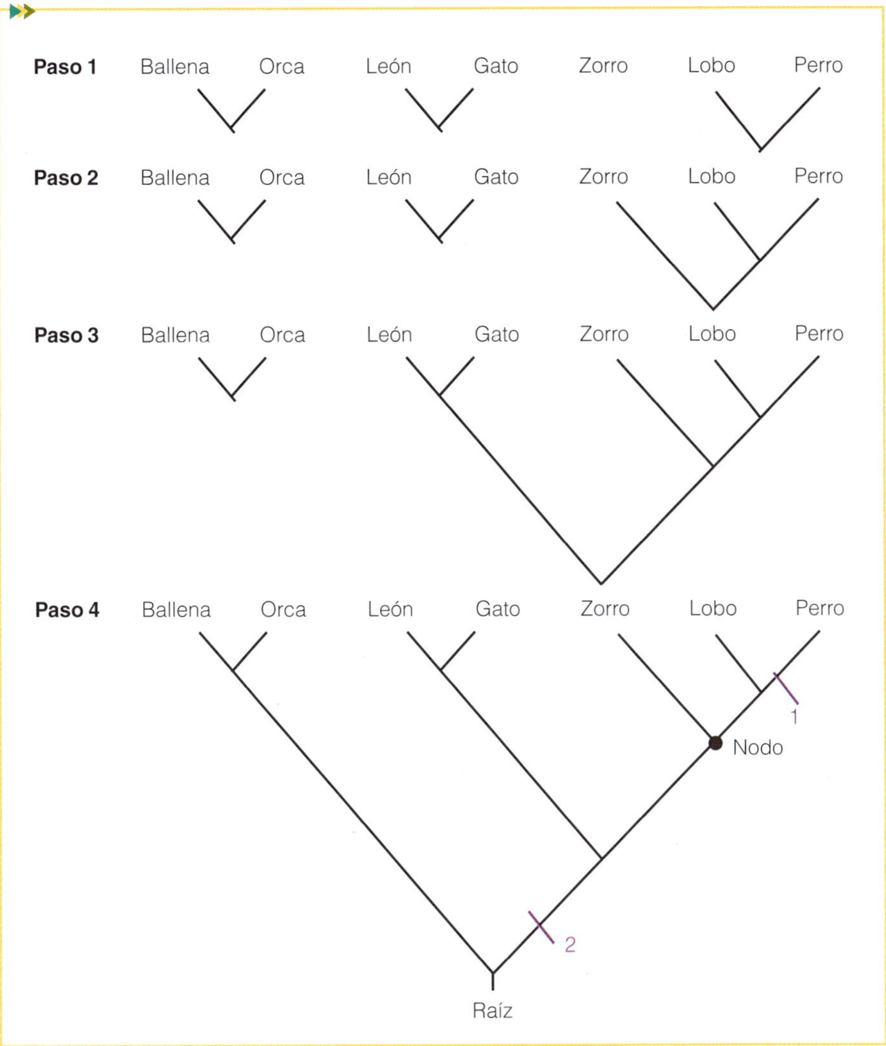

Pasos para construir un árbol filogenético que permita mostrar las relaciones de parentesco entre los organismos: ballena común, zorro, gato, perro, león, orca y lobo.

Curiosidades ▶

Para diseñar los sistemas informáticos, como los videojuegos o redes sociales, entre otros, se utilizan unos esquemas muy similares a los árboles filogenéticos, llamados diagramas de clases.

Los organismos que se relacionan con este tipo de esquema, como lobo, perro y ballena, se llaman **taxones terminales**. Los puntos de ramificación reciben el nombre de **nodos**, y representan el ancestro hipotético más próximo de los taxones que se derivan de ellos. En el esquema se señala con un punto el nodo en el que se ubica al ancestro común a perro, lobo y zorro. La **raíz de un árbol** es el punto donde se ubica el ancestro común de todos los taxones terminales. En nuestro árbol, hemos señalado con una línea violeta dos de estas características adquiridas por cada uno de estos ancestros y/o por los taxones terminales. La que tiene el número 1 es exclusiva de los perros, y el número 2 corresponde a un rasgo adquirido por el ancestro de todos los carnívoros terrestres.

La carpeta

Conviene que esté completa y prolija, porque es muy útil para preparar una evaluación o presentarla al docente.

Actividades

1. Señalen en el árbol filogenético del esquema:

a. el ancestro hipotético de las ballenas y las orcas;

b. una característica presente en el ancestro de los felinos, con una rayita con el número 3. ¿Cuál podría ser esta característica?

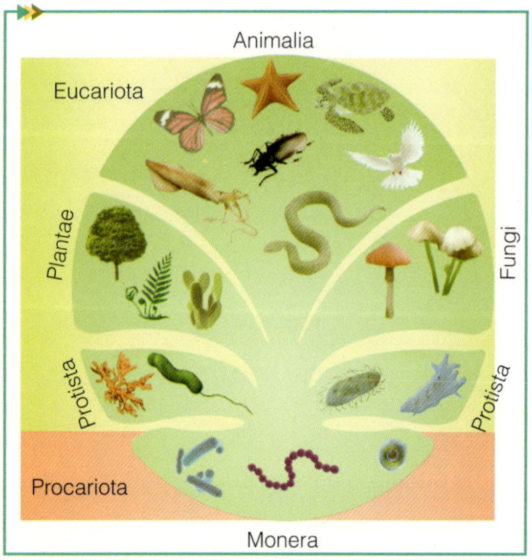

Clasificación de la biodiversidad en cinco reinos.

Los principales grupos en que se clasifica la biodiversidad

Lamarck dividió a los seres vivos en dos grandes grupos, a los que llamó reino animal y reino vegetal. Pero más adelante se descubrieron los microorganismos, y fue necesaria la creación de nuevos reinos para clasificarlos. Fue en 1959 cuando Whittaker sintetizó la información disponible hasta el momento y propuso una clasificación general de los seres vivos en **cinco reinos**. Así, a los tradicionales reinos vegetal (a partir de aquí llamado Plantae) y animal (Animalia) se sumaron los reinos Monera, Protista y Fungi. Los microorganismos procariotas se ubicaron dentro de Monera. Los hongos tuvieron un reino propio, Fungi. Finalmente, todos los organismos restantes que no eran ni animales, ni plantas, ni hongos, como las algas, se agruparon en el reino Protista.

La clasificación en cinco reinos utiliza varios criterios al mismo tiempo, como el tipo de célula y el tipo de nutrición, entre otros.

Los organismos del reino Protista no tienen un rasgo distintivo, ya que los organismos que lo componen no están emparentados. Entonces, este reino no podría estar incluido en un sistema de clasificación de la biodiversidad que tome como criterio de agrupamiento las relaciones de parentesco o filogenia.

El sistema de clasificación de la biodiversidad en cinco reinos se enfrentó con otra dificultad adicional. A medida que se fueron descubriendo nuevos microorganismos, se encontró que son mucho más diversos que los organismos multicelulares. Esto cambió la visión respecto de la biodiversidad, ya que las plantas y los animales son en realidad una muy pequeñita porción de esta. En 1977, Woese demostró que el reino Monera, es decir, los microorganismos procariotas, podían dividirse en dos grandes grupos, a los que llamó Bacteria y Archaea. Este investigador construyó un árbol filogenético que incluía a todos los seres vivos. En este árbol pudo reconocer tres grandes grupos o **dominios**: Bacteria, Archaea y Eukarya (que abarca a todos los organismos eucariotas). Cada uno de los dominios contiene organismos que derivan de un único ancestro. Es por eso que la comunidad científica actualmente prefiere este sistema de clasificación, ya que refleja la filogenia de la biodiversidad.

Actividades

1. ¿Por qué el sistema de clasificación en cinco reinos ha perdido validez en la comunidad científica?

2. ¿Cuáles son los grandes grupos en que puede clasificarse la biodiversidad si se sigue como criterio las relaciones de parentesco?

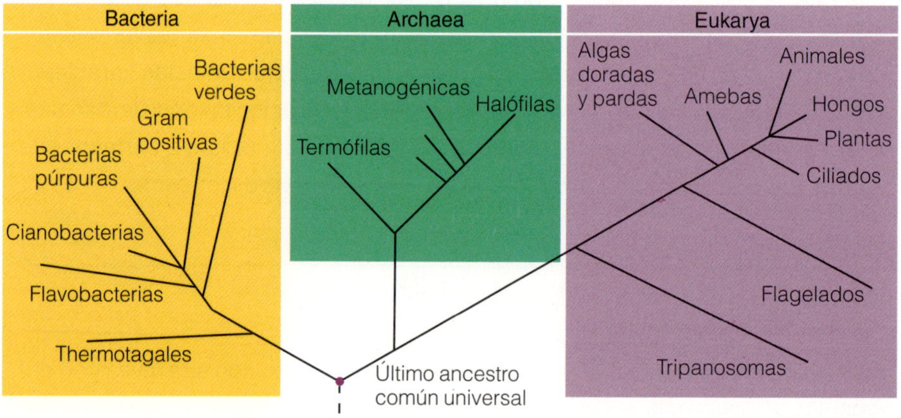

Árbol filogenético de la biodiversidad, en el que pueden diferenciarse los tres dominios. El último ancestro común universal es el organismo hipotético del cual descendemos todos los seres vivos de la Tierra.

Carl Woese y los tres dominios

Carl Woese pasó a la historia por haber realizado la primera clasificación de todos los seres vivos que refleja la historia evolutiva. En 1977 publicó un trabajo en el que describía un nuevo grupo de seres vivos procariotas, distinto a las típicas bacterias, al que llamó *Archaea*. Propuso además que las arqueobacterias, las bacterias comunes y los eucariotas eran las tres líneas evolutivas de los seres vivos. Pero Woese fue ignorado, e incluso ridiculizado, ya que en ese momento estaba instalado el dogma* de la división de la biodiversidad únicamente en dos grupos distintos: eucariotas y procariotas. ¿Quién iba a aceptar en ese momento que se estaba ignorando un tercio de la biodiversidad? Además, el criterio que utilizó para construir su árbol filogenético era muy novedoso y aún no estaba probado en otros trabajos. A pesar de esto, siguió juntando evidencias y en 1990 publicó otro trabajo, en el que llamó dominios a estos tres grupos. Así los presentó en el resumen de esta publicación.

"Las comparaciones moleculares muestran que la vida en este planeta se divide en tres agrupamientos primarios, comúnmente conocidos como las eubacterias, las arqueobacterias y los eucariotas. Los tres son muy distintos, siendo las diferencias que los separan de una naturaleza más profunda que las diferencias que separan a los típicos reinos, como los animales y las plantas. Desafortunadamente, ninguna de las visiones convencionalmente aceptadas de las relaciones naturales de los sistemas vivos, es decir, la taxonomía de los cinco reinos o la dicotomía eucariota-procariota refleja esta división tripartita del mundo vivo. Para remediar esta situación, nosotros proponemos que se establezca un sistema de organismos en el cual por sobre el nivel de reino exista un nuevo taxón llamado 'dominio'. La vida de este planeta comprendería entonces tres dominios: Bacteria, Archaea y Eukarya, cada uno de los cuales contiene dos o más reinos. Eukarya, por ejemplo, contiene Animalia, Plantae, Fungi y un número de otros no definidos aún."*

Carl R. Woese, Otto Kandlert y Mark L. Wheelis, *Towards a natural system of organisms: Proposal for the domains Archaea, Bacteria, and Eucarya*, Proccedings of the National Academy of Science, volumen 87, páginas 4576-4579, 1990.

Para mediados de la década de 1990, el dominio Archaea ya era completamente aceptado, apoyado por evidencias que se obtuvieron con las nuevas tecnologías. Una de estas evidencias fundamentales fue la "lectura" completa de la información genética de una arqueobacteria. En la actualidad, el sistema propuesto por Woese para clasificar los seres vivos ha reemplazado al de cinco reinos y es el nuevo dogma de la división de la biodiversidad. Además, el tipo de homología molecular que el investigador empleó para construir su árbol es uno de los más usados para establecer relaciones de parentesco entre los seres vivos.

Glosario

dogma: principio aceptado como verdad.

tripartita: compuesta por tres partes.

Actividades

1. En el texto se mencionan tres dogmas diferentes para clasificar la biodiversidad. Nómbrenlos en el orden en que se fueron proponiendo.

2. Según Carl Woese, ¿hay más diferencias entre una planta y un animal, o entre una arqueobacteria y una eubacteria?

3. Según Woese, ¿debería el reino ser el taxón de mayor jerarquía para clasificar la biodiversidad, como propuso Linneo? ¿Por qué?

4. Expliquen por qué el sistema de clasificación propuesto por Woese demoró tanto tiempo en ser aceptado.

Adquisiciones evolutivas de las eubacterias

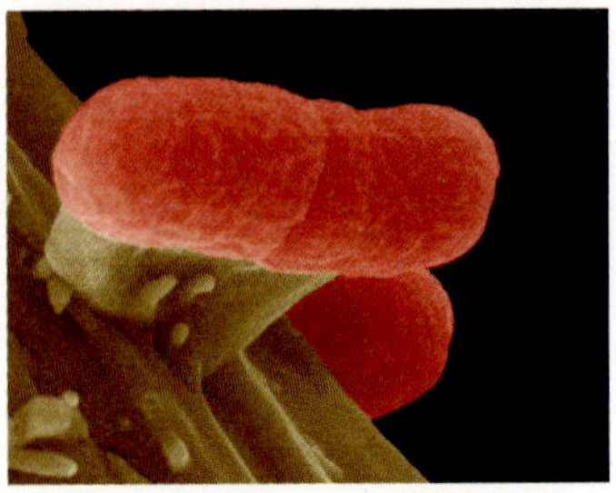

Escherichia coli es una bacteria muy estudiada que vive en el intestino. En algunos casos puede causar infecciones cuando se consume en alimentos contaminados.

Si bien las **eubacterias** se diferenciaron originalmente de las arqueobacterias a partir de la comparación de su información genética, años después se encontró que también tienen distintas características en sus células y en las moléculas que las componen. ¿Cuáles son los rasgos que tienen en común todas las eubacterias y que debieron estar presentes en su ancestro común? Todas ellas son microorganismos procariotas que tienen una pared celular muy particular. Esta pared contiene un polímero llamado **peptidoglicano**, exclusivo de este dominio. Por otro lado, la mayor parte de ellas no crecen en presencia de antibióticos*. Las eubacterias incluyen organismos con tipos de metabolismos muy variados. Algunos de estos microorganismos pueden respirar sin oxígeno, o tener una nutrición autotrófica distinta a la fotosíntesis. Tal es la variedad metabólica de las bacterias que muchas de ellas tienen aplicaciones que benefician al ser humano. Por ejemplo, algunas de ellas pueden fabricar polímeros que luego se utilizan como plásticos biodegradables.

Dentro del dominio Eubacteria pueden reconocerse como mínimo doce subgrupos o reinos distintos, cada uno proveniente de un ancestro común. Entre estos doce reinos se encuentran por ejemplo las cianobacterias o algas azules, que tienen clorofila como las plantas, y hacen fotosíntesis. Las bacterias verdes son otro subgrupo autótrofo con un tipo de fotosíntesis diferente a la de las plantas. El subgrupo más grande es el de las bacterias rojas o proteobacterias, e incluye a organismos con todos los tipos de metabolismo.

Glosario

antibiótico: sustancia que evita el crecimiento de las bacterias.

metano: gas constituido por moléculas que tiene un átomo de carbono y cuatro de hidrógeno (CH_4).

Adquisiciones evolutivas de las arqueobacterias

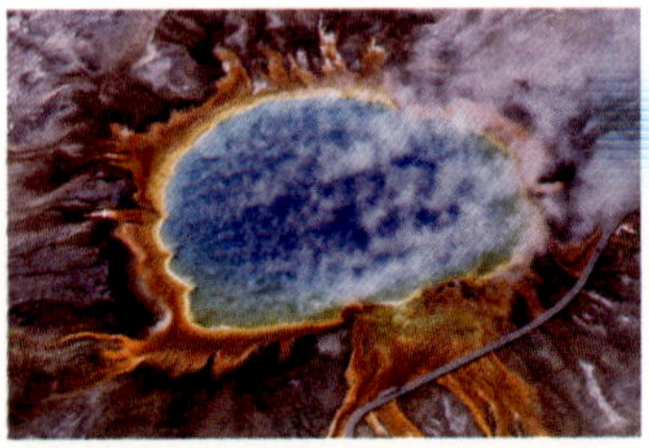

Algunas arqueobacterias termófilas viven en las aguas termales, a temperaturas muy altas.

Las **arqueobacterias** son microorganismos procariotas que tienen una pared celular diferente a la de las eubacterias. No contiene peptidoglicanos y se caracteriza por tener un tipo de lípidos especiales que no se encuentra en ningún otro dominio. Además, son resistentes a los antibióticos que afectan a las eubacterias. Por otro lado, utilizan su material genético de una manera muy similar a los eucariotas. El nombre de este dominio proviene del griego (*arkhaios*, que significa "antiguo"), ya que inicialmente se consideraba que estos microorganismos habían sido los primeros en habitar la Tierra. Esta idea se debió a que las primeras arqueobacterias que se descubrieron viven en ambientes hostiles, como los que se supone había en el tiempo en que se originaron las primeras células. Pero luego se encontró que también vivían en una gran cantidad de hábitats, como los suelos, los océanos y hasta en el intestino humano.

Existen distintos tipos de arqueobacterias. El primer grupo en ser descrito fue el de las **metanógenas**. Estos microorganismos producen metano* y crecen cuando hay ausencia de oxígeno y abundantes sustancias en descomposición (como en el intestino de ciertos animales o en el fondo de los ríos). Otro grupo emparentado con las metanógenas es el de las **halófilas**, que viven en ambientes salinos. Algunas arqueobacterias son **termófilas**, lo que significa que pueden vivir a temperaturas muy altas, de hasta 80 °C.

Actividades

1. Indiquen qué características permiten diferenciar a las eubacterias de las arqueobacterias.

Adquisiciones evolutivas de las eucariotas

Los organismos pertenecientes al dominio Eukarya comparten ciertas características, que debieron estar presentes en su ancestro común. Todos ellos están formados por una o varias células eucariotas, y utilizan su información genética de una manera similar a las arqueobacterias. Dentro de este dominio pueden distinguirse subgrupos o reinos, entre los que pueden mencionarse Plantae, Animalia y Fungi. Cada uno de ellos representa una línea evolutiva diferente dentro de los eucariotas, es decir, cada uno proviene de un ancestro común eucariota distinto. Eukarya incluye también a otros reinos, que son el resultado de la reclasificación del antiguo reino Protista. Esta reclasificación fue necesaria porque los organismos que se ubicaban dentro del reino Protista no derivaban de un único ancestro, y entonces no se lo puede considerar como un taxón válido. Los más de veinte reinos que forman el dominio Eukarya se diferencian, entre otras características, por presentar distintos tipos de células.

Algunos de los organismos eucariotas que antes se clasificaban dentro de Protistas son **autótrofos** debido a que sus células presentan cloroplastos. A este conjunto de seres vivos capaces de hacer fotosíntesis y que no son plantas se los llama **algas**. La mayoría de ellos son microscópicos, pero también hay algunos que alcanzan grandes tamaños, como las algas marinas, que pueden encontrarse en las costas. Hay algas verdes, rojas, marrones y doradas. La gran variedad de colores que pueden presentar se debe a los distintos tipos de pigmentos que contienen sus cloroplastos. Estos cloroplastos también se diferencian por otras características, como la cantidad de membranas que los rodea. ¿Cómo puede explicarse esta gran variedad de cloroplastos? Cada uno de los distintos tipos de cloroplastos se originó en diferentes líneas evolutivas, y es por eso que los distintos tipos de algas provienen de ancestros comunes diferentes. Como consecuencia, los distintos grupos de algas están incluidos dentro de diferentes reinos.

Otros de los organismos eucariotas que antes se clasificaban dentro de Protistas son **heterótrofos**. Algunos de ellos son parásitos y otros son de vida libre, es decir, no viven dentro de ningún otro ser vivo. Así como ocurre con las algas, se los clasifica dentro de diferentes reinos, según las características que presenten sus células. Estos eucariotas microscópicos heterótrofos pueden distinguirse, entre otros rasgos, por el tipo de estructura que poseen para desplazarse. Por ejemplo, los **flagelados** tienen uno o varios flagelos, mientras que los **ciliados** presentan un cuerpo unicelular rodeado de cilias. Ambos son activos nadadores. Otros pueden deformar su cuerpo unicelular y se llaman **amebas**.

Actividades

1. La mayoría de los reinos que pertenecen al dominio Eukarya, ¿son unicelulares o pluricelulares?
2. ¿Qué criterio se utiliza para diferenciar a los reinos del dominio Eukarya?
3. Busquen información sobre el *Trypanosoma cruzi*. Describan en qué enfermedad interviene y cuál es el estado de esa enfermedad en la Argentina.

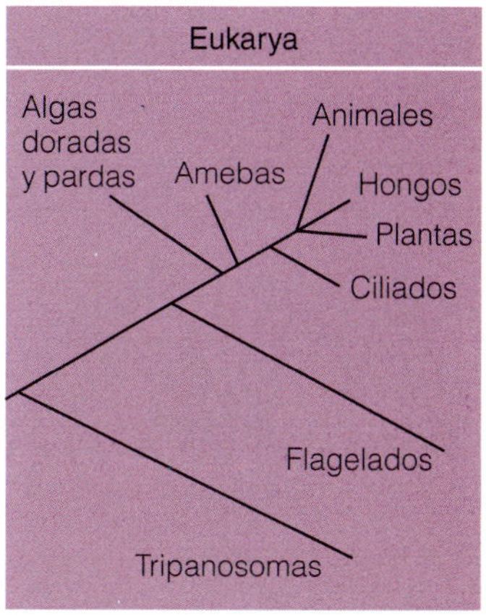

El dominio Eukarya incluye a más de veinte reinos, entre ellos Animalia, Plantae, Fungi y otros que antes se agrupaban en el reino Protista. Algas, amebas, flagelados, ciliados y tripanosomas son organismos que pertenecen a estos nuevos reinos.

Ulva, también llamada lechuga de mar, es un alga verde de gran tamaño que puede encontrarse en la costa atlántica argentina. Está formada por células que tienen cloroplastos con dos membranas.

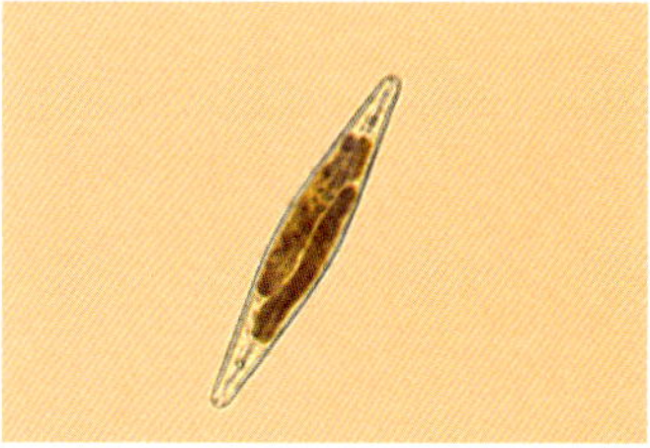

Las diatomeas son algas doradas unicelulares, que presentan una pared y cloroplastos con cuatro membranas. Son muy abundantes, tanto en el mar como en los lagos y ríos.

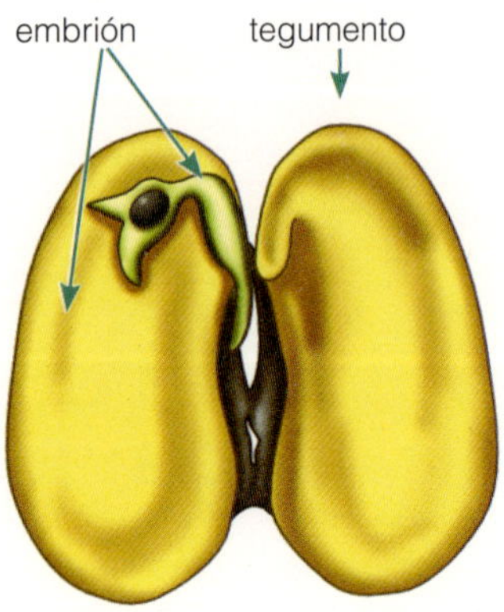

Todas las plantas tienen embrión. En la semilla de poroto, el embrión es todo su contenido, que queda cubierto por una capa protectora llamada tegumento.

Adquisiciones evolutivas de las plantas

Los árboles de nuestra cuadra, las plantitas de las macetas del balcón, los helechos y musgos que crecen en las paredes rotas o en los bordes de los canteros de la calle. Las verduras que comemos todos los días, el algodón con el que está hecha nuestra ropa, el papel en el que escribimos en la escuela. Vivimos rodeados de plantas o de productos obtenidos de ellas, aunque suelan pasar desapercibidas.

Seguramente, la mayoría de ustedes sepa que las plantas son **organismos multicelulares con nutrición autótrofa**. Sus células poseen por lo tanto cloroplastos, y tienen además una pared celular que les aporta rigidez. Las plantas están emparentadas con un grupo de algas, las algas verdes, las cuales habitan casi exclusivamente en ambientes acuáticos. El ancestro común de todas las plantas debió adquirir entonces nuevas características no presentes en las algas. Estos rasgos les posibilitaron vivir en el ambiente aeroterrestre. Algunas de estas adaptaciones estuvieron relacionadas con la **supervivencia** en el nuevo hábitat, como el desarrollo de raíces o rizoides*, mediante las cuales obtienen agua y sales del suelo. Otras adaptaciones permitieron asegurar la reproducción. Entre ellas puede mencionarse la protección de las estructuras reproductivas, como los embriones, dentro de órganos que evitan la desecación. ¿Dónde se encuentran los embriones de las plantas? En aquellos vegetales que forman semillas, el embrión está dentro de la semilla.

Las plantas pueden clasificarse en cuatro grandes grupos, según su organización interna y la manera en que se reproducen: briofitas, helechos, gimnospermas y angiospermas. A estos grandes grupos se los llama **divisiones**, y son equivalentes en jerarquía a los phylum de los animales.

Glosario

rizoide: pelo o filamento sencillo que cumple una función semejante a la de las raíces de una planta.

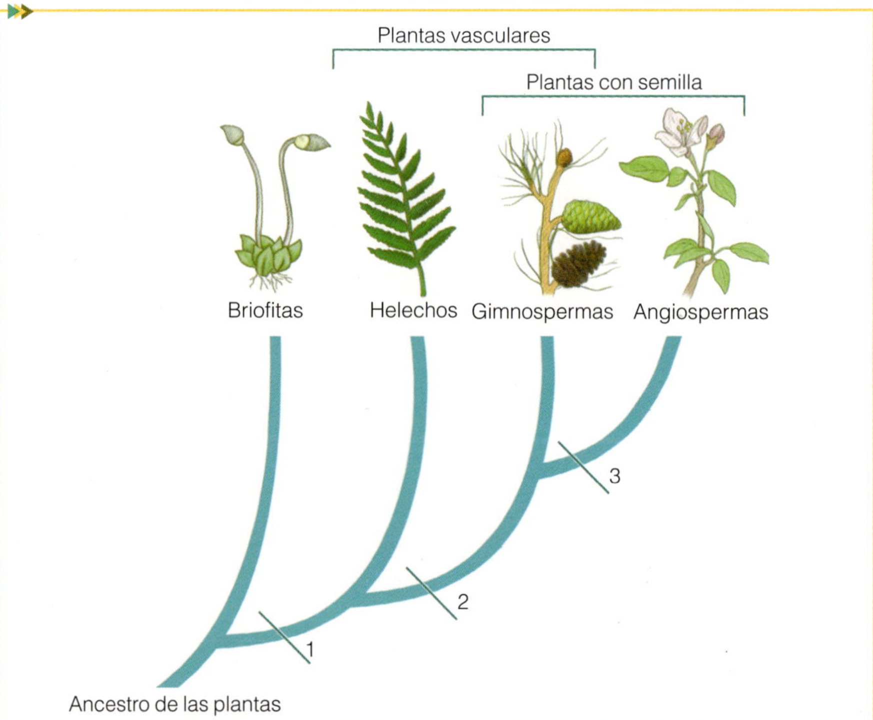

Relaciones evolutivas entre los grandes grupos de plantas.

La división más simple de plantas se llama **briofita**. Incluye a los musgos, fáciles de reconocer por su cuerpo de unos pocos centímetros, formado por pequeñas hojuelas, talluelos y rizoides, y por su color verde intenso. Siempre se encuentran en lugares húmedos, ya que precisan que haya agua para que ocurra la fecundación. No tienen un sistema de transporte de sustancias en el interior de su cuerpo, como las plantas más complejas.

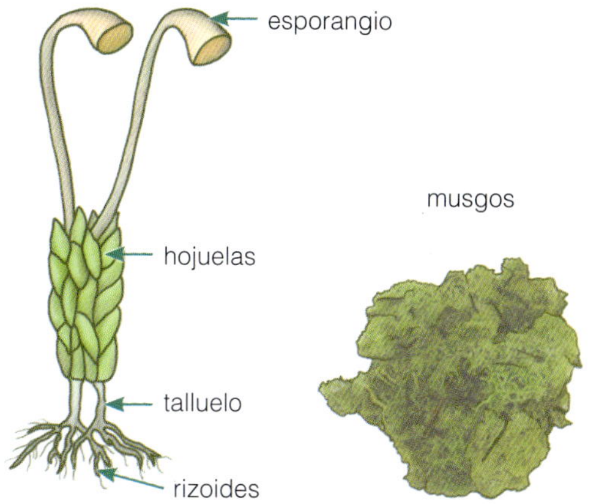

En los musgos pueden reconocerse las hojuelas, el talluelo y los rizoides y, en algunos casos, estructuras reproductivas llamadas *esporangios*.

Algunos de los ancestros de todas las plantas dieron origen a las briofitas, pero otros adquirieron una nueva característica: un sistema de transporte en el interior de su cuerpo, una importante adaptación al medio aeroterrestre que les dio independencia del medio acuoso. La posibilidad de que las sustancias viajen a mayores distancias permitió que las plantas alcanzaran mayores tamaños.

La línea evolutiva de vegetales con sistema de conducción interno incluye a todas las plantas llamadas **vasculares**, como los helechos. Estos vegetales tienen grandes hojas que producen **esporas**. Estas se dispersan y, al alcanzar un medio adecuado, se genera una nueva planta. Tienen además tallos pequeños, de crecimiento horizontal, que se llaman **rizomas**.

En los helechos pueden reconocerse las hojas, el rizoma (tallo) y las raíces. En la cara de abajo de las hojas es posible encontrar conjuntos de esporas.

La mayor parte de las plantas vasculares no se reproduce por esporas, sino por **semillas**, otra de las adaptaciones al ambiente aeroterrestre. Las semillas protegen al embrión, además de asegurar la dispersión. Existen dos grandes grupos de plantas que se reproducen por semillas: las gimnospermas y las angiospermas. La mayoría de ellas son árboles que alcanzan grandes tamaños, como las coníferas. La característica que diferencia a las **gimnospermas** de las **angiospermas** es que sus semillas no están protegidas dentro de un fruto. Las angiospermas son las plantas con flor, estructura reproductiva que aumenta las posibilidades de que la reproducción sea exitosa. Además de esto, a partir de la flor se produce el fruto, que protegerá a las semillas que hay en su interior. Esta adquisición clave del ancestro de las angiospermas permitió que estas plantas sean las más abundantes y diversas en la actualidad.

Los ginkgos son las gimnospermas más primitivas que pueden encontrarse en la actualidad. Habitaban la Tierra en la época de los dinosaurios y, por eso, son considerados fósiles vivientes.

Actividades

1. ¿Cuáles son las características que tienen todas las plantas y que heredaron de su ancestro común?

2. En la imagen del árbol evolutivo de las plantas se han señalado con números las características adquiridas por los ancestros de los distintos grupos de plantas. Por ejemplo, el número 1 representa una característica que adquirió el ancestro de los helechos, las gimnospermas y las angiospermas. Indiquen una característica que podría estar representada por cada número.

3. ¿Qué características de las plantas les permitieron conquistar el ambiente aeroterrestre?

Adquisiciones evolutivas de los hongos

Glosario

elíptico: con forma de elipse, similar a un círculo pero con dos ejes de simetría.

materia orgánica compleja: restos de organismos muertos y sus desechos producidos cuando estaban vivos.

¿Cuáles son las características que tienen todos los hongos y que debieron estar presentes en su ancestro común? Uno de estos rasgos es su **nutrición heterótrofa absortiva**. Esta capacidad de transformar la materia orgánica compleja* en sustancias más simples les confiere el rol de **descomponedores**. Las sustancias simples que producen quedan disponibles en el ambiente para que sean absorbidas por ellos o por otros seres vivos.

Las células de los hongos tienen **pared celular**, de diferente composición química que la de las plantas. Algunos hongos son unicelulares y otros, multicelulares. Cuando están compuestos por una única célula, se los llama levaduras. Las **levaduras** suelen ser elípticas* o esféricas, y se las puede reconocer fácilmente al microscopio óptico por ser más grandes que las bacterias y porque algunas de ellas presentan un **brote** o **yema**. Esta yema crece hasta formar una nueva levadura, que luego se desprende de la célula que la originó. A este tipo de reproducción asexual se lo llama **gemación**. Algunas levaduras también pueden reproducirse sexualmente.

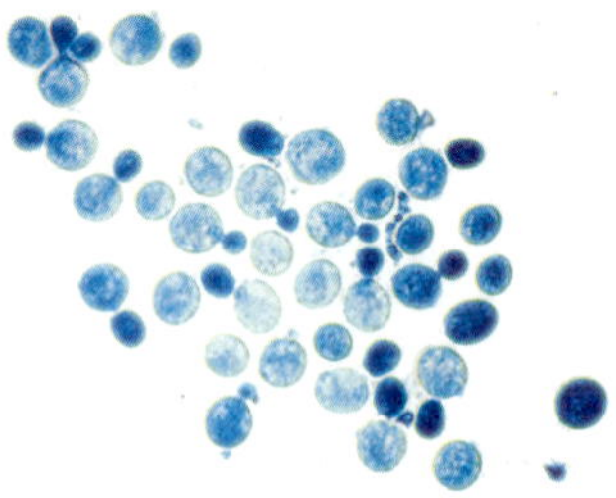

Fotografía de levaduras. Algunas presentan una yema que crecerá hasta formar una nueva levadura.

El cuerpo de los hongos multicelulares recibe el nombre de **micelio**. El micelio está formado por un conjunto de filamentos llamados **hifas**. Cada uno de estos filamentos es a su vez una hilera de células.

Algunos hongos producen una estructura visible con forma de sombrero, llamada **cuerpo fructífero**, que está formada por hifas que se agrupan de manera muy compacta. Otros hongos no forman cuerpos fructíferos, y su micelio puede verse como una especie de "moco" o "algodón"; es el caso de los hongos que se producen cuando los alimentos se pudren.

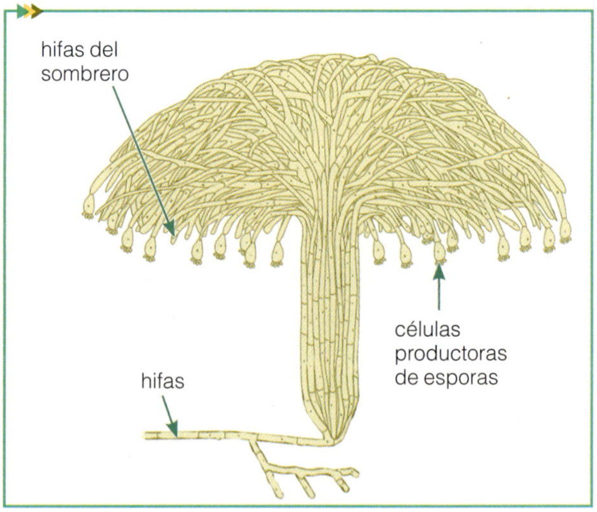

Los hongos de sombrero, como el champiñón, están formados por un conjunto de hifas agrupadas de manera muy compacta. En el borde del sombrero hay células especializadas en producir esporas sexuales.

Actividades

1. Mencionen las características que estaban presentes en el ancestro común del reino Fungi.

2. Definan los siguientes términos: levadura, hifa, micelio, cuerpo fructífero.

3. Los hongos pueden provocar enfermedades y, por otro lado, se utilizan para producir sustancias de interés. Busquen información sobre qué enfermedades son causadas por hongos, y qué tipo de productos se obtienen a partir de ellos.

¿Por qué aparecen hongos en los alimentos? Esto ocurre porque en el aire hay esporas de hongos, capaces de crecer y producir un micelio cuando encuentran un medio adecuado, como la gran cantidad de materia orgánica que contienen los alimentos. Estas esporas pueden originarse asexualmente (es decir, provenir de una única hifa) o sexualmente (se producen luego de la fertilización entre dos hifas). Los cuerpos fructíferos siempre llevan en su interior esporas de origen sexual, y por eso son estructuras reproductivas.

Grandes adquisiciones evolutivas de los animales

Todos los animales son **eucariotas heterótrofos** que adquieren energía mediante la ingestión de otros organismos. Las células que forman sus cuerpos **carecen de paredes celulares** y la mayoría de ellos **se reproduce sexualmente**. El reino animal ha sido clasificado históricamente en dos grandes grupos: vertebrados e invertebrados. Sin embargo, esta división no responde a un criterio evolutivo, ya que no todos los invertebrados están emparentados. En la actualidad, para clasificar a los animales se utilizan varios criterios que intentan reflejar las **relaciones de parentesco** entre los distintos grupos. Estos criterios que permiten diferenciar a los grandes grupos o phyla de animales están relacionados con la forma y el grado de complejidad de su cuerpo. Podemos nombrar, entre otros criterios, el plan básico del cuerpo y la disposición de sus partes, la presencia o ausencia de cavidades corporales*, la manera en que se forman y cómo se desarrollan desde el óvulo fecundado hasta el animal adulto, y la simetría del cuerpo. Los animales pueden no tener simetría, o tener simetría radial o bilateral. En la **simetría radial**, cualquier eje que pase por el centro del cuerpo lo divide en dos partes semejantes. Por otro lado, la **simetría bilateral** contempla un único plano que provoca la división del cuerpo en dos mitades iguales, derecha e izquierda. En estos últimos también se puede diferenciar una zona ventral (abajo) y otra dorsal (arriba), y un extremo anterior (cabeza) de uno posterior (ano).

Simetría radial (1) y simetría bilateral (2).

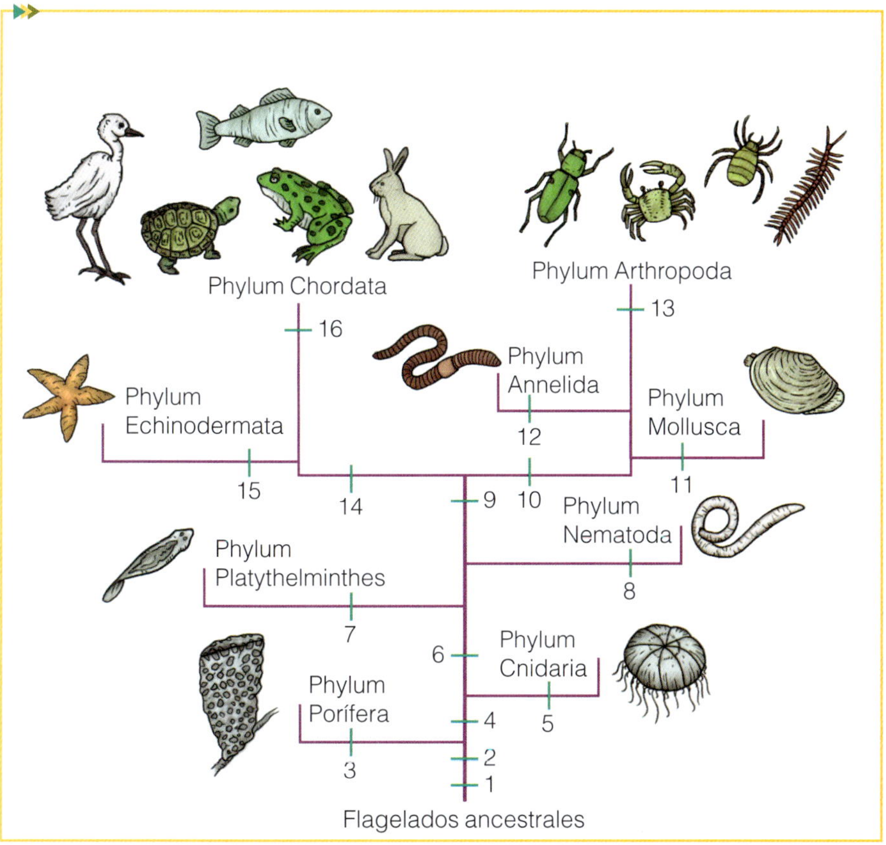

Relaciones filogenéticas entre los principales phyla de animales.

Glosario

cavidad corporal: espacio que se encuentra dentro del cuerpo y que ayuda a proteger, separar y sostener los órganos internos.

Actividades

1. Expliquen qué criterios se utilizan para clasificar a los animales y por qué no es correcta la antigua clasificación en invertebrados y vertebrados.

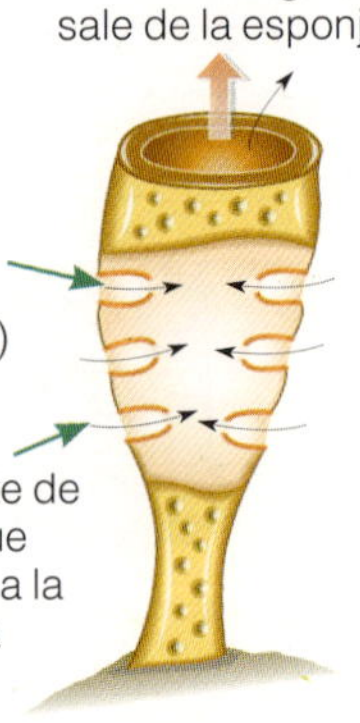

Esponja de mar (phylum Porífera).

Las medusas y los pólipos son representantes del phylum Cnidaria.

Los phyla de animales más simples: Porífera, Cnidaria, Platyhelminthes y Nematoda

Los ancestros comunes de todos los animales habrían sido organismos unicelulares que vivían en los océanos y se habrían alimentado de la materia orgánica del ambiente. A medida que fueron pasando millones de años, algunos de ellos se habrían agrupado para formar **colonias** con células internas y externas con diferentes funciones. Algunas de ellas se habrían ocupado de la alimentación y locomoción, mientras que otras se habrían especializado en la reproducción. Con el tiempo, se habrían convertido en **pólipos** adheridos al suelo oceánico, como las actuales esponjas, que pertenecen al phylum Porífera. Las **esponjas** tienen cuerpos sin simetría, no tienen tejidos verdaderos y su cuerpo es hueco, formado por canales y cámaras que sirven para el paso del agua. Obtienen su alimento a partir de la filtración de las partículas con nutrientes que hay en el mar.

Con el correr del tiempo, algunos ancestros de las esponjas habrían desarrollado tejidos diferenciados con células especializadas y tentáculos pequeños para llevar el alimento a una boca primitiva. Así se propone que se originaron las **medusas**, integrantes del phylum Cnidaria. Estos animales poseen simetría radial y una cavidad interna en forma de saco donde se digieren los alimentos, llamada **cavidad gastrovascular**. Dentro de este grupo de animales encontramos a los **corales**, que tienen forma de **pólipo**, es decir, un tubo abierto en el extremo superior, con una boca rodeada de tentáculos y cerrado en el extremo inferior, por el cual está sujeto al fondo del mar o a las rocas.

Otro grupo de ancestros de las esponjas, que habría adquirido simetría bilateral, organización del cuerpo en sistemas de órganos y cefalización, fue el que luego dio origen a todos los otros phyla de animales. La **cefalización** es la concentración de los receptores sensoriales en la zona anterior del cuerpo, con lo que se forma así una cabeza. Esta **cabeza** funciona como el centro del sistema nervioso central, que es el conjunto de tejidos que se ocupa de capturar y procesar señales o estímulos provenientes del ambiente para que el cuerpo pueda reaccionar frente a ellos.

El más simple de estos phyla es Platyhelminthes. Este grupo incluye **gusanos chatos**, la mayoría de ellos son **parásitos** que viven en los intestinos de sus hospedadores. Poseen un sistema nervioso muy simple, con un órgano similar a un cerebro muy básico. Otro phylum con organización corporal muy sencilla, los **nematodos** (phylum Nematoda), abarca a los **gusanos cilíndricos**, que presentan una cavidad interna. Muchos de ellos son de vida libre, especialmente marinos, mientras que otros son parásitos.

Gusanos redondos, pertenecientes al phylum Nematoda.

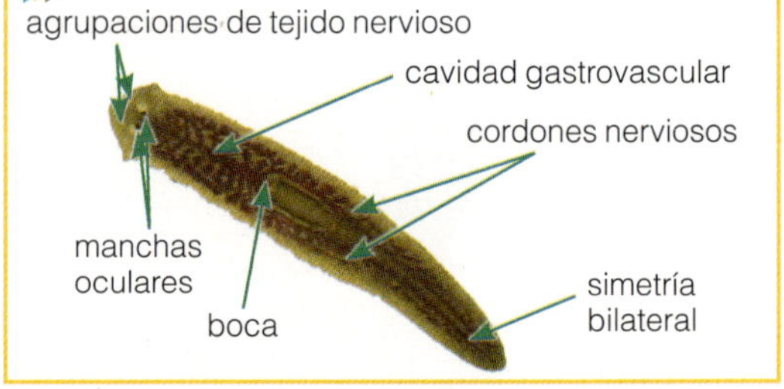

La planaria pertenece al phylum Platyhelminthes.

Actividades

1. En la imagen del árbol evolutivo de los animales se han señalado con números las características adquiridas por los ancestros de los distintos grupos. Por ejemplo, el número 1 representa una adquisición del ancestro común a todos los animales.

a. ¿Cuál podría haber sido esta adquisición?

b. Indiquen qué adquisición se ha representado en el árbol con los números 2, 3, 4, 5, 6, 7 y 8.

Los phyla de animales con sus cuerpos divididos en segmentos: Mollusca, Annelida y Arthropoda

La araña es un representante del phylum Arthropoda.

Un grupo de animales ancestrales con simetría bilateral, sistemas de órganos y cefalización, adquirió una nueva característica: una cavidad corporal interna. A partir de estos ancestros se originaron phyla de animales más complejos. Por un lado, surgieron tres grupos de animales que presentaban su **cuerpo dividido en segmentos**. Uno de estos grupos es el **phylum Mollusca** que abarca a los caracoles, calamares y pulpos, entre otros. En su mayoría viven en aguas marinas, pero algunos habitan en agua dulce y el suelo. Se caracterizan por presentar un cuerpo blando, que en algunos casos está cubierto por un caparazón. Otro phylum de animales segmentados es Annelida. Los **anélidos** son gusanos con un sistema digestivo y circulatorio cerrado, compuesto por vasos sanguíneos. Se encuentran casi exclusivamente en agua dulce, y en un hábitat terrestre y húmedo. El último grupo de animales que surgió en esta rama evolutiva son los que pertenecen al **phylum Arthropoda**, que incluye a los miriápodos, arácnidos, insectos y crustáceos. Estos animales poseen patas articuladas y un exoesqueleto de quitina* que los hace fuertes y resistentes.

Los phyla de animales deuterostomados

La estrella de mar es un representante del phylum Echinodermata.

A partir de los ancestros con simetría bilateral, sistema de órganos y cefalización se originó otra línea evolutiva de animales, que no tenían el cuerpo segmentado. Algunos representantes actuales de este tipo de animales son los phylum Echinodermata y Chordata. Todos ellos tienen en común un tipo de desarrollo embrionario especial, en el que el ano se forma en una zona bien definida del embrión y la boca se forma secundariamente. Por tal motivo, este grupo de animales es llamado **deuterostomados** (en griego *deuteros* = segundo y *stoma* = boca).

Las estrellas y los erizos de mar pertenecen al **phylum Echinodermata**. Si bien en la etapa adulta poseen simetría radial, en su estadio larval* presentan simetría bilateral. Su cuerpo consiste en un disco central a partir del cual se desprenden los brazos. Tienen un esqueleto interno formado por placas de calcio.

El **phylum Chordata** incluye a un conjunto de animales marinos, como las papas de mar y los vertebrados. A este último grupo pertenecen los peces, anfibios, reptiles, aves y mamíferos. Todos ellos presentan una estructura de sostén, en posición dorsal, llamada **notocorda**, que se extiende a lo largo de todo su cuerpo. En algunos grupos persiste durante toda la vida y en los vertebrados es reemplazada por la **columna vertebral**.

Actividades

1. En el árbol filogenético de los animales de la página 111, identifiquen qué adquisiciones evolutivas corresponden a los números 9 a 16. Recuerden que estas características estuvieron presentes en el ancestro común de cada grupo. Por ejemplo, el número 10 corresponde a un rasgo que es compartido por los artrópodos, moluscos y anélidos, mientras que el número 16 es un rasgo exclusivo de los cordados.

Glosario

estadio larval: las larvas son las fases juveniles de los animales con desarrollo indirecto (con metamorfosis), y que tienen formas y funciones diferentes a las de los adultos.

quitina: componente orgánico, duro y resistente, que recubre el cuerpo de ciertos animales.

Conservación de la biodiversidad

La biodiversidad es un recurso de importancia ecológica y evolutiva que debemos conservar.

Los ecosistemas, y la **biodiversidad** que albergan, son el soporte de la vida en la Tierra. Dependemos de ellos, desde el aire que respiramos, la comida que comemos y el agua que bebemos. Los humedales* filtran los contaminantes del agua, las plantas y árboles reducen el calentamiento global* absorbiendo el carbono del aire, y los microorganismos descomponen la materia orgánica y fertilizan el suelo, para proveer los alimentos. La biodiversidad "ayuda" a polinizar las flores y cultivos, y también provee medicinas para nuestro bienestar. Se utilizan hasta 20 mil especies distintas para producir todo tipo de medicamentos, incluidos productos contra determinados tipos de cáncer.

La biodiversidad también determina las interacciones entre los seres vivos, las cuales son extremadamente complejas. El ecosistema no puede ser considerado como la sumatoria de las especies presentes, sino como el resultado de las **interacciones** entre ellas, y de estas con el ambiente. Ningún organismo vivo es una entidad independiente, por lo tanto es difícil de prever y evaluar la consecuencia y el costo de la desaparición de una especie. Por lo tanto, la conservación de la biodiversidad sería un elemento esencial para el **desarrollo sostenible***.

¿Por qué la biodiversidad se está reduciendo?

Actualmente, se calcula que la biodiversidad está sufriendo una veloz reducción, como consecuencia de una elevada tasa de **extinción de especies**. Esta situación estaría relacionada con el accionar del ser humano, y se la atribuye a la contaminación del aire, el agua y el suelo, y a la conversión de hábitats naturales en tierras de agricultura, la ganadería intensiva y la urbanización. Asimismo, las decisiones que toma el ser humano con respecto al uso de los recursos naturales parecen basarse en consideraciones económicas, políticas, sociales y culturales, pero principalmente determinadas por el mercado.

La diferencia entre los **recursos* naturales** y otros recursos económicos es que los naturales no pueden ser renovados inmediatamente, y en algunos casos no pueden ser renovados jamás. Por lo tanto, la cosecha de estos recursos debería ser un balance consciente entre el beneficio presente y los costos futuros. Los **espacios protegidos** son un aspecto clave de los programas de conservación, en especial para los hábitats vulnerables. La **educación** y las campañas de divulgación contribuyen a acercar la información y las conclusiones científicas a la sociedad en su conjunto. Como consecuencia, una ciudadanía bien informada aprecia mejor la conservación de la biodiversidad, lo cual facilita la puesta en marcha de medidas de conservación.

Glosario

calentamiento global: aumento gradual de la temperatura del planeta como consecuencia del efecto invernadero.
desarrollo sostenible: desarrollo económico inspirado por el espíritu del cuidado ambiental.
humedal: ecosistema en territorios inundados o fangosos.
recurso: elemento que necesitamos los seres vivos para poder vivir.

Actividades

1. Respondan las siguientes preguntas.
a. ¿Cuál es la importancia económica de la biodiversidad?
b. ¿Cuál es la importancia ecológica de la biodiversidad?
c. ¿Por qué hay una reducción actual de la biodiversidad?

Para conocer más

Curtis, H., Barnes, S., Schnek, A. y A. Massarini, *Curtis Biología*, Madrid, Editorial Médica Panamericana, 2008.
Lanteri, A. y M. Cigliano, *Sistemática Biológica: fundamentos teóricos y ejercitaciones,* Buenos Aires, Editorial de la Universidad de la Plata, 2005.
Madigan, M., Martinko, J. y J. Parker, *Brock. Biología de los Microorganismos,* Madrid, Prentice Hall Iberia, 1999.

Wilkins, Borges y las clasificaciones

"El idioma analítico* de John Wilkins" es un ensayo breve de Jorge Luis Borges, publicado en el año 1952 en su libro *Otras inquisiciones*. En este entretenido e incluso delirante texto de tan solo tres páginas, el escritor presenta una serie de clasificaciones completamente arbitrarias. La primera de ellas, propuesta por John Wilkins en 1668 y recopilada por Borges, divide al universo en cuarenta categorías o géneros, subdividibles luego en diferencias, subdividibles a su vez en especies. El escritor argentino inventa en este ensayo otras dos clasificaciones, tan ambiguas, redundantes y deficientes como la de John Wilkins. Una de ellas es la descrita en la ficticia enciclopedia china *El emporio celestial de conocimientos benévolos*. En este supuesto libro, los animales se clasifican en las siguientes categorías: pertenecientes al emperador, embalsamados, amaestrados, lechones, sirenas, fabulosos, perros sueltos, incluidos en esta clasificación, que tiemblan como enojados, innumerables, dibujados con un pincel finísimo de pelo de camello, etcétera, que acaban de romper un jarrón y que de lejos parecen moscas. Finalmente menciona la clasificación del universo según el supuesto Instituto Bibliográfico de Bruselas en 1.000 subdivisiones, de las cuales la 262 corresponde al Papa, la 282 a la Iglesia Católica Romana y la 263 al Día del Señor, entre otras.

Borges termina su ensayo de la siguiente manera: "He registrado las arbitrariedades de Wilkins, del desconocido (o apócrifo*) enciclopedista chino y del Instituto Bibliográfico de Bruselas; notoriamente no hay clasificación del universo que no sea arbitraria y conjetural*. La razón es muy simple: no sabemos qué cosa es el universo. [...] La imposibilidad de penetrar el esquema divino del universo no puede, sin embargo, disuadirnos de planear esquemas humanos, aunque nos conste que estos son provisorios. El idioma analítico de Wilkins no es el menos admirable de esos esquemas". En otras palabras, el escritor argentino concluye que todas las clasificaciones del universo son arbitrarias y basadas en muchas suposiciones, ya que conocemos muy poco de este. Pero que este desconocimiento no debe desalentar a que elaboremos clasificaciones, aunque sepamos que son provisorias.

Jorge Luis Borges, *Otras inquisiciones,* Buenos Aires, Sur, 1952.

Jorge Luis Borges (1899-1986). Escritor argentino. Candidato al Premio Nobel de Literatura durante casi 30 años, fue una de las figuras más importantes del habla hispana y de la literatura del siglo XX. Entre sus muchísimas obras, que incluyen poemas, cuentos y ensayos, pueden mencionarse *Fervor de Buenos Aires*, *Ficciones* y *El libro de los seres imaginarios*.

Glosario

apócrifo: que no es de la época o del autor a quien se le atribuye.
conjetural: basado en suposiciones.
idioma analítico: tipo de idioma en el que las relaciones gramaticales (como el plural o el tiempo verbal) se indican con palabras sueltas.

Actividades

1. Indiquen cuál fue el criterio que se utilizó en cada una de las tres clasificaciones presentadas por Borges en su ensayo.
2. ¿Tendrán algún tipo de utilidad estos tipos de clasificaciones? Expliquen.
3. ¿Por qué Borges concluye que todas las clasificaciones son arbitrarias y provisorias?
4. Según lo que estudiaron en este capítulo, ¿también es arbitraria y provisoria la clasificación de los seres vivos? Justifiquen.
5. John Wilkins fue un religioso que vivió entre los años 1614 y 1672. El esquema de clasificación recopilado por Borges es parte de un idioma universal que Wilkins propone en su obra *Un ensayo sobre una escritura real y un lenguaje filosófico*. Investiguen qué otras ideas tuvo este religioso.

1. Completen la tabla para clasificar los siguientes organismos.

Organismo	Dominio	Reino	Phylum/División
Elefante			
Bacteria del yogur		—	—
Ceibo (árbol nacional que produce flores)			
Pulpo			
Alga roja		—	—
Levadura			—
Mosca			
Ameba		—	—
Esponja marina			
Pino			
Estrella de mar			
Procariota que vive a 80 °C		—	—
Musgo			
Medusa			
Hongo de sombrero			—
Araña			

2. Construyan un árbol filogenético en el que se muestren las relaciones de parentesco entre los siguientes organismos que clasificaron en la tabla anterior.

araña ◆ musgo ◆ estrella de mar ◆ mosca
hongo de sombrero ◆ elefante ◆ pino

3. Corrijan los errores ortográficos del siguiente texto.

> "El ser humano pertenece a la especie *Homo sapiens.* Nuestra especie se agrupa dentro del género *Homo*, en el que también se incluyen otras especies extintas como *homo erectus* y *Homo Habilis.* A su vez, pueden agruparse con otros organismos también extintos en la familia *Hominidae*".

4. Indiquen si las siguientes afirmaciones son verdaderas (V) o falsas (F). Reescriban las afirmaciones falsas para que resulten verdaderas.

a. El criterio que se utiliza actualmente para clasificar la biodiversidad toma en cuenta las características que presentan los cuerpos de los organismos. ☐

b. Los científicos proponen que la biodiversidad debe clasificarse en cinco reinos. ☐

c. En la actualidad, los invertebrados son uno de los grandes grupos que se toman en cuenta para realizar la clasificación de la biodiversidad. ☐

d. Los grandes grupos en que se clasifica la biodiversidad pueden reconocerse mediante las adquisiciones evolutivas que heredaron de su ancestro común. ☐

e. La mayor cantidad de organismos que habita el planeta es multicelular. ☐

5. Durante el siglo XX se ha observado una pérdida cada vez más acelerada de la biodiversidad. Las estimaciones sobre las proporciones de extinción son variadas: entre muy pocas y hasta 200 especies por día. Pero todos los científicos reconocen que la proporción de pérdida de especies es mayor que en cualquier otra época de la historia humana. Entre las plantas y los animales, se estima que se encuentran amenazadas aproximadamente un 12,5% de las especies conocidas para cada grupo. Teniendo en cuenta el árbol general de los seres vivos, ¿consideran a las plantas y animales como los grupos de mayor riesgo? En caso negativo, ¿qué tipo de organismos consideran que corren mayor riesgo de extinción? Justifiquen.

Interacción entre los seres vivos y el ambiente

6

Contenidos

- > Funciones de relación, autorregulación y control
- > Receptores sensoriales
- > Los sentidos
- > Transmisión de la información
- > Sistema nervioso
- > Control endocrino
- > Regulación de la secreción hormonal
- > Principales glándulas y sus funciones
- > Sistema inmune
- > Barreras de defensa
- > Inmunidad natural y adquirida

En el ambiente ocurren cambios permanentemente. Por ejemplo, a lo largo del día varía la intensidad de la luz y la temperatura. Pero hay otros cambios que no son tan evidentes, como las vibraciones del aire: el sonido de la voz de una persona con la que conversamos se produce porque el aire vibra, y nuestro sistema auditivo capta esas vibraciones. En el interior del cuerpo también se producen cambios. Podemos percibir algunos, como cuando corremos y sentimos que los latidos del corazón se aceleran. Pero otros, como pequeñas variaciones en la presión sanguínea, no los notamos. Frente a estos cambios, nuestro cuerpo produce respuestas. Por ejemplo, si tenemos calor, transpiramos, y si tenemos sed, buscamos agua y la bebemos. ¿Cómo capta nuestro cuerpo estos cambios en el ambiente y en el interior del cuerpo? ¿Qué sucede con esa información? ¿Por qué y cómo se generan las respuestas a esos cambios? ¿Por qué las condiciones del cuerpo permanecen constantes a pesar de esos cambios?

Contenido digital adicional

www.tintaf.com.ar/BIO2C6

EN ESTE CAPÍTULO...

Se estudian los sistemas del cuerpo que nos permiten detectar los cambios que ocurren a nuestro alrededor y también los que suceden en el interior del cuerpo. También, los mecanismos de procesamiento de esa información y de generación de respuestas que permiten mantener las condiciones internas constantes.

La función de relación, autorregulación y control

Las características generales

Muchos textos exponen características generales sobre un tema y, también, ejemplos. Las características generales son ideas principales; los ejemplos, no.

Partido de fútbol.

Durante un partido de fútbol, los jugadores realizan una serie de acciones: patean la pelota mientras avanzan por el campo de juego, observan a su alrededor para reconocer a los compañeros y decidir cuál está en mejor posición para seguir avanzando y, finalmente, pasan la pelota. En los jugadores aumenta la frecuencia cardíaca y la temperatura del cuerpo; además se produce transpiración y aparece la sensación de sed, y por esto beben agua.

Los procesos de recepción de señales, como captar la posición de los compañeros de equipo y la sensación de sed o de calor; la interpretación de esa información y la elaboración de las respuestas adecuadas, como pasar la pelota o tomar agua, forman parte de las funciones de **relación**, **autorregulación** y **control** que realizan el **sistema nervioso**, el **sistema endocrino** y el **sistema inmune**. Las señales pueden proceder tanto del medio externo, como el caso de la posición de los compañeros, o del medio interno, como la sensación de sed.

En cualquier situación de la vida cotidiana recibimos una cantidad de información muy variada y respondemos de acuerdo a ella. Al imaginarlo como un sistema abierto, es posible comprender que el organismo humano posee límites y componentes; que en él ocurren flujos, intercambios y transformaciones permanentes y que, ante cambios producidos en el medio interno o externo, puede autorregularse. La capacidad de autorregulación permite al organismo ajustar su funcionamiento y mantenerlo en equilibrio dinámico frente a los cambios que suceden en el interior del cuerpo y fuera de él.

Los **cambios**, **estímulos** o **señales** del medio externo o interno se reciben mediante **receptores sensoriales**. La información llega al centro de integración del organismo a través de ciertas **vías de transporte**. En este centro se produce la **interpretación** de la información recibida y se elabora una **respuesta** o **acción** adecuada para cada señal detectada. Las respuestas pueden ser **instantáneas** o **retardadas** y, también, pueden ser **voluntarias** o **involuntarias**.

Los **estímulos** o **señales** son agentes físicos, químicos o mecánicos que desencadenan ciertas reacciones en el organismo. Estos agentes excitan receptores sensoriales que, en el organismo humano, están concentrados principalmente en órganos específicos, como los ojos, el interior de la nariz, los oídos, la piel, etcétera.

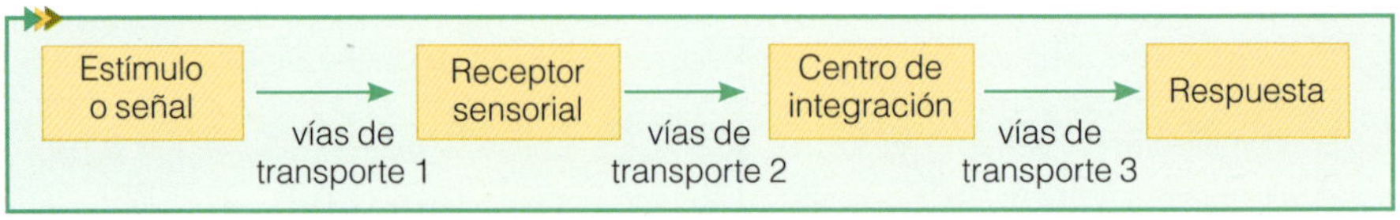

Actividades

1. Lean la siguiente situación y resuelvan.

"Lara hoy tiene prueba escrita de matemática. Mientras la profesora reparte los exámenes, siente que su corazón late con mayor velocidad, su respiración está agitada y siente un nudo en el estómago.

Recibe la hoja, lee las consignas y luego escucha atentamente las indicaciones de la docente antes de empezar a resolver".

a. ¿Cuáles son los estímulos o señales que percibe Lara? Determinen en cada caso si son internos o externos.

b. ¿Qué acciones de las mencionadas en la situación descripta son respuestas? ¿Por qué?

Receptores sensoriales

Los **receptores sensoriales** registran estímulos o cambios externos, y cada tipo de receptor registra cambios externos específicos. Por ejemplo, los receptores sensoriales ubicados en la lengua son sensibles a estímulos químicos, pero no a los luminosos o a los sonoros.

A su vez, otros receptores detectan cambios internos y se encuentran en los órganos del interior del cuerpo. Por ejemplo, un cambio interno, como la concentración de dióxido de carbono en la sangre, es un estímulo para los receptores de los órganos del sistema circulatorio.

Tanto en el ambiente en el que vivimos como en el interior del cuerpo se producen cambios de manera permanente, que son señales que el organismo capta a través de sensores. Estos sensores, que también llamamos receptores sensoriales o sensitivos, son células nerviosas. Según el origen del estímulo o la señal, los receptores tienen diferentes denominaciones.

Exteroceptores

Perciben la información del exterior del cuerpo y están concentrados en los órganos de los sentidos.

En las capas más superficiales de la piel hay **termorreceptores**, que captan cambios en la temperatura del ambiente.

Los **fonorreceptores** se encuentran en el oído interno y captan ondas sonoras.

Los **quimiorreceptores** de la lengua y la nariz captan sustancias químicas que se encuentran en los alimentos, las bebidas y el aire.

Los **fotorreceptores** se encuentran en la retina de los ojos y captan ondas luminosas.

Los **mecanorreceptores** de la piel, los músculos y las articulaciones captan cambios en la presión y también permiten detectar deformación y estiramiento.

Interoceptores

Detectan la información proveniente de las vísceras, por ejemplo, el tránsito de los alimentos por el tubo digestivo o la acumulación de orina en la vejiga.

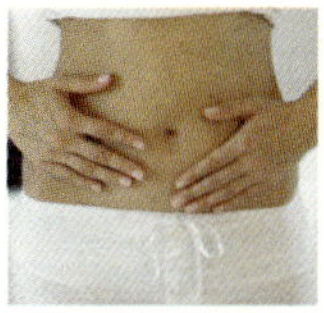

Cuando los alimentos avanzan por el tubo digestivo, los órganos se expanden y se contraen. Esta información, relacionada con la sensación de hambre y sed, es captada por los interoceptores.

Propioceptores

Captan la información proveniente de músculos, tendones y articulaciones. A partir de ella, podemos conocer la posición de nuestro cuerpo en el espacio.

Los movimientos del cuerpo en el espacio se pueden regular y controlar de acuerdo con la información que nuestro cuerpo obtiene de los propioceptores.

Actividades

1. Indiquen cuáles son las señales que pueden recibir los jugadores de fútbol, además de las mencionadas en el texto.
2. ¿Qué tipo de receptores reciben los estímulos que mencionaron en el punto anterior?
3. Teniendo en cuenta el cuadro de la página anterior, ¿qué sucedería con la elaboración de la recepción del estímulo, el procesamiento de la información y la elaboración de la respuesta al interrumpir las vías 1, 2 y 3?

Exteroceptores

Los receptores sensoriales que permiten que el organismo humano se relacione con el entorno son los exteroceptores, y se concentran en los órganos de los sentidos: el ojo (vista), el oído (audición), la nariz (olfato), la lengua (gusto) y la piel (tacto).

El sentido de la vista

Los **ojos** son los órganos del sentido de la vista. En su interior tienen receptores de ondas lumínicas o **fotorreceptores**: células nerviosas sensibles a la luz.

El globo ocular está formado por tres capas. La capa externa o **esclerótica** da al ojo su aspecto blanquecino, y le aporta resistencia y protección. La capa intermedia o **coroides** posee muchos vasos sanguíneos y su función principal es nutrir al globo ocular. La capa interna o **retina** es sensible a la luz. Allí se encuentran dos tipos de fotorreceptores, llamados **conos** y **bastones**, y se forman las imágenes. La **córnea** y el **cristalino** funcionan como lentes que concentran la luz que proviene del exterior en la retina.

Nosotros no vemos los objetos porque están iluminados, sino porque reflejan la luz. En otras palabras, la luz incide sobre los objetos, se refleja en ellos e ingresa a nuestros ojos. En su recorrido, la luz atraviesa la córnea, el humor acuoso, la pupila, el cristalino y el humor vítreo, hasta llegar a la retina. Para obtener imágenes nítidas, los rayos deben incidir justo en la retina. Esto es posible porque el cristalino está rodeado y sostenido por músculos que reducen o aumentan su curvatura.

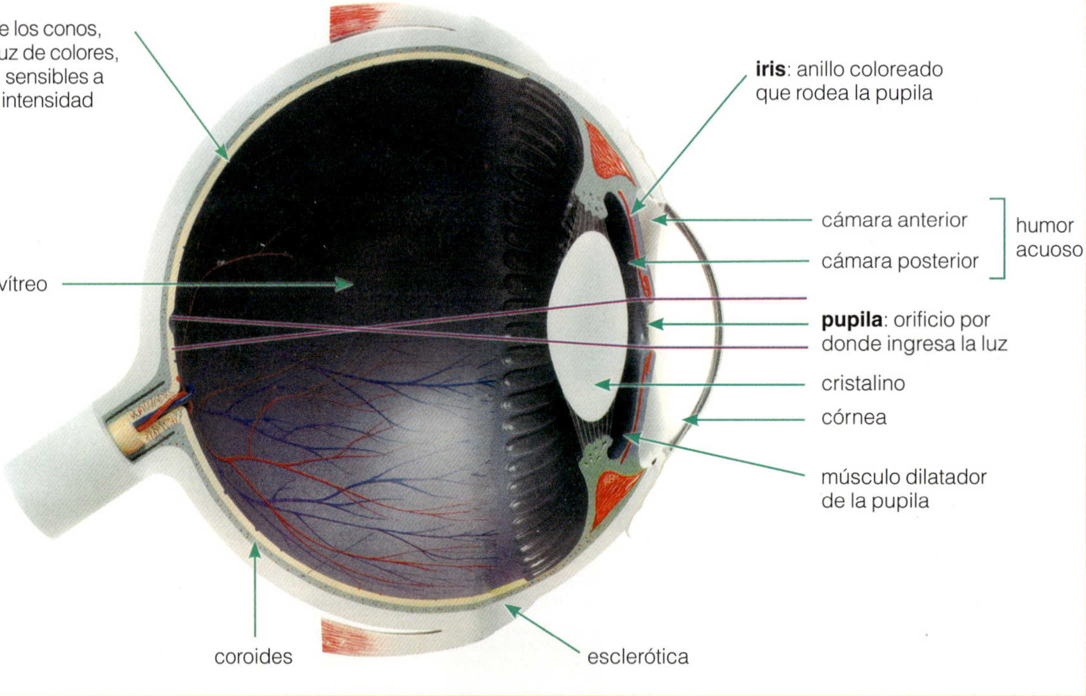

El diámetro de la pupila varía según aumente o disminuya el diámetro del iris, y su movimiento se debe a ciertos músculos que responden a los cambios de intensidad y cantidad de estímulos lumínicos. El humor acuoso y el humor vítreo son líquidos transparentes y de aspecto gelatinoso. La presencia de estos humores impide que el globo ocular colapse al incidir la luz en él. Las líneas violetas representan el recorrido de los rayos luminosos al ingresar al ojo.

El sentido del oído

Los **oídos** son los órganos de la audición porque poseen receptores de ondas sonoras o **fonorreceptores**: células nerviosas sensibles al sonido.

La parte más visible del oído, el **pabellón** de la oreja, direcciona las ondas sonoras hacia el conducto auditivo externo, como si fuera un embudo. A través del aire que contiene este conducto, las ondas sonoras se propagan y hacen vibrar el **tímpano**. El tímpano se conecta con tres **huesecillos** del oído medio que se articulan entre sí, que amplifican las vibraciones del tímpano y que transmiten la vibración a la **membrana oval**, una lámina que cubre la entrada al oído interno. En el oído interno se encuentra el **caracol** o **cóclea**, un tubo con un líquido a través del cual se propagan las vibraciones. El movimiento de ese líquido estimula los fonorreceptores, que captan la señal y la transforman en información, que se propaga por el **nervio auditivo**.

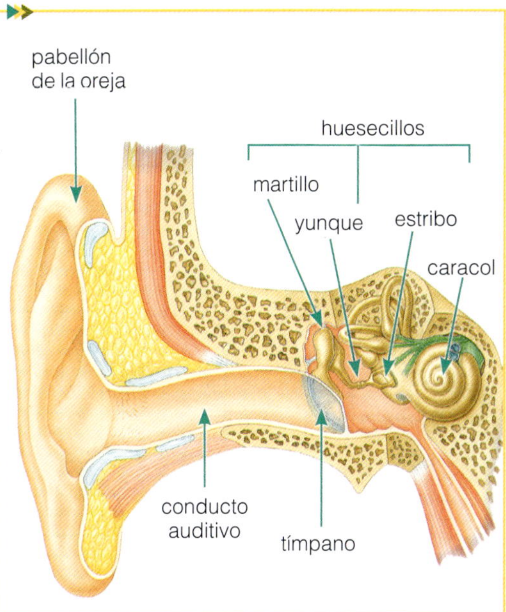

El conducto auditivo externo es un tubo que forma parte del oído y se extiende desde la base del pabellón de la oreja hasta el oído medio. Allí se encuentra el tímpano, una membrana similar al parche de un tambor. Las ondas sonoras provocan la vibración de las membranas y los fluidos internos del oído.

El sentido del tacto

La **piel** es el órgano más extenso de nuestro cuerpo. Posee un gran número de **receptores táctiles**, que se distribuyen de forma heterogénea: están muy concentrados en la yema de los dedos, la lengua y los labios, y poco concentrados en la piel de la espalda.

Los sensores de la piel son **mecanorreceptores** y **termorreceptores**, sensibles a los cambios de presión y de temperatura, respectivamente. Los mecanorreceptores más superficiales detectan cambios leves de presión. En cambio, los más profundos captan cambios amplios de presión y de estiramiento.

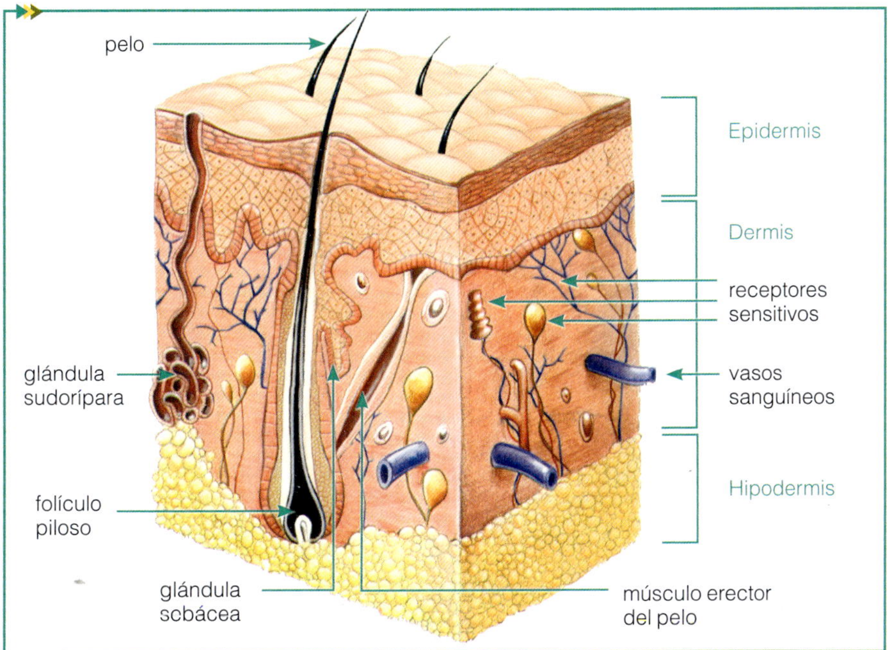

La piel se organiza en distintas capas, llamadas epidermis, dermis e hipodermis. Los receptores del tacto se concentran en la dermis y nos permiten distinguir con facilidad una textura, es decir, si un objeto es rugoso, suave, áspero, etcétera.

Actividades

1. Lean la siguiente situación y luego respondan la pregunta. Bautista colocó una pelota sobre la mesa y pudo verla. Luego, realizó un pequeño agujero en una caja de zapatos y colocó la pelota en su interior. Para su sorpresa, no pudo ver la pelota a través del agujero.

a. ¿Por qué Bautista pudo ver la pelota en una situación pero no en la otra?

2. Averigüen qué función cumplen los pelos y la cera presentes en el conducto auditivo externo. Copien la información en la carpeta.

El sentido del gusto

La **lengua** es un órgano que posee receptores químicos o **quimiorreceptores** del gusto. Su aspecto rugoso característico se debe a la presencia de **corpúsculos** que agrupan los receptores sensitivos en papilas gustativas. Cada corpúsculo está formado por dos tipos de células con un poro que las comunica con el exterior. Cuando ciertas sustancias de los alimentos se disuelven en la saliva, se introducen en los poros que captan la señal química.

Además de la función gustativa, las papilas de la lengua detectan estímulos táctiles. Debido a esta capacidad, la lengua permite reconocer sabores y también reconocer la textura de los objetos y alimentos.

Curiosidades

Una característica llamativa del sentido del olfato es el acostumbramiento. Este fenómeno se debe a que los receptores sensoriales o células nerviosas se saturan o fatigan de recibir de forma constante un mismo estímulo químico. En estas condiciones, los estímulos que persisten un tiempo prolongado en el ambiente dejan de ser percibidos por los quimiorreceptores. Con el sentido del gusto sucede algo similar. Por ejemplo, algunos minutos después de degustar una comida, la sensación del gusto desaparece.

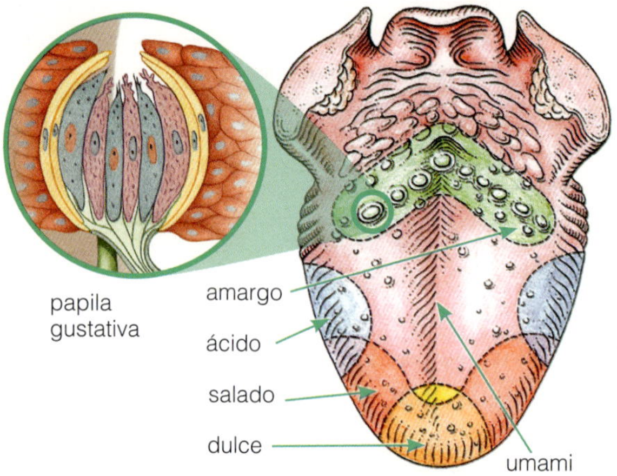

Los gustos primarios o básicos son salado, amargo, ácido o agrio, dulce y umami, y se captan en distintas zonas de la lengua. Cada tipo de gusto se asocia con estímulos y receptores específicos, tanto del sentido del gusto como del sentido del olfato.

El sentido del olfato

El sentido del olfato involucra la percepción de estímulos químicos en las fosas nasales. Allí se encuentran **quimiorreceptores** agrupados en un tejido especial llamado **epitelio olfatorio**, que se conecta con una porción del centro integrador, llamada **bulbo olfatorio**.

Como en el sentido del gusto, las partículas químicas que estimulan a los receptores del olfato deben estar disueltas en agua. En este caso, la humedad se logra por el mucus que produce la nariz en su interior.

Actividades

1. Sumerjan un hisopo en una solución de agua y sal. Luego, apóyenlo en distintas zonas de la lengua. Comprueben cuál es la zona sensible a dicho sabor. Repitan esta experiencia con los demás sabores.

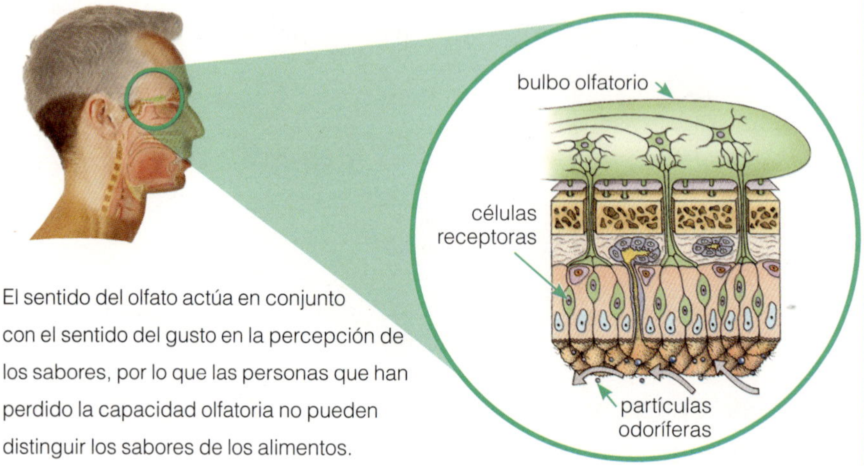

El sentido del olfato actúa en conjunto con el sentido del gusto en la percepción de los sabores, por lo que las personas que han perdido la capacidad olfatoria no pueden distinguir los sabores de los alimentos.

El sistema nervioso: transmisión de la información y elaboración de respuestas

La transmisión de la información recibida por los receptores hacia el centro integrador se produce mediante **impulsos nerviosos** generados por **células nerviosas** o **neuronas**. Las neuronas transforman en impulsos nerviosos la información que reciben de los distintos tipos de receptores.

De acuerdo con su papel en la transmisión de la información, las neuronas se clasifican en **sensitivas**, si transportan el impulso hacia el centro integrador; **motoras**, si transportan el impulso desde el centro integrador hacia los órganos; y de **asociación**, si actúan de puente entre las anteriores.

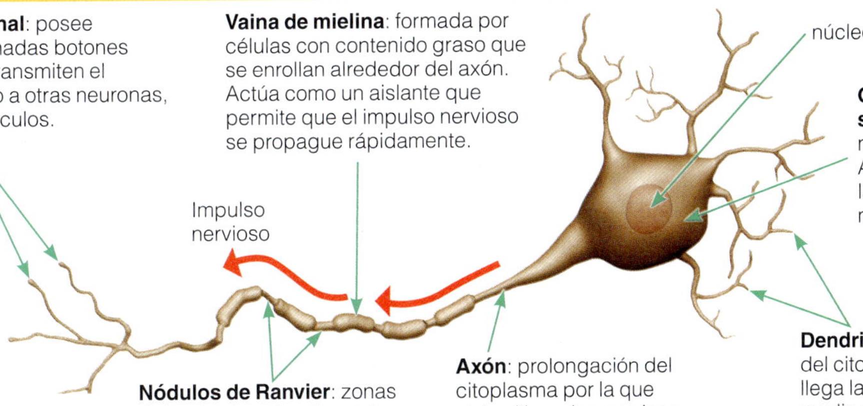

Desde las dendritas, los impulsos se propagan o transmiten, y recorren el cuerpo de la neurona y el axón. Desde allí, el impulso se transmite a las neuronas de asociación y motoras y, por último, a los músculos o a las glándulas del cuerpo.

El arco reflejo

Si tocamos con la mano un objeto muy caliente o nos pinchamos, la retiramos de inmediato. Estas reacciones ante estímulos del exterior, llamadas **actos reflejos**, son rápidas, se realizan de manera involuntaria y son elaboradas por un centro nervioso que integra la información (en este caso, el pinchazo): la médula espinal. Luego, una fracción de segundo más tarde, el cerebro recibe la información de lo sucedido. En el acto reflejo, el trayecto neuronal que recorren los impulsos nerviosos se llama **arco reflejo**.

Los arcos reflejos están formados por neuronas sensitivas, motoras y de asociación. En los ejemplos mencionados se trata de un arco reflejo simple, porque está formado por dos neuronas, una sensitiva y otra motora. En cambio, otros arcos reflejos son complejos, porque participan una neurona sensitiva, una motora, y una o varias neuronas de asociación que las conectan.

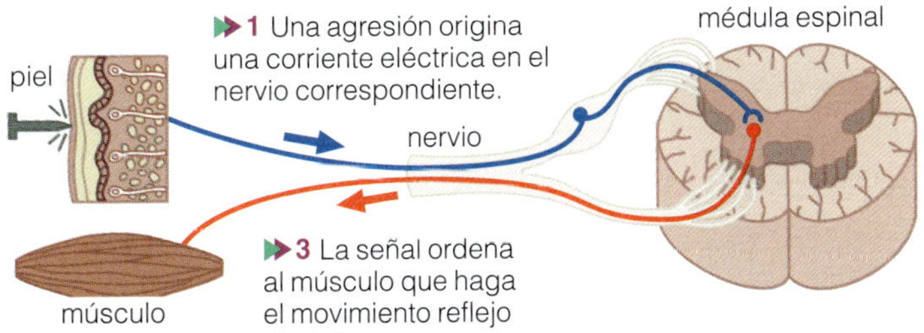

Camino que sigue la información nerviosa en un acto reflejo.

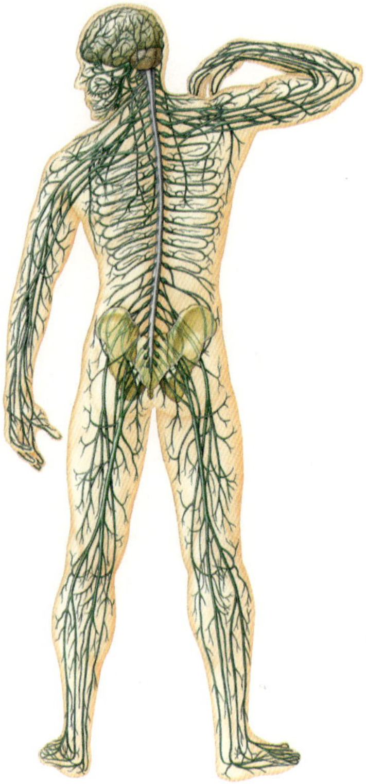

Las líneas verdes representan los nervios del SNP.

El sistema nervioso periférico

Los axones de las neuronas o sus dendritas se agrupan entre sí y forman fibras de aspecto blanquecino que se denominan **nervios**. Los nervios suelen presentar engrosamientos en su trayecto, que se denominan **ganglios nerviosos** y están constituidos por células nerviosas.

Los nervios, que se ubican en la periferia del cuerpo, transmiten los impulsos nerviosos entre las células nerviosas que se conectan con los receptores y el centro integrador. Estos nervios conforman la división del sistema nervioso, que se denomina **sistema nervioso periférico** (SNP). Los nervios forman **vías sensitivas** cuando transportan impulsos nerviosos desde los receptores hacia el centro integrador. Por el contrario, forman **vías motoras** cuando el recorrido del impulso nervioso se transporta desde el centro integrador hacia los órganos efectores (músculos y glándulas). A su vez, las vías motoras pueden dividirse en sistema autónomo y sistema motor, según provoquen respuestas involuntarias o voluntarias, respectivamente.

El sistema autónomo

El **sistema nervioso autónomo** (SNA) controla de manera automática todos los órganos del cuerpo. Actúa de forma antagónica porque nos ubica tanto en un estado de excitación como de relajación.

El **SNA simpático** produce los estados de excitación o alerta debido a estímulos percibidos por diferentes receptores, y nos prepara para enfrentarlos o escapar. Por el contrario, el **SNA parasimpático** controla el estado de relajación.

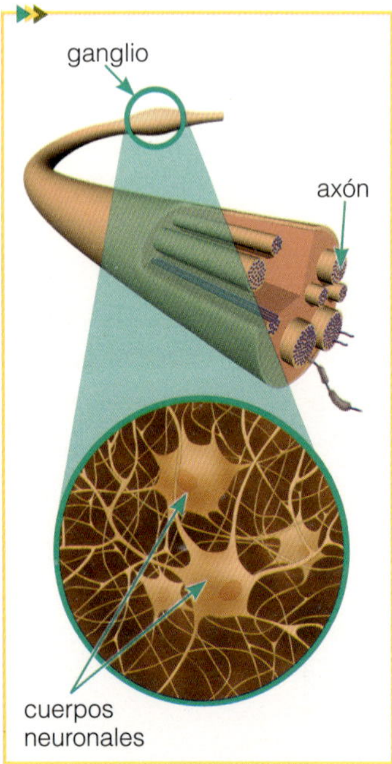

En el interior de los nervios se encuentran los axones de neuronas motoras, sensoriales o ambas.

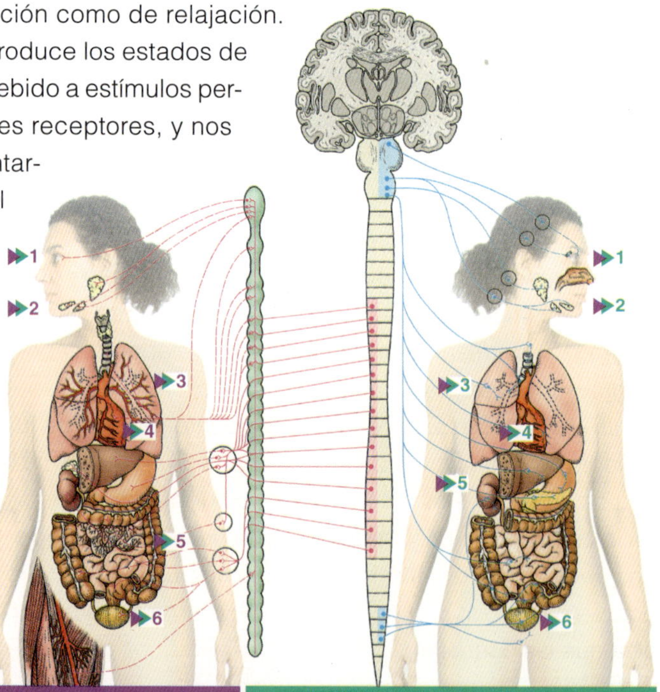

	SNA simpático	SNA parasimpático
1	Dilata las pupilas.	Contrae las pupilas.
2	Inhibe la secreción de saliva.	Estimula la secreción de saliva.
3	Relaja los bronquios.	Contrae los bronquios.
4	Acelera el ritmo cardíaco.	Retarda el ritmo cardíaco.
5	Inhibe la actividad del estómago, del páncreas y de los intestinos.	Estimula la actividad del estómago, del páncreas y de los intestinos.
6	Inhibe la micción.	Estimula la micción.

El sistema nervioso central

Luego de que los impulsos nerviosos recorrieron las vías motoras del SNP, llegan al centro integrador, el **sistema nervioso central** (SNC). Aquí comienza un proceso de análisis y elaboración de **respuestas** adecuadas, de acuerdo con la información y los receptores que originaron el impulso nervioso.

El SNC está formado por la **médula espinal** y el **encéfalo**. En el interior de los órganos del SNC se reconocen dos zonas: una ocupada por sustancia gris, donde se encuentran las dendritas de las neuronas, y otra ocupada por sustancia blanca, correspondiente a los axones rodeados de mielina.

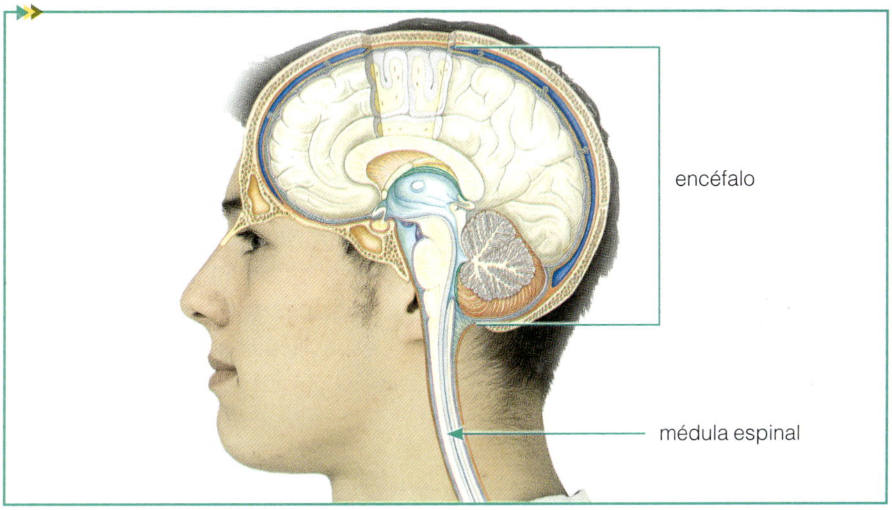

Partes del SNC.

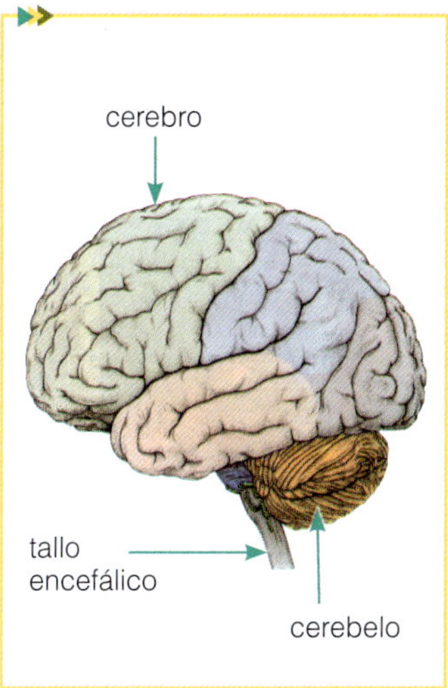

Partes del encéfalo.

Los órganos del SNC están protegidos por huesos que forman cavidades: el encéfalo está protegido por el **cráneo** y la médula espinal, por la **columna vertebral**. Además, estos órganos están rodeados por unas membranas llamadas **meninges** que los protegen y nutren. También, están sumergidos en el **líquido cefalorraquídeo** que rodea y rellena las cavidades de estos órganos, y que tiene la función de nutrir a los órganos, amortiguar posibles golpes y equilibrar los vaivenes de presión que genera la circulación sanguínea en torno del SNC.

La **médula espinal** conduce impulsos nerviosos sensitivos desde la periferia hacia el encéfalo, y viceversa. Además, elabora las respuestas de muchos actos reflejos. El **encéfalo** está constituido por el tallo encefálico, el cerebelo y el cerebro. El **tallo encefálico** es un órgano que actúa como puente y conecta al encéfalo con la médula espinal. Mediante sus centros nerviosos, controla funciones involuntarias como las frecuencias cardíaca y respiratoria; además, el diámetro de los vasos sanguíneos y, por ende, la presión sanguínea. Por eso, las lesiones en estos centros del tallo encefálico pueden ser fatales. En este órgano, a su vez, se controlan funciones como la deglución, el vómito, el bostezo, la tos, el hipo y el estornudo.

Por su parte, el **cerebelo** es un órgano que se ubica detrás y por debajo del cerebro. Junto con el **cerebro**, el cerebelo interviene en la coordinación de los movimientos del cuerpo, ya que controla el accionar de los músculos. Por la acción del cerebelo, conservamos el equilibrio y la postura, y los movimientos corporales son delicados y precisos.

Actividades

1. Si tuvieran que mencionar una función en común para las meninges, los huesos del cráneo y el líquido cefalorraquídeo, ¿cuál sería?

2. Analicen la información de esta página y respondan.

a. ¿Por qué un golpe en la base del cráneo puede ser peligroso?

b. ¿Qué órgano encefálico puede estar enfermo en una persona incapaz de coordinar sus movimientos corporales?

El cerebro

Entre otras funciones, el cerebro coordina actividades tan complejas como el lenguaje, la memoria, el pensamiento abstracto, el conocimiento y el aprendizaje, y las emociones. Está formado por dos partes principales o **hemisferios cerebrales**, que se conectan por el **cuerpo calloso**, una estructura formada por sustancia blanca. La capa externa del cerebro tiene **pliegues** o **circunvoluciones** que aumentan la superficie, lo que favorece que haya una mayor cantidad de neuronas en el mismo espacio. Además, entre las circunvoluciones hay depresiones menos profundas, los **surcos**, y más profundas, las **cisuras**. La capa externa o superficial del cerebro se llama **corteza cerebral**. Está formada por sustancia gris, es delgada y está recorrida por circunvoluciones. En cambio, la capa más profunda del cerebro, que se ubica por debajo de la corteza cerebral, está formada por sustancia blanca.

Si usamos como referencia las cisuras del cerebro, podemos reconocer cuatro regiones, que se denominan **lóbulos**. En cada lóbulo hay áreas de la corteza cerebral que realizan ciertas funciones. En ambos hemisferios cerebrales, los lóbulos cumplen las mismas funciones.

Además, en las áreas motoras y sensitivas están representadas todas las partes específicas del cuerpo. Por ejemplo, las sensaciones que llegan desde la lengua, el cuello o el pie estimulan ciertos lugares específicos de la corteza sensitiva y no toda el área. También, ciertos lugares definidos del área motora se corresponden con ciertos músculos del cuerpo: los dedos, el cuello, los brazos, etcétera.

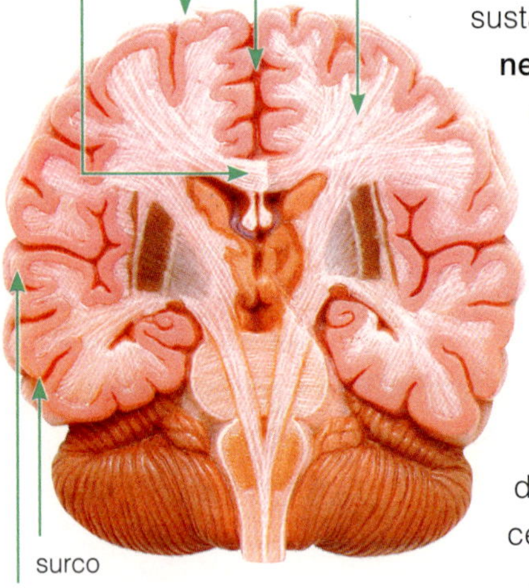

Sección transversal del cerebro humano.

Lóbulos del cerebro y sus funciones

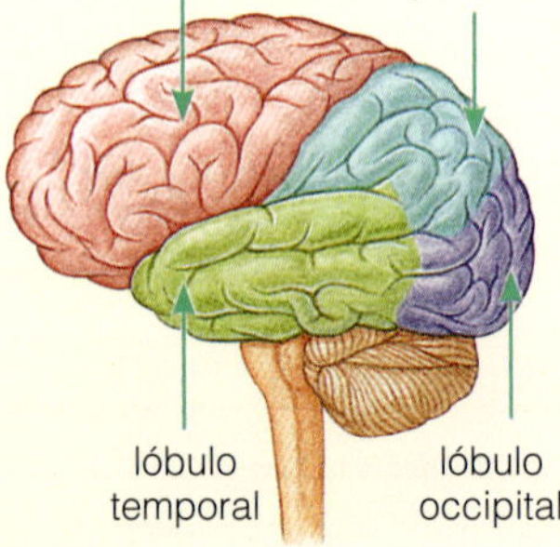

- **Lóbulo frontal**: abarca regiones motoras que controlan los movimientos del cuerpo.
- **Lóbulo parietal**: abarca regiones sensitivas que reciben e interpretan estímulos provenientes desde los receptores de la piel.
- **Lóbulo temporal**: abarca regiones que interpretan la información sensitiva que llega desde los receptores del oído y del olfato.
- **Lóbulo occipital**: recibe e interpreta la información proveniente de los receptores ubicados en la retina.

Áreas de la corteza cerebral y sus funciones

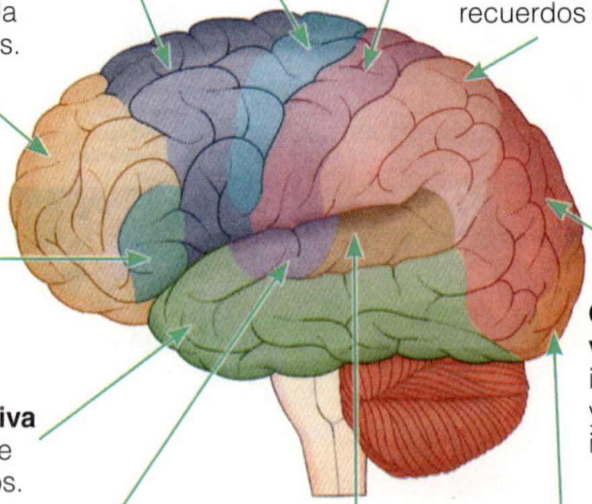

Subsistemas sensitivo, motor e integrador del sistema nervioso

Al conocer la estructura y cómo funciona el sistema nervioso humano, podemos dividirlo en tres subsistemas:

a. el subsistema sensitivo o sensorial;

b. el subsistema motor;

c. el subsistema integrador.

El **subsistema sensitivo** percibe la información proveniente de los receptores sensoriales ubicados en todo el cuerpo, y la conduce al SNC.

El **subsistema motor** es la parte del sistema nervioso cuya función es controlar distintas actividades del organismo, al regular las actividades de todo tipo de glándulas y músculos. Los órganos del sistema nervioso son los encargados de dar las señales para que se produzcan las respuestas motoras. Estas pueden ser:

- que se contraigan y relajen los músculos esqueléticos involucrados en movimientos voluntarios y los músculos lisos, asociados a movimientos involuntarios;
- que las glándulas secreten sus productos específicos.

El **subsistema integrador** desempeña una de las funciones más complejas y menos conocidas: la memoria. Existen básicamente dos tipos de memoria: la reciente o a corto plazo, y la remota o a largo plazo. La primera está relacionada con los hechos cotidianos y la segunda, en cambio, guarda información muy variada y es más duradera. Otras funciones del subsistema integrador son las siguientes:

- la interpretación de información sensorial, ya que el cerebro nos permite saber si las sensaciones son placenteras, desagradables, de alegría, de dolor, etcétera;
- la elaboración de pensamientos abstractos, por ejemplo, construir conceptos;
- la planificación de acciones futuras, el análisis y la reflexión sobre sus consecuencias, etcétera;
- la comunicación mediante distintos tipos de lenguajes, como el gestual, el oral y el gráfico.

Actividades

1. Describan una situación donde participe básicamente el subsistema sensitivo y otra controlada básicamente por el subsistema motor.

2. Elaboren un ejemplo para cada una de las funciones del subsistema integrador.

Actividades experimentales

Observación de los órganos del SNC de un vacuno

Necesitan:

- sesos de vaca frescos
- una bandeja
- guantes
- un bisturí o cúter
- una pinza de metal

Paso 1. Coloquen los sesos sobre la bandeja. Reconozcan el cerebro, el cerebelo, el tallo encefálico y parte de la médula espinal.

Paso 2. Con los guantes puestos, toquen los sesos: ¿cómo son su textura y su consistencia?

Paso 3. Busquen restos de meninges y retírenlas. ¿Qué aspecto tienen? ¿Qué ocurre en el órgano cuando se retiran las meninges?

Paso 4. Observen los hemisferios cerebrales, la cisura que los separa y el cuerpo calloso.

Paso 5. Realicen un corte transversal del cerebro y del cerebelo, e identifiquen la materia gris y la materia blanca. ¿Dónde se ubica cada tipo de sustancia en estos órganos?

Paso 6. Realicen también un corte transversal de la médula espinal. ¿Qué semejanzas y qué diferencias encuentran con los otros órganos?

El control endocrino

El **sistema endocrino**, junto con el sistema nervioso, desempeña funciones de control en el organismo. Si bien las funciones de ambos sistemas son similares, se diferencian en la manera en que las llevan a cabo. Por ejemplo, varía la **velocidad** de respuesta frente a los cambios: el sistema nervioso elabora respuestas inmediatas y de duración breve, como la contracción de un músculo; en cambio, el endocrino responde de forma lenta y perdurable, por ejemplo, mediante la síntesis y liberación de una hormona.

Existe una función exclusiva del sistema endocrino: actúa como centro regulador, ya que mantiene los procesos que ocurren en nuestro organismo en equilibrio dinámico. Esto significa que en todo momento se producen cambios en el interior de nuestro cuerpo pero que en conjunto se compensan y, como resultado, las condiciones internas permanecen constantes.

Esquemas conceptuales

Los esquemas conceptuales son instrumentos que se usan para representar, en forma gráfica, las relaciones entre conceptos. En los esquemas conceptuales, los conceptos se vinculan por conectores. Son muy útiles, por ejemplo, para resumir la información de un texto una vez que se han identificado y comprendido los principales conceptos desarrollados. Este puede ser un comienzo para un esquema conceptual sobre este tema:

Origen de los estímulos endocrinos

El SNC elabora respuestas que viajan a través de los nervios, y llegan a los músculos y a los órganos del sistema endocrino. Esas respuestas, a su vez, son los estímulos que hacen que los músculos se contraigan o se relajen, o que las glándulas produzcan y liberen sustancias químicas a la sangre. Los órganos del sistema endocrino se denominan **glándulas endocrinas** y se distribuyen en el abdomen, el cuello y la cabeza. Varones y mujeres poseemos un conjunto similar de glándulas, pero otras son propias de cada sexo.

Todas las glándulas endocrinas fabrican o sintetizan sustancias químicas que se denominan **hormonas**. Cada una de ellas actúa de manera específica, es decir, estimula o inhibe un solo grupo de receptores celulares en un determinado órgano.

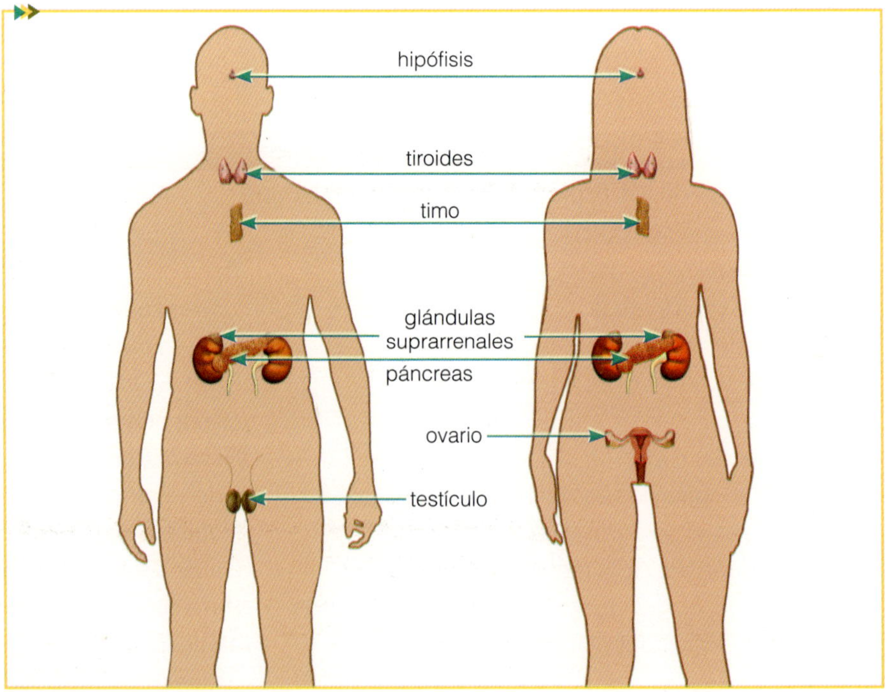

Ubicación de las principales glándulas endocrinas en el varón y en la mujer.

Actividades

1. ¿Qué significa que una hormona sea específica?

2. ¿Por qué les parece que un grupo de células es sensible a una determinada hormona mientras que otras células no lo son? Escriban sus ideas para compartirlas y compararlas.

3. Según la información de la imagen, ¿cuáles son las glándulas exclusivas de las mujeres? ¿Cuáles son exclusivas de los varones?

Receptores hormonales

Nuestro cuerpo produce cerca de 30 hormonas mediante las glándulas endocrinas. Luego, las hormonas son vertidas al torrente sanguíneo y distribuidas por todo el cuerpo.

La función de las hormonas, así como la regulación de su producción y liberación, está relacionada con procesos como el metabolismo, el crecimiento, el desarrollo de los genitales y de las características físicas que diferencian a los varones y las mujeres, etcétera. Cada hormona que circula por la sangre actúa solo en ciertos órganos y tejidos cuyas células se denominan **células blanco** u **objetivo**.

La regulación del sistema endocrino depende de un centro nervioso ubicado en el encéfalo, llamado **hipotálamo**, y de una glándula endocrina llamada **hipófisis**. Ambos órganos constituyen la parte más compleja del sistema endocrino. Tanto el hipotálamo como la hipófisis producen hormonas. Algunas de las hormonas que produce el hipotálamo se almacenan en la parte posterior de la hipófisis.

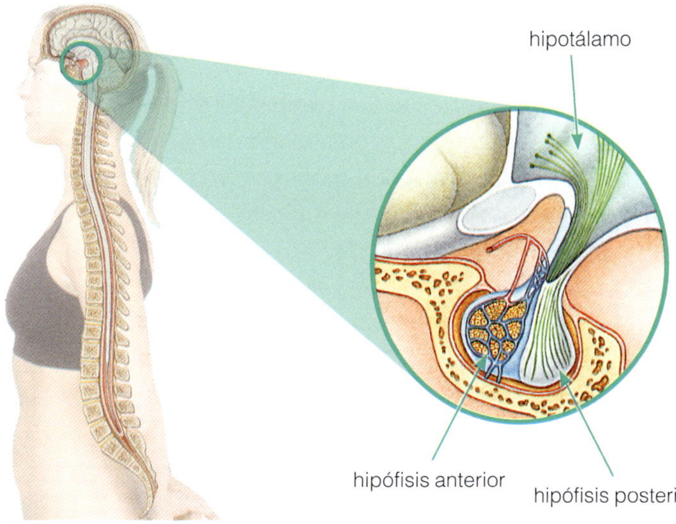

Curiosidades ▶

Aristóteles creía que el moco nasal, llamado *pituita* en latín, se generaba en el cerebro, y salía por la nariz. En 1543, Vesalio describió que el moco nasal procedía de una glándula en el cerebro que llamó pituitaria, es decir, glándula generadora de moco.
En el siglo siguiente (XVII) se supo que el moco no provenía del cerebro, sino del interior de la misma nariz, y se prefirió renombrar a esa glándula, por lo que se la llamó hipófisis.

Regulación de la secreción hormonal

La producción de hormonas se regula mediante procesos de **autorregulación**. Si estos procesos no funcionan correctamente, la secreción hormonal aumenta o disminuye en relación con la cantidad habitual y se producen trastornos en el funcionamiento de nuestro cuerpo. El equilibrio dinámico en la producción de hormonas se denomina **homeostasis**.

Ante cambios del medio interno o externo, existen dos tipos de **procesos homeostáticos** o de **control por retroalimentación**. Para comprender cómo ocurren los procesos de control por retroalimentación, podemos hacer una comparación con el funcionamiento de una estufa eléctrica. Estas estufas poseen sensores que detectan los descensos y los ascensos de temperatura e informan a un termostato que encienda o apague la estufa, respectivamente. Así, cuando la cantidad de ciertas hormonas que circulan en sangre sube o baja, esta información es interpretada por el conjunto hipotálamo-hipófisis, que comienza a producir hormonas o deja de hacerlo.

Actividades

1. Revisen las ideas que plantearon en la actividad 2 de la página anterior. ¿Las modificarían? ¿Cómo?
2. A veces se habla del sistema neuroendocrino en vez de sistema endocrino. ¿A qué les parece que se debe esto? ¿Están de acuerdo con esta denominación? ¿Por qué?

Mecanismos de retroalimentación

En nuestro cuerpo, los mecanismos de retroalimentación pueden ser positivos y negativos. En el **mecanismo de retroalimentación positivo**, la disminución de la secreción de una hormona estimula los procesos que permiten su producción. En cambio, en el **mecanismo de autorregulación negativo**, el aumento de la secreción de una hormona inhibe su proceso productivo. Así, se evita producirlas en exceso y desperdiciar hormonas. Por ejemplo, algunas horas después de que comemos, aumenta el nivel de glucosa en la sangre. Como el nivel de glucosa en sangre, o glucemia, debe mantenerse dentro de ciertos niveles normales, es necesario evitar el exceso de glucosa en lo que ingerimos. La glándula endocrina que regula la glucemia es el **páncreas**; lo hace mediante la producción de **insulina**, una hormona que mantiene la glucemia dentro de esos valores normales. Un grupo de células específicas del páncreas sintetiza insulina, la que se vuelca en el torrente sanguíneo. La insulina estimula a las células del hígado para que sinteticen glucógeno, una molécula de gran tamaño que se forma al unirse miles de moléculas de glucosa entre sí. De esta manera, parte de la glucosa en sangre se almacenará como reserva en el hígado en forma de glucógeno. Además, la insulina estimula el ingreso de glucosa al interior de las células, donde participa de la respiración celular.

Tanto la síntesis de glucógeno como el ingreso de la glucosa a las células provocan la disminución del nivel de glucosa en sangre hasta valores normales. Cuando las células específicas del páncreas dejan de producir insulina, la situación de equilibrio se restablece. El caso contrario ocurre después de algunas horas de ayuno, porque el nivel de glucosa en la sangre disminuye moderadamente. En este caso, otro grupo de células del páncreas libera la hormona **glucagón** que se vierte en la sangre. Estimulado por esta hormona, el hígado comienza a degradar glucógeno para liberar la reserva de glucosa. Estas moléculas pasan a la sangre, lo que genera un aumento de glucemia y la disminución de la producción de glucagón. Así se restablece el equilibrio y la glucemia vuelve a los valores normales.

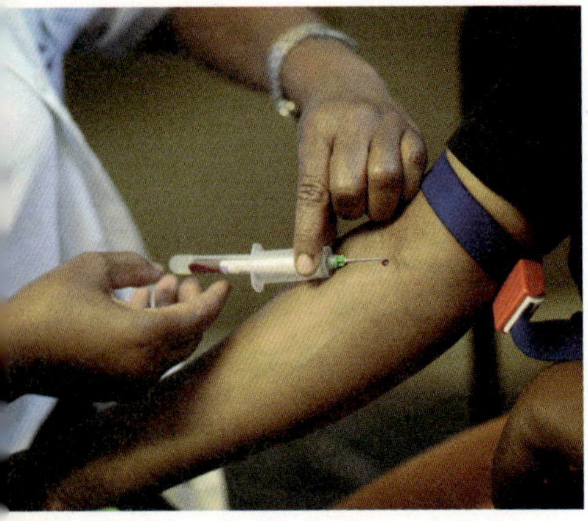

En el chequeo anual de salud, algunos de los parámetros que se miden son la glucemia y el nivel de calcio en sangre. Así, se puede controlar el correcto funcionamiento del sistema endocrino.

Subsistemas de control endocrino

Hay varios ejemplos para comprender la actividad reguladora del sistema endocrino. Uno es la regulación que ejerce la glándula **tiroides** sobre la concentración de **calcio** en la sangre.

Esta concentración se mantiene constante mediante un mecanismo de retroalimentación negativa. La tiroides produce tres hormonas: la **tiroxina**, la **triyodotironina** y la **calcitonina**, que estimulan el metabolismo celular y promueven el crecimiento. Por eso son esenciales en la infancia.

La calcitonina disminuye el nivel de calcio en la sangre y se produce cuando hay un exceso de calcio en la sangre y tiende a reducir la cantidad de dicho mineral. Los órganos sobre los que actúa la calcitonina son los huesos, el intestino y los riñones. Esta acción impide que los huesos pierdan calcio, y estimula la reabsorción de calcio en el intestino y en los riñones. Como consecuencia, este mineral, indispensable para que los huesos tengan suficiente calcio en sus tejidos, se retiene en el cuerpo y no se elimina por la orina ni por la materia fecal.

Actividades

1. Busquen información sobre las funciones del calcio en el organismo. Luego, respondan las siguientes preguntas.
   a. ¿Por qué hay que incorporar calcio durante la niñez y la adolescencia, en el embarazo y en la vejez?
   b. ¿Cómo actúan las hormonas que regulan el nivel de calcio en sangre en el caso de una persona que no consume lácteos? ¿Cuáles serían las consecuencias de no consumir estos alimentos?
   c. ¿Qué sucedería si hay deficiencia de hormonas tiroideas durante la niñez? ¿Por qué?

Las glándulas paratiroides

Las paratiroides son cuatro pequeñas glándulas ubicadas en la parte posterior del cuello, detrás de las tiroides. Estas glándulas producen una hormona que se llama **parathormona**. Esta hormona y la calcitonina regulan el nivel de calcio en la sangre. Ambas actúan en los huesos, el intestino y los riñones. La parathormona estimula la liberación de calcio de los huesos para que llegue a la sangre. También estimula la reabsorción del calcio en el intestino y los riñones, evitando que se elimine por la orina y la materia fecal.

El páncreas

El páncreas es una **glándula mixta**, porque cumple dos funciones: actúa como **glándula exocrina**, porque produce y libera el jugo pancreático con enzimas digestivas al interior de una cavidad, que en este caso es el intestino delgado, y como **glándula endocrina**, produciendo la insulina y el glucagón, que vuelca a la sangre.

Esta glándula está compuesta por distintos tipos de células que se agrupan en distintas zonas y producen, por separado, las enzimas digestivas y las hormonas mencionadas. Las hormonas pancreáticas controlan el nivel de glucosa en la sangre, o glucemia, dentro de parámetros normales.

Las glándulas suprarrenales

Las glándulas suprarrenales están sobre los riñones. Su parte externa o superficial se denomina **corteza suprarrenal**, y su parte interna, **médula**. Cada una de estas partes secreta determinadas hormonas.

Región de la glándula	Hormonas	Acción en el organismo
Corteza suprarrenal	Cortisol	Estimula el metabolismo de la glucosa y eleva sus niveles en la sangre. Promueve la utilización de las grasas y de las proteínas como fuente de energía. Su producción aumenta en momentos de tensión.
	Aldosterona	Actúa sobre los riñones. Produce la retención de sodio en los riñones y la eliminación de potasio en la orina, por lo cual regula el nivel de estos minerales en la sangre.
Médula suprarrenal	Adrenalina y noradrenalina	Su secreción aumenta en momentos de tensión. Actúan junto con el sistema nervioso simpático. Ambas aumentan las frecuencias cardíaca y respiratoria, la presión arterial, el nivel de glucosa en la sangre, etcétera.

Los ovarios y los testículos

Los ovarios producen dos hormonas sexuales femeninas: los estrógenos y la progesterona. Los testículos producen una sola hormona, llamada testosterona. Estas hormonas se relacionan con el desarrollo de los caracteres sexuales secundarios, que son aquellas características físicas que diferencian a los varones y a las mujeres más allá de los genitales, por ejemplo, el crecimiento del vello o el desarrollo de las mamas.

Curiosidades

La ley nacional N° 17.259, vigente desde 1967, fue promulgada con el objetivo de reducir en nuestro país los casos de bocio endémico, una enfermedad cuyo síntoma es el aumento de tamaño de la tiroides debido a la carencia de yodo en la sangre. Esta ley obliga a las empresas que producen sal común de mesa a que le adicionen yodo. Con esta disposición, se asegura que las personas, mediante el consumo habitual de sal en las comidas, reciban el yodo necesario para que la glándula tiroides elabore sus hormonas.

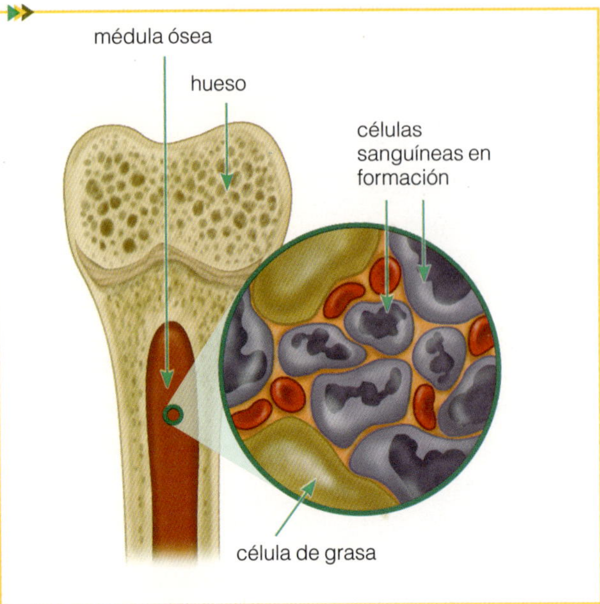

En el interior de la médula ósea hay células madre, es decir, células que tienen la capacidad de madurar y transformarse en otros tipos de célula, como glóbulos rojos.

Glándula pineal

Esta glándula se ubica en el centro del cerebro y sintetiza una hormona que se llama **melatonina**. La concentración de esta hormona en sangre aumenta durante la noche y disminuye durante el día. Cuando se administra melatonina en forma externa, esta produce adormecimiento y sueño. Por eso se la elabora sintéticamente y se la vende en farmacias como reguladora del sueño. En la actualidad, la acción de esta hormona en el organismo está en discusión y genera controversias.

Hormonas producidas en los órganos del sistema digestivo

Las hormonas que se producen en el sistema digestivo controlan ciertos procesos específicos que ocurren durante la digestión de los alimentos. Por ejemplo, cuando el estómago contiene alimentos con proteínas y aumenta la producción de jugo gástrico, se produce la hormona **gastrina**. La **secretina** y la **colecistocinina** son dos hormonas que se producen en la primera porción del intestino delgado, el duodeno, ante la presencia de ácidos, grasas y proteínas parcialmente digeridas que ingresan en el intestino delgado. Estas sustancias estimulan la producción de dichas hormonas que, a su vez, estimulan la secreción de jugo pancreático y de bilis.

Hormonas producidas en los riñones

Además de producir la orina, los riñones producen y secretan una hormona que se llama **eritropoyetina**. La acción de la eritropoyetina es aumentar la producción de glóbulos rojos; este proceso se denomina eritropoyesis. El lugar de acción de esta hormona, u órgano blanco, es la médula ósea del interior de los huesos largos, donde hay células madre que maduran y se diferencian en glóbulos rojos, glóbulos blancos y plaquetas.

Desequilibrios en el sistema endocrino: hipertiroidismo e hipotiroidismo

Cuando la glándula tiroides produce cantidades elevadas de hormonas, se produce un trastorno llamado **hipertiroidismo**. Las personas hipertiroideas suelen ser muy sensibles al calor, pierden peso y tienen palpitaciones, es decir, episodios en los cuales aumenta la frecuencia cardíaca. Estos y otros síntomas se deben a un aumento de los procesos metabólicos por el exceso de la hormona tiroxina. En el **hipotiroidismo**, en cambio, la escasez o ausencia de hormonas determina una menor actividad metabólica; aumento de peso; sensación de debilidad y piel gruesa, amarilla y fría, entre otros síntomas. El tratamiento médico del hipotiroidismo consiste en la administración de la hormona en dosis adecuadas. Para el caso del hipertiroidismo, se puede administrar medicamentos que disminuyen la producción de la hormona.

Actividades

1. La utilización de sustancias o métodos prohibidos antes, durante y después de una competencia deportiva se conoce como *doping*. Entre otros, uno de los métodos prohibidos es la aplicación de eritropoyetina.

a. ¿Cuáles les parece que pueden ser los motivos por los cuales un deportista podría incurrir en la utilización de este método prohibido? ¿Qué efectos podría tener el exceso de eritropoyetina en el cuerpo de los deportistas?

Regulación de la temperatura corporal

En el cuerpo humano, la temperatura corporal normal ronda los 37 °C. Mantener la temperatura del cuerpo dentro de valores relativamente constantes es esencial para la vida, porque todas las reacciones químicas en el organismo se producen entre ciertos parámetros de temperatura. El proceso de regulación de la temperatura mantiene un balance o equilibrio dinámico entre la cantidad de calor que el cuerpo produce o recibe del medio y la cantidad que disipa hacia él.

La homeostasis de la temperatura corporal incluye...	Se logra mediante...
Producción de calor	Metabolismo celular
Pérdida de calor	Evaporación
	Conducción
	Radiación

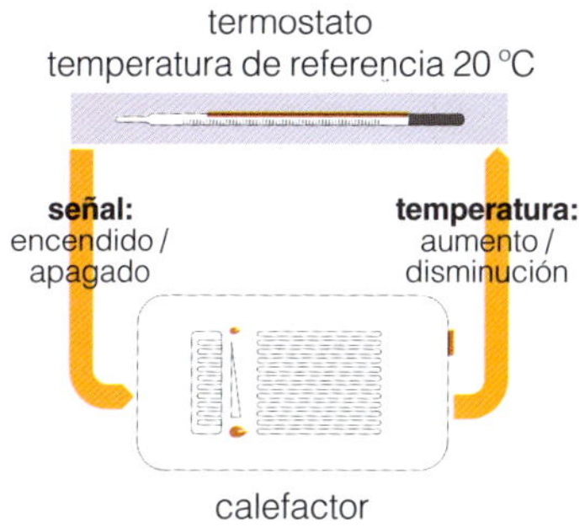

Así como el termostato de una estufa eléctrica determina que esta se encienda o apague en función de la temperatura ambiente que registra, el hipotálamo y otras zonas del cuerpo tienen receptores térmicos que censan la temperatura corporal, y que determinan que se activen o desactiven mecanismos de generación de calor corporal.

Producción de calor

En las células, el calor se produce debido a la transformación química de los nutrientes. Las ropas de abrigo, debido a que son buenos materiales aislantes, nos ayudan a retener el calor liberado por las células de nuestro cuerpo.

Pérdida de calor

La pérdida de calor, mediante procesos físicos, ocurre a través de la piel y las vías respiratorias. El agua presente en el sudor y el aire exhalado es un vehículo para eliminar el exceso de calor corporal.

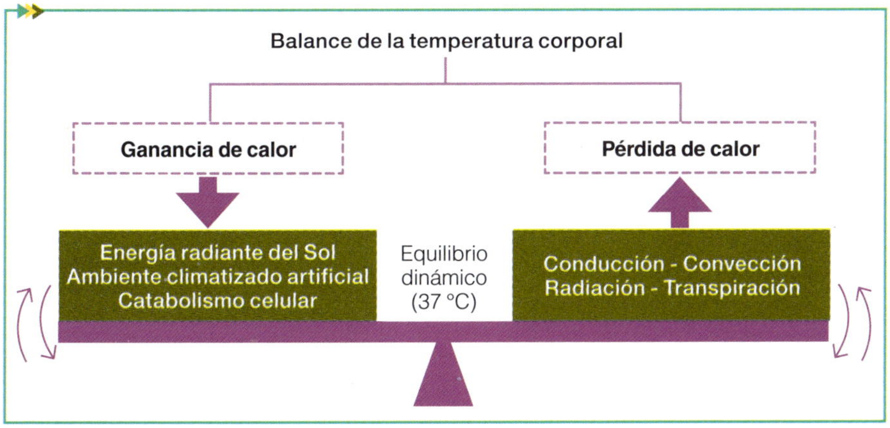

Actividades

1. De acuerdo con lo que estudiaron en esta página, conversen entre ustedes y respondan las preguntas.

a. ¿Por qué les parece que los episodios de fiebre muy alta pueden ser peligrosos?

b. La fiebre es un mecanismo de defensa del cuerpo ante el ingreso de bacterias o virus. ¿Por qué piensan que esto es así?

Las bacterias, los protozoos y los hongos, entre otros microorganismos, y también los virus, son agentes patógenos que nos enferman.

El sistema inmune

En las páginas anteriores se explicó que el sistema endocrino controla y regula los procesos homeostáticos. Sin embargo, hay un grupo de procesos homeostáticos en los que interviene el sistema inmunológico: la **defensa del organismo**. Estos procesos homeostáticos limitan, previenen y eliminan los efectos patógenos que nos puede provocar el contacto con microorganismos. Estos pueden ingresar en nuestro organismo junto con los alimentos o con el aire, o por vía genital y, eventualmente, a través de lastimaduras en la piel. Las defensas del organismo pueden ser **inespecíficas**, cuando actúa ante todo tipo de microorganismos, y **específicas**, cuando solo ataca a ciertos patógenos.

Las primeras barreras de defensa inespecíficas

Cuando la piel se lastima, se liberan en la zona sustancias que favorecen la llegada de la sangre a la herida. Esto permite que lleguen otras células, que fagocitan partículas y microorganismos patógenos.

Los microorganismos que ingresan en nuestro cuerpo pueden hacerlo por la vía digestiva, la respiratoria o por la piel, por ejemplo, con los alimentos y las bebidas que ingerimos, y con el aire que inspiramos. La mayoría de los microorganismos que ingresan en nuestro organismo por estas vías son destruidos o eliminados. Por ejemplo, el ácido clorhídrico que produce la mucosa estomacal los destruye y, además, pueden ser expulsados mediante la tos, el estornudo, el vómito y la materia fecal. Por su parte, la piel es una barrera de defensa muy importante. Posee millones de glándulas sudoríparas y sebáceas, cuyas secreciones impiden el crecimiento de hongos y bacterias. Además, los microorganismos solo pueden atravesar la piel si posee lesiones. Es decir, estas secreciones y barreras físicas destruyen a los microorganismos, los eliminan o los expulsan.

La segunda barrera de defensa inespecífica: la respuesta inflamatoria

Cuando nos lastimamos con algún elemento punzante, como clavos y espinas, se dañan los tejidos de la piel y los microorganismos la atraviesan. Si esto ocurre, se activa otra barrera inespecífica promovida por los **glóbulos blancos** o **leucocitos**. Cuando se activa esta segunda barrera, llamada **respuesta inflamatoria**, los leucocitos liberan sustancias químicas que hacen más permeables los capilares sanguíneos en la zona de la herida. Esto provoca que llegue más sangre a la zona afectada, y por eso se produce un enrojecimiento en la herida, a la vez que se provoca inflamación y aumento de la temperatura en las zonas cercanas a la herida. Además, el mayor flujo de sangre permite que lleguen a la zona más células del sistema inmune, los **neutrófilos** y los **macrófagos**, que fagocitan* partículas y microorganismos patógenos, a la vez que enlentecen la multiplicación de microorganismos en la zona afectada.

Glosario

fagocitosis: proceso por el cual las células incorporan a su interior partículas del medio externo y las digieren.

Las barreras de defensa específicas

Nuestro organismo puede identificar un microorganismo patógeno específico, entonces se activa una barrera de defensa específica. Esta barrera es producida por **linfocitos B** y **linfocitos T**. Los linfocitos B circulan en la sangre y reaccionan ante la presencia de sustancias y microorganismos a los cuales reconocen como extraños. Estos pequeños "invasores" que ingresan a nuestro cuerpo se llaman **antígenos**. Sin embargo, aquello que se denomina antígeno no es necesariamente un virus o una bacteria completa sino, por ejemplo, una proteína que produce o que se encuentra en la membrana de la bacteria.

Cuando los linfocitos B detectan a los antígenos producen **anticuerpos**, un tipo especial de proteínas, que se combinan con los antígenos y forman el complejo antígeno-anticuerpo. Este complejo, que permite bloquear la acción de los antígenos, será digerido a su vez por los macrófagos. Mientras los macrófagos eliminan a los antígenos, los linfocitos B se reproducen, se dividen y forman dos tipos de células: las células **plasmáticas** y las células de **memoria**. Las células plasmáticas producen muchos anticuerpos específicos contra estos antígenos, y las células de memoria, de acción en el largo plazo, producirán en una eventual futura invasión más anticuerpos para el mismo antígeno.

Por su parte, los linfocitos T destruyen células del cuerpo que contienen patógenos en su interior. Por ejemplo, destruyen las células que fueron atacadas por virus. Ambos linfocitos se complementan para realizar la defensa específica de nuestro organismo.

Los microorganismos producen sustancias y poseen sectores en su estructura que funcionan como antígenos y activan la respuesta inmune específica.

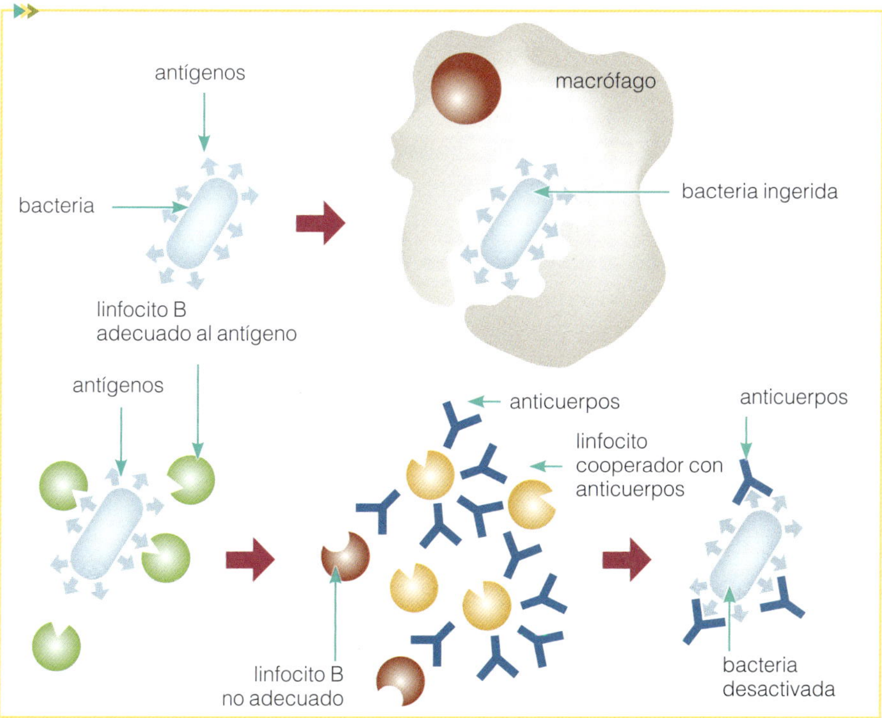

Actividades

1. En la respuesta inflamatoria, ¿qué ventajas conlleva la producción de sustancias que aumentan la permeabilidad de los vasos sanguíneos?
2. Describan qué sucede con las defensas del organismo luego de que una persona se clava en un dedo una astilla de madera.
3. ¿Qué ventaja les parece que brinda la producción de células de memoria?
4. Establezcan las similitudes y diferencias que encuentran entre las barreras de defensa inespecíficas y las específicas.

Inmunidad natural e inmunidad adquirida

Hay enfermedades causadas por bacterias para las que no existen antibióticos, y por eso es tan importante la prevención con medidas como el lavado de manos.

Glosario

placa de Petri: recipiente transparente circular con base y tapa, habitualmente de vidrio o plástico, que se utiliza en Microbiología para el cultivo de hongos, bacterias y otras células.

Ya hemos explicado cómo nuestro cuerpo se defiende de organismos patógenos que pueden enfermarnos; también, que la defensa que realiza el sistema inmunológico genera memoria. Esto significa que cuando a nuestro organismo ingrese el mismo patógeno nuevamente, el sistema de defensa responderá mucho más rápido que la primera vez. Este tipo de defensa, en el cual el propio organismo fue estimulado y generó un sistema de memoria, se denomina **inmunidad natural**.

Por otro lado, durante nuestra vida sumamos otro tipo de inmunidad mediante la aplicación de vacunas y sueros, la **inmunidad adquirida**. Las **vacunas** estimulan nuestro sistema inmune para que genere la respuesta de defensa en el organismo. La inmunidad que generan las vacunas es efectiva a largo plazo, es decir, la vacunación previene enfermedades pero no las cura.

Algunas vacunas se preparan con antígenos de los microorganismos. Otras, en cambio, se fabrican con los patógenos muertos o lo suficientemente débiles como para no causarnos enfermedad. A diferencia de las vacunas, los **sueros** son una mezcla de anticuerpos que se obtienen de otros seres humanos y de otros animales que ya estuvieron expuestos a los antígenos. Por tal razón, el suero está formado por anticuerpos específicos.

Los sueros se inyectan en casos de peligro, cuando se necesita tomar medidas rápidas y efectivas. Por ejemplo, se administran sueros en casos de botulismo y tétanos (enfermedades causadas por bacterias). También, en casos de mordeduras y picaduras de animales venenosos, como víboras y algunas especies de arañas.

Los antibióticos

Cuando una enfermedad es causada por bacterias, se puede combatir mediante el uso de antibióticos, que son medicamentos con diferentes vías de acción. Algunos matan las bacterias, mientras que otros evitan su reproducción, ya que impiden que las bacterias elaboren su pared celular.

El primer antibiótico que se descubrió y que más se emplea es la **penicilina**. Su descubridor fue Alexander Fleming, un científico británico que se dedicaba a la Microbiología. En 1928, mientras trabajaba en su laboratorio, algo llamó su atención: algunas de sus placas de Petri* estaban contaminadas con hongos y, alrededor de ellos, no crecían bacterias. Entonces, pensó que tal vez los hongos producían sustancias que impedían el desarrollo de las bacterias. Así, logró aislar el hongo y lo clasificó dentro del género *Penicillium*, y llamó penicilina a la sustancia antibiótica. Por sus descubrimientos, Alexander Fleming recibió el Premio Nobel de Fisiología y Medicina en 1945.

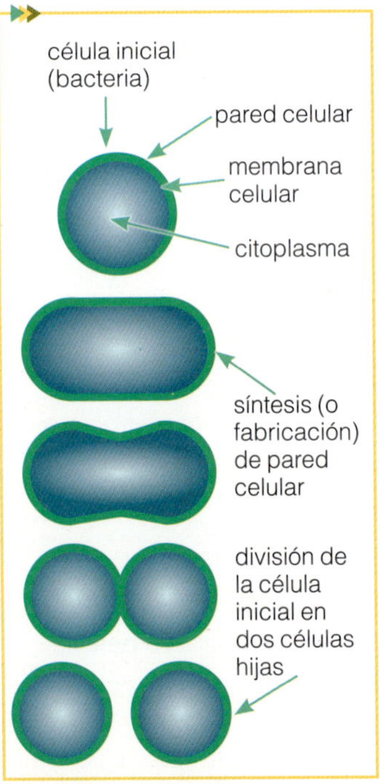

Algunos antibióticos impiden que las bacterias fabriquen pared celular y, por lo tanto, detienen su proliferación.

Actividades

1. Expliquen qué le dirían a cada una de estas personas y justifiquen su respuesta.

a. Una persona toma antibióticos cada vez que se siente mal.

b. Una persona dice que el frío la enferma.

c. Una persona no se lava las manos antes de cocinar, antes de comer ni después de ir al baño.

Los recuerdos de la memoria

La memoria no es solo un archivo de datos y nos permite interpretar lo que sucede en nuestro presente utilizando lo que ya vivimos. Inclusive, en la memoria residen recuerdos de sonidos, olores, sabores, escenas, experiencias.

En la película *Memento*, Leonard, el personaje principal, padece un trastorno en la memoria a corto plazo, por causa de un traumatismo de cráneo. Cada quince minutos, aproximadamente, su mente se pone "en blanco" y no puede recordar lo sucedido en ese lapso, aunque sí puede recordar aquello que sucedió antes del accidente. Por ello anota todo lo que le sucede en un papel, en fotografías e incluso en su propia piel.

Por el contrario, en el cuento "Funes, el memorioso", de Jorge Luis Borges, el protagonista, Ireneo Funes, posee la inagotable capacidad de recordar todo. A continuación se transcribe un fragmento del cuento.

Jorge Luis Borges (1899-1986).

Ireneo empezó por enumerar, en latín y español, los casos de memoria prodigiosa registrados por la Naturalis historia: Ciro, rey de los persas, que sabía llamar por su nombre a todos los soldados de sus ejércitos; Mitrídates Eupator, que administraba la justicia en los veintidós idiomas de su imperio; Simónides, inventor de la mnemotecnia; Metrodoro, que profesaba el arte de repetir con fidelidad lo escuchado una sola vez. Con evidente buena fe se maravilló de que tales casos maravillaran. Me dijo que antes de esa tarde lluviosa en que lo volteó el azulejo, él había sido lo que son todos los cristianos: un ciego, un sordo, un abombado, un desmemoriado. Diecinueve años había vivido como quien sueña: miraba sin ver, oía sin oír, se olvidaba de todo, de casi todo. Al caer, perdió el conocimiento; cuando lo recobró, el presente era casi intolerable de tan rico y tan nítido, y también las memorias más antiguas y más triviales. Ahora su percepción y su memoria eran infalibles. Nosotros, de un vistazo, percibimos tres copas en una mesa; Funes, todos los vástagos y racimos y frutos que comprende una parra. Sabía las formas de las nubes australes del amanecer de 30 de abril de 1882 y podía compararlas en el recuerdo con las vetas de un libro en pasta española que solo había mirado una vez y con las líneas de la espuma que un remo levantó en el Río Negro la víspera de la acción del Quebracho. Esos recuerdos no eran simples; cada imagen visual estaba ligada a sensaciones musculares, térmicas, etcétera. Podía reconstruir todos los sueños, todos los entresueños.

Jorge Luis Borges, *Ficciones*, Emecé, Buenos Aires.

Afiche de la película *Memento*, filmada por Christopher Nolan en el año 2000.

Actividades

1. Conversen entre ustedes: ¿qué sucedería si no pudiéramos recordar nada de lo que nos sucede diariamente? ¿Qué sucedería si pudiéramos recordar todo lo que nos pasa con lujo de detalles?

2. El cuerpo humano tiene mecanismos que permiten "filtrar" aquellos estímulos que son relevantes y, luego, recordamos aquello que fue seleccionado.

a. ¿Cuáles piensan que son los estímulos relevantes para un niño que está en la etapa de lactancia? ¿Y para su madre?

b. ¿Cuáles les parece que son los estímulos relevantes para una jugadora en un partido de *hockey*?

c. Busquen información acerca de estos mecanismos de selección de información o de estímulos del cuerpo humano para compartirla en clase.

1. Lean la siguiente situación y luego resuelvan las consignas.

> En la tribuna de un partido de básquet, cuando un sector del público se alegra porque su equipo domina el juego, el otro se disgusta porque el resultado del partido no es el esperado. Al dialogar, las personas intercambian opiniones sobre el desempeño de algún jugador o recuerdan anécdotas de partidos previos. Mientras conversan, se siente el aroma de los carritos de comidas. Los que tienen sed o hambre, se acercan y compran alimentos y bebidas.

a. Identifiquen en la situación los estímulos que provienen del entorno y del interior del cuerpo de las personas.
b. Para cada estímulo mencionado, establezcan el tipo de receptor involucrado y la naturaleza del estímulo.

2. La varicela, una enfermedad muy contagiosa, se manifiesta con la presencia de vesículas que supuran líquidos que propagan la infección. ¿Por qué un adulto que sufrió esta enfermedad en la infancia no se contagiará nuevamente?

3. La tos permite la eliminación rápida y brusca de aire y partículas extrañas que pudieran obstaculizar el interior de las vías aéreas.
a. ¿Por qué les parece que se considera a la tos un acto reflejo?
b. ¿En qué se diferencian un acto reflejo y un arco reflejo?

4. A través de una experiencia sencilla se puede probar el funcionamiento de algunos reflejos, por ejemplo, el reflejo rotuliano. Para ello, deben sentarse en un banco con las piernas colgando y relajadas. Otra persona deberá golpear suavemente, justo debajo de la rodilla, donde termina la rótula, utilizando el borde o canto de la mano. Luego, respondan las siguientes preguntas.
a. ¿Qué le sucede a la pierna que fue golpeada? ¿A qué se debe?
b. ¿Cómo explicarían lo sucedido en el interior del sistema nervioso, desde que se recibe el golpe hasta que se origina la respuesta?

5. ¿Por qué se dice que el sistema simpático y el parasimpático son antagónicos?

6. Una persona se acerca a un consultorio médico. Durante el chequeo médico se evalúan los reflejos y se encuentra que algunos de ellos no funcionan de manera correcta. Además, la persona no coordina bien sus movimientos y pierde el equilibrio.
a. Conversen entre ustedes y elaboren hipótesis para explicar los síntomas.

7. La meningitis es una inflamación e infección de las meninges, habitualmente de origen bacterial o virósico. Busquen información sobre esta enfermedad, sus síntomas, riesgos y formas de prevención. Luego, respondan: ¿por qué esta enfermedad puede ser peligrosa?

8. Averigüen qué trastornos pueden aparecer si, en el sistema nervioso, el líquido cefalorraquídeo se acumula en exceso.

9. Elaboren un breve párrafo que explique por qué el sistema nervioso cumple funciones de relación y coordinación.

10. Realicen un cuadro en el que se establezcan semejanzas y diferencias entre el sistema nervioso y el sistema endocrino.

11. Dos alumnos llegan tarde al colegio. Uno de ellos se quedó dormido y no desayunó. El otro sí lo hizo y se retrasó. Expliquen qué sucede en el cuerpo de cada uno de los chicos durante las primeras horas de clase, teniendo en cuenta todas las funciones del páncreas.

12. Busquen información sobre el calendario de vacunación obligatoria en los envases de leche. Luego, respondan estas preguntas.
a. ¿Qué enfermedad previene cada una de las vacunas?
b. ¿A qué se debe que haya que aplicar refuerzos de algunas vacunas?
c. ¿Por qué algunas vacunas son obligatorias y otras no?
d. ¿Por qué el calendario no incluye la administración de sueros?

13. Ingresen al sitio http://www.msal.gov.ar/dengue/
a. Describan la enfermedad del dengue: el agente que la provoca, cómo se transmite y las medidas preventivas. Luego, expliquen por qué en esta enfermedad, la automedicación puede ser peligrosa.

La reproducción

7

Contenidos

> Importancia de la reproducción
> Reproducción asexual
> Reproducción sexual y variabilidad
> Reproducción sexual en plantas y animales
> Estrategias reproductivas

Cuando la mayoría de las personas piensan en la reproducción, suelen asociarla con el nacimiento de un bebé, con una madre o una gatita embarazadas, con el cuidado de las crías o con la búsqueda de pareja. Todas estas ideas están relacionadas con el grupo de animales al cual pertenecemos, los mamíferos. Pero los mamíferos no son los únicos seres vivos que se reproducen. Imaginemos que un día despertamos y que solo existe en la Tierra un individuo de cada especie, es decir un solo león, una sola rosa, un único champiñón. Sería un mundo en el que muchas de estas especies persistirían únicamente hasta la muerte del único individuo que las representa. Por suerte, en nuestro planeta, cada especie lucha por su supervivencia dejando descendientes y transmitiendo sus genes. ¿Existen seres vivos que no necesitan de otros para reproducirse? ¿Siempre es necesario contar con un macho y una hembra para garantizar la reproducción? ¿Es cierto que todos los animales se reproducen de la misma manera? ¿Qué estrategias usan las plantas para asegurar su perpetuidad?

EN ESTE CAPÍTULO...

Se analiza la función de reproducción como mecanismo que asegura la continuidad de las especies en el tiempo. A su vez, se explican los distintos modos en los que los seres vivos pueden reproducirse, interpretando que estos son el resultado de procesos evolutivos.

Contenido digital adicional

www.tintaf.com.ar/BIO2C7

Importancia de la reproducción

Cientos de ballenas invierten un gran esfuerzo en llegar todos los años a las costas de la Península Valdés para parir sus crías en aguas tranquilas y seguras.

Seguramente habrán visto en algún documental, publicidad o libro, el increíble plumaje que tienen los pavos reales macho y que utilizan para cortejar a las hembras. O habrán oído acerca de los intensivos cuidados que muchos mamíferos y aves dan a sus crías, como ocurre en nuestra especie. Tanto la producción de un plumaje vistoso, la búsqueda de alimentos para las crías o la gestación de un nuevo ser vivo dentro de otro son actividades para las que los animales necesitan consumir muchos recursos. Pero los animales no son los únicos seres vivos que destinan un gran esfuerzo para asegurar la **continuidad de la especie**. Las plantas, por ejemplo, desarrollan grandes cantidades de flores, que son sus órganos reproductivos. Para producir estas flores y los nutrientes que se almacenan en los frutos que se generan a partir de ellas, muchas angiospermas utilizan casi todos los productos que fabricaron previamente por fotosíntesis.

¿Por qué los seres vivos invierten tantos recursos en la reproducción? Esta capacidad que tiene todo individuo de originar a otros individuos semejantes a sí mismo no es fundamental para su propia supervivencia, pero sí para la de la especie. La importancia de la **reproducción** es que permite asegurar una de las características más salientes de las especies: su continuidad a lo largo del tiempo. Aquellos individuos que son más exitosos según la selección natural, son los que logran dejar una mayor cantidad de descendencia. Sería imposible pensar en la evolución de los seres vivos sin considerar su reproducción.

El cerezo es un árbol que utiliza todas las reservas del año anterior para producir una gran cantidad de flores.

La forma en que los seres vivos **se relacionan con otros** y utilizan los **recursos del ambiente** que los rodea, también está estrechamente relacionada con su reproducción. Imaginemos una población de conejos que habita en una pradera. Si el pasto que tienen disponible para alimentarse fuera escaso por una helada, algunos conejos no podrían terminar de desarrollarse y la cantidad de crías de la población disminuiría respecto de los años anteriores. Esto probablemente perjudicaría a la población de zorros que se alimenta de estos conejos y, a su vez, a su capacidad de dejar descendencia. En esta situación de pocos recursos alimentarios, una población de conejos que produzca más cantidad de crías, pero de menor tamaño, podría ser tal vez más exitosa respecto de otra que deje pocas crías pero de mayor tamaño.

El desafío de asegurar la continuidad de la especie ha encontrado una gran cantidad de soluciones posibles a lo largo de la historia de la vida en la Tierra. Es por eso que hoy en día podemos reconocer una gran variedad de estrategias, estructuras y comportamientos reproductivos. Sin embargo, todas tienen el mismo objetivo, y es por eso que existen también similitudes en la reproducción de los seres vivos.

El salmón rosado es una especie de salmones del norte del océano Pacífico.

Actividades

1. Elaboren una definición de reproducción que incluya el concepto de continuidad de la vida.

2. Los salmones que viven en el norte del océano Pacífico solo desovan (liberan huevos al agua) una vez, y mueren luego de reproducirse. ¿Cómo pueden explicar que estos peces inviertan todos sus recursos en este proceso?

3. ¿Cuál es la importancia de la reproducción con relación a la evolución de los seres vivos?

La continuidad de las especies y sus ciclos de vida

El **ciclo de vida** de un ser vivo constituye todos los eventos que ocurren en su vida desde que nace hasta que origina un nuevo individuo, que repetirá el mismo ciclo. La reproducción es uno de los eventos más importantes de los ciclos de vida, ya que es imprescindible para que estos se completen.

¿Qué ocurre durante la reproducción que permite asegurar que un perro siempre origine a otro perro y no a un lobo o una nueva especie? El **material genético** que se transmite de los progenitores a los descendientes es el responsable de mantener las características de las especies en el tiempo. La **reproducción** es el proceso por el cual el material genético pasa de una generación a la siguiente, garantizando la continuidad de las especies.

El ciclo de vida de las gallinas se inicia cuando la hembra pone los huevos que produjo luego de aparearse con el gallo. Después de 21 días de incubación, el polluelo sale del huevo. El polluelo crece, se convierte en adulto, busca pareja y se reproduce, cerrando así el ciclo.

Tipos de reproducción

Los descendientes pueden tener exactamente el mismo material genético que sus progenitores, o poseer una combinación nueva de material genético de cada uno de ellos. En el primer caso, la reproducción es **asexual**, y las nuevas generaciones serán exactamente iguales a las que las preceden. En el segundo caso, los descendientes serán parecidos, pero no exactamente iguales, como ocurre en los seres humanos. Este tipo de reproducción se llama **sexual**, ya que en este proceso intervienen dos sexos distintos.

En la **reproducción sexual**, el nuevo individuo se forma a partir de la unión de dos células sexuales, llamadas **gametas**. En el ser humano y la mayoría de los animales, el **óvulo** es la gameta femenina y el **espermatozoide**, la masculina. En algunos seres vivos, los distintos tipos de gametas son producidos por individuos de distintos sexos: la hembra produce los óvulos y el macho, los espermatozoides. Pero en otros organismos, llamados **hermafroditas**, un único individuo puede producir los dos tipos de gametas, como en la lombriz solitaria.

Todos los microorganismos se reproducen asexualmente, al igual que algunos organismos multicelulares, como insectos o plantas. Hay organismos que solo se reproducen asexualmente, como las bacterias, mientras que otros únicamente lo hacen con intervención de dos sexos, como los mamíferos. Algunos seres vivos pueden hacerlo de las dos maneras, por ejemplo las abejas y las algas.

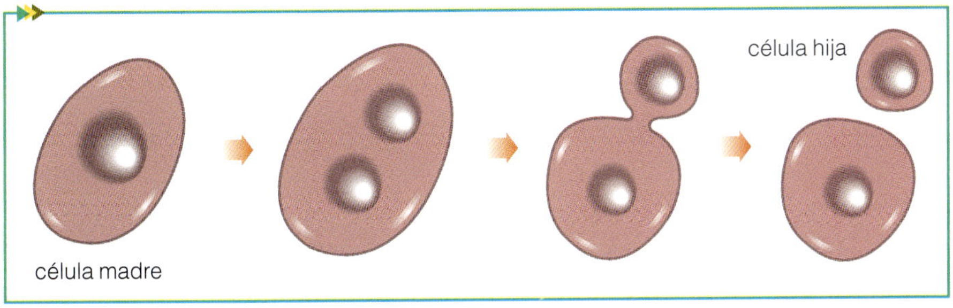

En la reproducción asexual, una célula se divide para originar una (o varias) iguales a sí misma.

La lombriz solitaria es un gusano chato (platelminto) parásito que puede vivir dentro del intestino del ser humano.

Actividades

1. ¿Qué ocurre con el material genético durante la reproducción?

2. Definan los siguientes términos: ciclo de vida, reproducción sexual, reproducción asexual, gameta, hermafrodita.

3. Expliquen por qué es incorrecto afirmar que la diferencia entre la reproducción sexual y la asexual es que en la primera participan dos individuos y en la segunda, uno.

Proceso de fisión binaria o bipartición

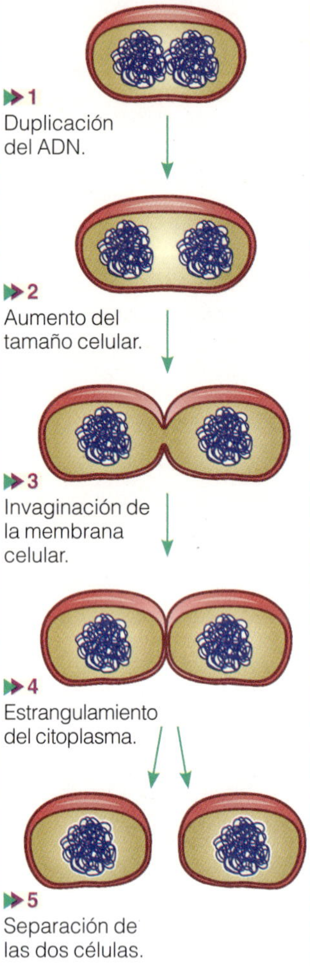

La reproducción asexual

Cuando los organismos se reproducen asexualmente, un único progenitor se divide y da origen a nuevos individuos idénticos a él.

La reproducción asexual en procariotas

El modo de reproducción de las bacterias es la **fisión binaria** o **bipartición**. A partir de una célula madre se originan dos células hijas, aproximadamente iguales en tamaño y con la misma información genética. Cada célula hija recibe una copia de la molécula de ADN circular de la célula madre. Para llevar a cabo este proceso, la célula madre previamente debió aumentar su tamaño y duplicar su material genético. Algunas bacterias son responsables de producir enfermedades infecciosas y son causantes de grandes epidemias, ya que al reproducirse por este mecanismo tan simple, que ocurre de manera rápida, les permite alcanzar grandes poblaciones en poco tiempo.

La reproducción asexual en microorganismos eucariotas

Los organismos eucariotas se reproducen asexualmente mediante la división de sus células por medio de la **mitosis**. Durante la división celular, el núcleo de la célula madre se divide y origina dos núcleos hijos con la misma información genética; luego se divide el citoplasma, lo que genera dos células hijas. En todo este proceso hay una activa participación del **citoesqueleto***, que se encarga de "separar" el material que recibe cada célula hija. La mitosis representa la manera más simple que tienen los eucariotas para generar nuevos individuos, y es el mecanismo por el cual se reproducen la mayor parte de los microorganismos eucariotas. En algunos de ellos, la división del citoplasma es desigual, y se forma una célula hija más pequeña, llamada **yema**, que dará origen a un nuevo individuo. Este tipo especial de reproducción asexual se llama **gemación**.

La reproducción asexual en animales

La gemación es también la forma de reproducción asexual de algunos animales invertebrados que viven fijos a sustratos y que no tienen la capacidad de moverse, como las esponjas y los corales. En este caso, los nuevos individuos se generan a partir de **yemas multicelulares** que crecen en el cuerpo del progenitor. Los nuevos individuos pueden separarse de este último o quedarse unidos, como en el caso de los corales. Cabe aclarar que estos animales también se reproducen sexualmente pero, al reproducirse por gemación, se asegura el crecimiento de su población.

Las poblaciones de algunos invertebrados se encuentran dispersas y el encuentro entre los individuos resulta difícil y, por ende, la reproducción sexual se reduce a pocos eventos. En estos casos, estos animales se reproducen asexualmente por **fragmentación**. Para ello, generan fragmentos de su cuerpo que tienen la capacidad de regenerarse y formar un nuevo individuo. Este es el caso de algunos gusanos planos, como la planaria, algunos anélidos y las estrellas de mar.

Glosario

citoesqueleto: es un entramado tridimensional de proteínas que provee soporte interno en las células.

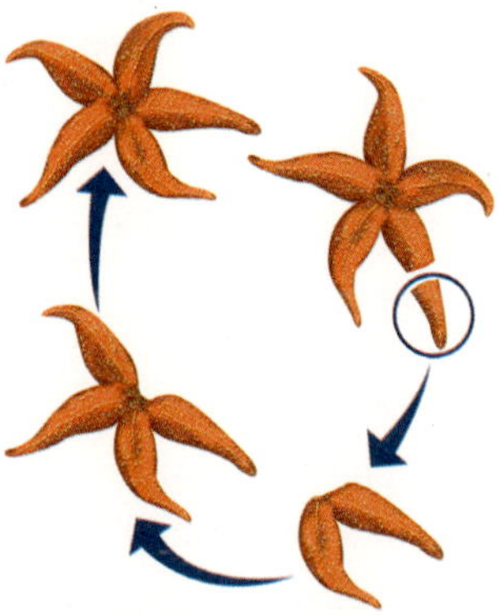

Reproducción de la estrella de mar por fragmentación.

La reproducción asexual en plantas

Las plantas presentan varios tipos de reproducción asexual, que en conjunto reciben el nombre de **multiplicación vegetativa**. En todos los casos, una parte de la planta, (raíz, tallo u hojas) contiene yemas* de las que brotarán nuevas plantas.

- **Rizomas**: son tallos subterráneos que crecen de forma horizontal y contienen varias yemas de las cuales brotan nuevas plantas. Por ejemplo, los lirios.
- **Tubérculos**: son tallos subterráneos que contienen yemas y almacenan sustancias de reserva que les permiten brotar luego de una época de reposo. Un ejemplo es la planta de la papa.
- **Estolones**: son tallos que crecen pegados al suelo, como si fueran arrastrándose, y que cada cierta distancia emiten raíces y originan nuevas plantas. Por ejemplo, las plantas de frutilla.
- **Bulbos**: son tallos subterráneos cubiertos por hojas carnosas que almacenan sustancias de reserva para poder desarrollarse luego de la etapa de reposo. Un ejemplo es la planta de cebolla.
- **Raíces tuberosas**: son raíces engrosadas que contienen sustancias de reserva y generan un tallo que da origen a una nueva planta. Las plantas de batata y zanahoria son dos ejemplos de este tipo de multiplicación vegetativa.
- **Gajo** o **esqueje**: es la fragmentación accidental o intencional de alguna parte de la planta que, al tocar tierra, es capaz de enraizar y originar una nueva planta. Por ejemplo, el potus.
- **Propágulos**: son brotes que se generan en las hojas de algunas plantas, de los que crecen plantas nuevas y que luego se separarán de la planta madre. Por ejemplo, los musgos.

La esporulación

Las **esporas** son células que germinan y generan un nuevo individuo sin fusionarse con otras células. Muchos microorganismos procariotas y eucariotas, así como los hongos, musgos y helechos, se reproducen por esporas. Pueden provenir de un único progenitor, por lo que son asexuales, o pueden producirse luego de que haya ocurrido la unión de gametas. En este último caso se habla de esporas sexuales. En general, tienen gruesas paredes, por lo que pueden sobrevivir hasta que las condiciones sean adecuadas para la germinación.

La esporulación puede ser un tipo de reproducción cuando genera un crecimiento poblacional, pero también puede ser un **mecanismo de resistencia** frente a cambios en el ambiente. Por ejemplo, algunas bacterias producen esporas cuando detectan que las condiciones ambientales son adversas.

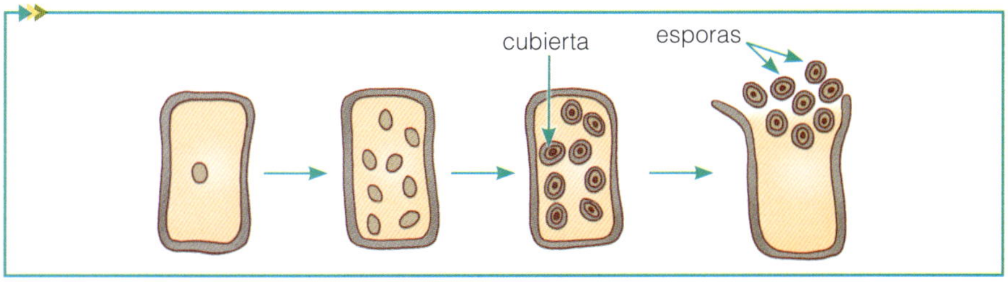

La esporulación asexual es un medio de propagación y crecimiento de la población.

Multiplicación vegetativa por medio de estolones en la planta de frutilla.

Glosario

yema: brote de una parte de la planta a partir del cual se desarrollan raíces, tallos y hojas, o de donde se generan nuevas ramas, hojas y flores.

Actividades

1. Respondan las siguientes preguntas.

a. ¿Qué relación encuentran entre el modo de reproducción de las bacterias y las epidemias de enfermedades infecciosas?

b. ¿Cómo se reproducen asexualmente los microorganismos?

c. ¿Qué son las esporas? ¿Qué tipos de esporas existen? ¿Qué objetivo tiene la producción de esporas para las bacterias? ¿Y para las algas, hongos, musgos y helechos?

d. ¿Qué diferencia hay entre un rizoma, un tubérculo, un estolón y un bulbo?

e. ¿Qué son una raíz tuberosa, un gajo y un propágulo?

f. ¿Cómo logran mantener la población los seres vivos que viven sujetos a un sustrato o cuyas poblaciones son dispersas? Den ejemplos.

La reproducción sexual

Tanto los seres humanos, como la mayoría de las plantas y los animales, y algunos microorganismos eucariotas, se reproducen sexualmente. El proceso de unión de las gametas recibe el nombre de **fecundación**, y la nueva célula producto de esta unión se llama **cigota**. Esta cigota se divide hasta convertirse en un nuevo organismo, que es diferente de sus progenitores, pero comparte muchas características con estos.

Principales eventos en la reproducción sexual en los organismos en los que la cigota desarrolla un embrión.

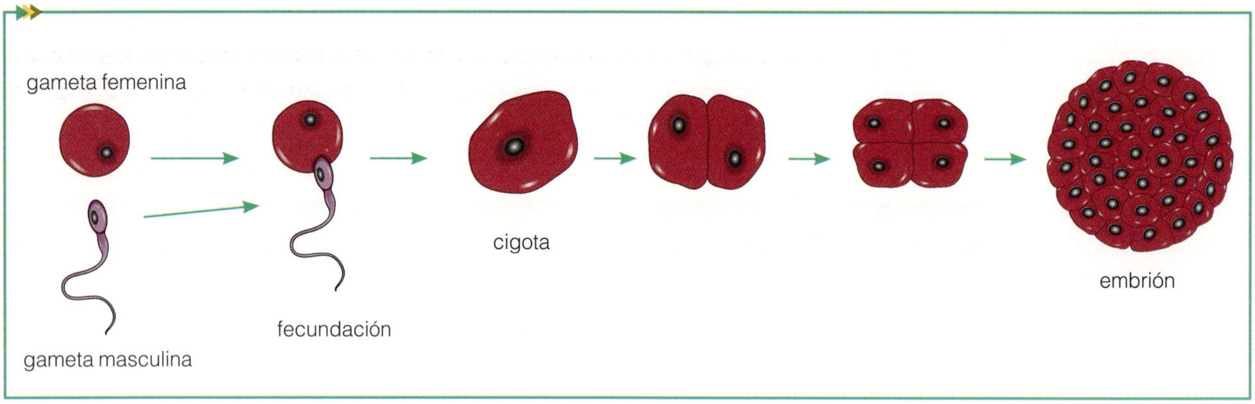

El origen de las diferencias entre progenitores y descendientes

¿Por qué los descendientes no son exactamente iguales a sus progenitores cuando se originan por reproducción sexual? Esto se debe a que los nuevos individuos poseen una nueva combinación de material genético. En el caso de los seres humanos, recibimos la mitad del material genético de cada uno de nuestros padres. Es por eso que nuestros rasgos, como el color de los ojos o la forma de la nariz, son una nueva combinación de los rasgos de ellos. Sin embargo, a pesar de que nuestros hermanos tienen los mismos progenitores, tampoco son exactamente iguales a nosotros.

El ciclo de vida del ser humano es un buen ejemplo para entender el origen de la variabilidad durante la reproducción sexual.

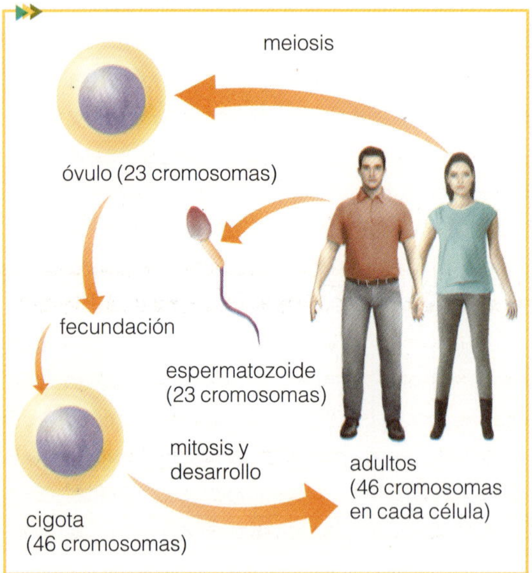

¿Cuál es la razón por la cual los descendientes de los mismos progenitores originados por reproducción sexual no son exactamente iguales? La respuesta está en el tipo de división celular por el cual se forman las gametas: la **meiosis**. Las células hijas que se originan por meiosis no son iguales a la célula madre. Una de las razones es porque contienen la mitad de su información genética. Por ejemplo, en el ser humano, las células madre de óvulos y espermatozoides tienen 46 cromosomas, al igual que todas las células no reproductivas que forman el cuerpo. Los óvulos y espermatozoides que se originan por meiosis a partir de estas células madre tienen 23 cromosomas. De esta manera, todos los óvulos que forme una mujer a lo largo de su vida tendrán una selección al azar de la mitad de su información genética, y es por eso que serán ligeramente diferentes entre ellos. Como todos los óvulos de nuestras madres y todos los espermatozoides de nuestros padres tienen pequeñas diferencias, sus hijos somos parecidos pero no exactamente iguales.

Diferencias en las gametas y en la fecundación

Los seres vivos que se reproducen sexualmente pueden tener distintos tipos de gametas. Por ejemplo, tanto en los seres humanos como en las plantas, las gametas femenina y masculina son distintas. En estos organismos, la gameta femenina es de mayor tamaño e inmóvil, mientras que la masculina, más pequeña y móvil. En algunos microorganismos eucariotas, como ciertas algas, no es posible diferenciar una gameta masculina y otra femenina, y por eso se las llama "más" y "menos", para indicar que provienen de diferentes progenitores.

La unión de las gametas puede suceder en el interior del cuerpo de uno de los progenitores o en el medio externo. En el primer caso se habla de **fecundación interna**, como ocurre en el ser humano y en las plantas. En el segundo, la fecundación es **externa**, y es muy común en organismos que habitan en el medio acuático, como los peces y las algas.

Otra de las variantes posibles en la reproducción sexual es si las gametas que se unirán se forman en individuos distintos, como ocurre en el ser humano, o en un único individuo. Ejemplos de este último caso son la lombriz solitaria o los caracoles. Estos animales **hermafroditas** se pueden diferenciar a su vez por el origen de las gametas que se unen. En el caso de la lombriz solitaria, la gameta femenina y la masculina que se unirán proceden del mismo individuo, y se dice que hay **autofecundación**. En cambio en los caracoles, a pesar de ser hermafroditas, hacen falta dos individuos para que ocurra la fecundación. En este caso, la gameta masculina de cada uno de ellos fecunda a la femenina del otro, y por este motivo se dice que tienen **fecundación cruzada**.

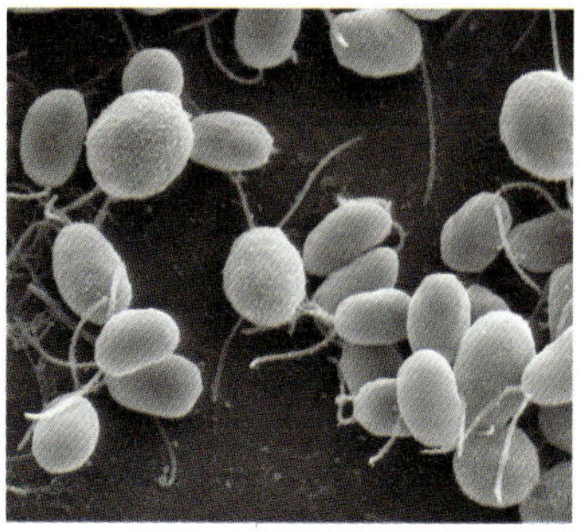

Las gametas de *Chlamydomonas*, un alga verde microscópica, son iguales. Ambas tienen dos flagelos.

La planta diente de león produce semillas que son transportadas por el viento como estrategia para asegurar la dispersión de los nuevos individuos.

Diferencias en el desarrollo de la cigota

La cigota formada luego de la fecundación puede seguir distintos caminos para originar el nuevo individuo. En algunos seres vivos, como ciertas algas, la cigota es una **estructura de resistencia** que, cuando las condiciones son adecuadas, se divide y forma células que serán los nuevos individuos. En los organismos multicelulares, la cigota se divide para formar dos células, que a su vez se dividen para formar cuatro. Estas células continúan dividiéndose hasta formar un **embrión**, que es una estructura multicelular en la que pueden diferenciarse tejidos.

El significado evolutivo de las diferencias en la reproducción sexual

Los seres vivos que se reproducen sexualmente no solo presentan variantes en cuanto a la forma de las gametas, el modo en que se encuentran y el proceso por el cual la cigota origina al nuevo individuo. También pueden diferenciarse en otras características, como la presencia de estrategias para cuidar a los descendientes o para asegurar su dispersión. Por ejemplo, la mayoría de los mamíferos proporcionan un intensivo cuidado a sus crías, pero esto no ocurre en las plantas. Todas estas variantes en el modo en que los seres vivos se reproducen sexualmente son distintas soluciones al desafío de la continuidad de la especie, que han sido exitosas en diferentes condiciones ambientales.

Actividades

1. ¿Qué tienen en común todos los organismos que se reproducen sexualmente?

2. Hagan una lista de las variantes en la reproducción sexual que se mencionan en el texto. Indiquen para cada una las opciones posibles.

3. ¿Por qué ningún ser humano es exactamente igual a otro, a excepción de los gemelos?

La reproducción sexual en las plantas con flor

Ciclo floral	Piezas florales que lo componen
Corola	Pétalos
Cáliz	Sépalos
Androceo	Estambres
Gineceo	Carpelos

Ciclos florales y piezas que los componen.

Las **angiospermas** son el grupo de plantas más abundante en la actualidad, y por eso dedicaremos nuestra atención a estudiar algunos de los aspectos más importantes de su reproducción sexual.

La flor: el órgano reproductivo de las plantas angiospermas

Las flores son los órganos de las plantas angiospermas en donde se producen las gametas masculina y femenina, y donde ocurre la fecundación. Se considera que las piezas que forman las flores, como los pétalos, son hojas especializadas en la reproducción y reciben el nombre de **piezas florales**. Se insertan sobre el **receptáculo**, que es la parte superior del **pedúnculo** o eje que une el tallo a la flor. El conjunto de cada tipo de piezas florales se llama **ciclo floral**. Por ejemplo, el conjunto de pétalos forma un ciclo floral llamado **corola**. Muchas flores tienen corolas de colores llamativos, que atraen a los insectos. El ciclo floral que se encuentra por fuera de la corola se llama **cáliz**, y las piezas florales que lo forman, **sépalos**. En la mayoría de las flores, los sépalos son de color verde y más pequeños que los pétalos.

Tanto el cáliz como la corola son ciclos florales estériles, cuya función es proteger a los otros dos ciclos florales fértiles: el androceo y el gineceo. El **androceo** es el ciclo floral masculino, y está compuesto por los **estambres**. Dentro de cada uno pueden diferenciarse dos regiones: la antera y el **filamento** que la sostiene. Las **anteras** se encuentran en la zona superior, son más gruesas y de color amarillo en muchas flores debido a que en ellas se encuentra el polen. Los **granos de polen** son estructuras microscópicas que en conjunto tienen aspecto de polvo. Dentro de su gruesa pared contienen la gameta masculina. El ciclo floral femenino o **gineceo** tiene forma de botella, y está formado por varias piezas florales que se unen, llamadas **carpelos**. En ellos pueden diferenciarse tres regiones: la zona superior, o **estigma**, el cuello de la botella, que se llama **estilo** y la base, donde se encuentran los óvulos, y se denomina **ovario**. Dentro de los óvulos se ubica la gameta femenina. Algunas flores presentan los cuatro ciclos florales, como la rosa china, pero en otras puede estar ausente alguno.

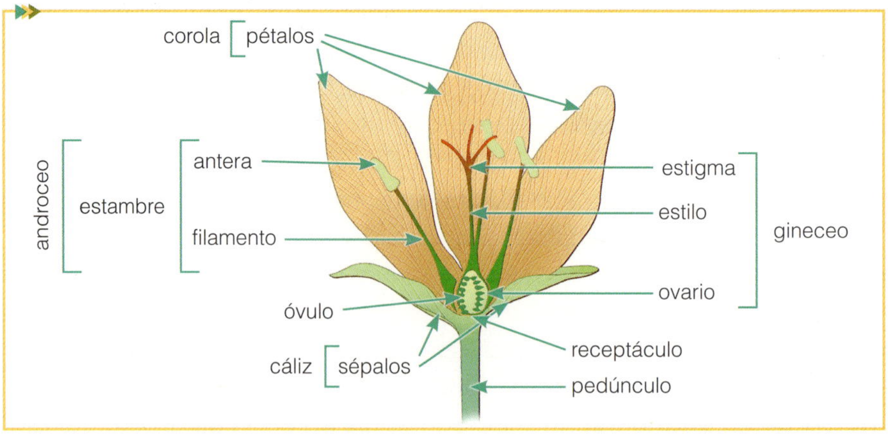

Esquema de una flor en el que se señalan las piezas florales que la componen, el receptáculo y el pedúnculo que la sostiene.

Actividades

1. Respondan las siguientes preguntas.

a. ¿Por qué las flores son los órganos encargados de la reproducción sexual en las angiospermas?

b. ¿Dónde se encuentran la gameta femenina y la gameta masculina dentro de una flor? ¿En qué se diferencian las gametas de las flores, de los óvulos y los espermatozoides de los animales?

c. ¿Tienen todas las flores pétalos vistosos? ¿Por qué? Justifiquen.

d. ¿Qué tienen en común todas las flores y qué las diferencia?

La polinización

¿Cómo hace la gameta masculina de las plantas, contenida en el grano de polen, para llegar hasta la gameta femenina, contenida dentro del óvulo? Este es un proceso complejo, ya que los granos de polen no se desplazan por sí mismos, como los espermatozoides. Si bien muchas angiospermas tienen flores con los dos sexos (hermafroditas) o flores masculinas y femeninas dentro de la misma planta, es común que haya mecanismos para evitar la autofecundación. Por ejemplo, en la misma planta, las anteras pueden madurar antes que los óvulos. Es por esto que en casi todas las plantas, los granos de polen deben viajar hasta el gineceo de otras flores de la misma especie para que luego tenga lugar la fecundación. Este transporte de los granos de polen desde las anteras hasta el estigma recibe el nombre de **polinización**.

Existen distintos agentes externos a las flores que aseguran el transporte de los granos de polen. Estos **agentes polinizadores** pueden ser abióticos como el agua y el viento, o bióticos, como los animales. Las características de las flores están muy fuertemente asociadas al tipo de agente polinizador que asegura su fecundación. Por ejemplo, aquellas angiospermas cuyos granos de polen son transportados por las abejas, contienen néctar, son de color amarillo, violeta o azul, y tienen una superficie donde el animal puede posarse y un aroma que los atrae. El néctar y el polen son la recompensa que las abejas obtienen al visitar las distintas flores. Durante estas visitas, su lomo se "mancha" con granos de polen, y allí es trasladado a otras flores. El color rojo, que no es diferenciado por las abejas, sí es atractivo para las aves, como los colibríes. Las flores que visitan las aves, además de ser en general rojas, poseen un tamaño mayor que las que frecuentan las abejas, cuelgan hacia abajo y carecen de perfume.

Las flores de muchos árboles y pastos son poco vistosas, pequeñas y muy numerosas. Sus anteras y estigmas suelen ser de gran tamaño y sobresalir por fuera del resto de las piezas florales. Este tipo de flores es polinizado por el viento. Así, la exposición de los órganos sexuales en una gran cantidad de flores permite asegurar que el viento arrastre el polen desde las anteras hasta los estigmas.

Esta aparente coincidencia entre la forma de las flores y su tipo de polinización no es una casualidad, sino el resultado de procesos evolutivos. Las plantas con flores y sus polinizadores han influenciado su evolución mutuamente, es decir, han **coevolucionado**. Por ejemplo, el desarrollo de "pistas de aterrizaje" en ciertas flores podría haber favorecido a una determinada población de abejas que aprovechara este recurso para obtener néctar. A su vez, esta población de abejas podría haber preferido a las flores violetas por sobre las anaranjadas, y así haber favorecido a esta primera variante. Las especies que coevolucionan suelen ser muy dependientes. Esto ocurre con muchas angiospermas y sus polinizadores. Por ejemplo, las abejas dependen de las flores para subsistir y, a su vez, estas plantas dependen de la acción de las abejas para poder reproducirse.

Curiosidades

Una colmena con 60.000 abejas puede llegar a tener unas 25.000 recolectoras de polen. Esto permite hacernos una idea de la importancia que tiene esta actividad para la subsistencia de la colmena.

Anteras amarillas y estigmas plumosos violetas sobresaliendo de cada una de las pequeñas y verdes flores de una especie de pasto.

Abeja polinizando una flor de color amarillo y con pétalos que funcionan como superficie de apoyo.

Colibrí polinizando flores de coralillo (*Hamelia patens*) de color rojo y tubulares.

Características de las flores y su relación con los polinizadores

La presencia o ausencia de los cuatro ciclos florales y la cantidad de piezas que los forman son características que distinguen a las flores. También es importante si las piezas florales se encuentran soldadas o sueltas, particularidades del ovario que se observan con lupa (como la cantidad de óvulos que contiene), o la simetría (pueden ser asimétricas, o tener simetría radial o bilateral). Por otro lado, ciertas características de las flores, como su color, tamaño o perfume, nos permiten deducir cuál es su posible agente polinizador. El objetivo de esta actividad experimental es analizar las distintas piezas florales que componen a las flores y otras características que estén relacionadas con su polinización.

Necesitan:

- flores
- trincheta
- pinzas de punta fina o agujas
- lupa
- hojas lisas para dibujar (tamaño A4 u oficio)
- lápiz negro

Paso 1. Preparen su hoja para hacer el informe de la experiencia. Para esto, escriban el título y el objetivo y copien las tablas. En ellas volcarán la información obtenida en cada paso.

Paso 2. Observen qué tipo de simetría tiene la flor, su tamaño y si presenta perfume o no.

Paso 3. Identifiquen y cuenten los sépalos y pétalos. Observen su color, y si están sueltos o soldados.

Paso 4. Identifiquen y cuenten los estambres. Distingan dentro de cada estambre la antera y el filamento. Las anteras, ¿son pequeñas o grandes respecto de las otras piezas florales?

Paso 5. Separen un estambre y sacúdanlo suavemente sobre una hoja de papel para obtener granos de polen. Obsérvenlos con la lupa.

Paso 6. Identifiquen el gineceo, y diferencien el estigma, el estilo y el ovario. Observen si el estigma es más grande o pequeño que las anteras, si es coloreado o tiene algún tipo de sustancia pegajosa.

Paso 7. Separen el gineceo y, con ayuda de un adulto, realicen un corte longitudinal utilizando la trincheta. Observen con la lupa e intenten distinguir los óvulos.

Paso 8. Realicen esquemas en los que se muestren las piezas florales que observaron. Rotulen cada uno de los ciclos florales, las piezas que los componen, y las secciones que identificaron en los estambres y en el gineceo. Si pudieron observar los granos de polen y los óvulos, realicen también un esquema de estas estructuras.

Paso 9. Analicen qué tipo de agente polinizador podría tener esta flor, basándose en las características que pudieron observar. Incluyan esta explicación en su informe.

Piezas florales	¿Están presentes?	Cantidad en la flor	¿Están soldadas o sueltas?	Características (color, tamaño)
Pétalos				
Sépalos				
Estambres				
Carpelos				

Características generales de la flor	
Tamaño	
Simetría	
Perfume	

La formación de las semillas y los frutos

Una vez que el grano de polen llega al estigma, comienza a producir el **tubo polínico**. Esta prolongación del grano de polen en forma de tubo crece en el interior del estilo hasta alcanzar el ovario. Cuando entra en contacto con un óvulo, descarga en su interior la gameta masculina. Así, la gameta masculina fecunda a la femenina que se encuentra dentro del óvulo.

Luego de que ocurre la fecundación, comienza a formarse la **semilla** a partir del óvulo. La cigota que quedó contenida dentro del óvulo se divide y origina el embrión. Los tegumentos del óvulo se convierten en los tegumentos que cubren la semilla, y las otras células que estaban en su interior, en las sustancias de reserva. Todas las semillas tienen tres componentes: el **embrión**, que generará la nueva planta cuando germine, los **tegumentos** que lo protegen y las **sustancias de reserva** que lo alimentarán hasta que pueda comenzar a fotosintetizar. Algunas semillas, como la del poroto, pueden contener las sustancias de reserva dentro de las hojas del embrión o **cotiledones**.

Al mismo tiempo que el óvulo se va transformando en la semilla, las paredes del ovario comienzan a engrosarse hasta que se convierten en el **fruto**. Los pétalos, sépalos y estambres se marchitan y caen. El fruto queda unido a la planta por medio del pedúnculo floral, a través del cual recibe nutrientes para completar su desarrollo. A veces es posible reconocer restos de los estigmas en el extremo opuesto al pedúnculo.

Dentro de la pared del fruto, llamada **pericarpo**, se encuentran protegidas las semillas. Los frutos pueden dividirse en dos grandes grupos, de acuerdo con la consistencia del pericarpo. Los frutos **secos**, como en las legumbres, el girasol o el jacarandá, tienen un pericarpo leñoso o membranoso, y contienen poca agua. En cambio en los **carnosos**, como la naranja, la manzana o el tomate, es más grueso y húmedo. A su vez, en el pericarpo de los frutos carnosos se pueden diferenciar tres capas o zonas. La externa se denomina **exocarpo**, la intermedia **mesocarpo** y la interna **endocarpo**. Algunos frutos carnosos presentan una única semilla, que está protegida por un endocarpo leñoso muy duro. Esta estructura es la que comúnmente se llama **carozo**.

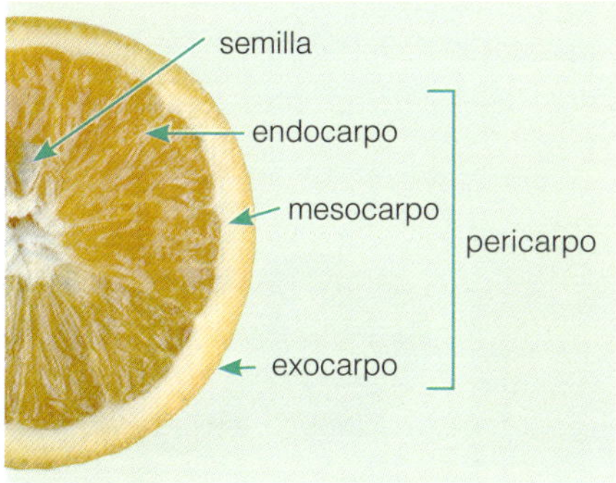

Corte transversal de la naranja, en el que pueden distinguirse un exocarpo membranoso, un mesocarpo esponjoso y un endocarpo jugoso.

Corte longitudinal de un fruto de girasol.

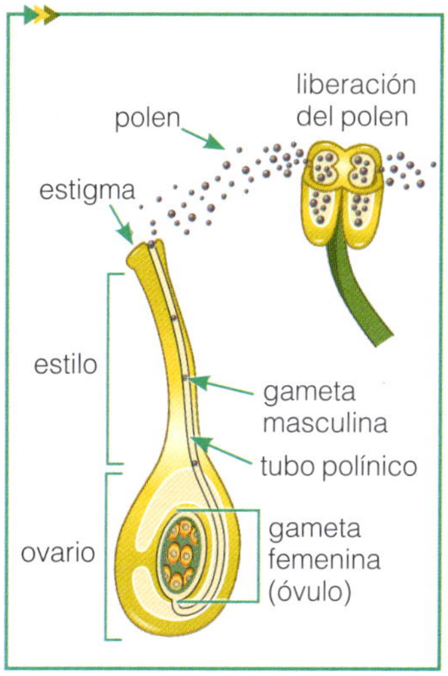

Formación del tubo polínico.

Actividades

1. Respondan las siguientes preguntas.

a. ¿Cómo llega la gameta masculina a la femenina en las plantas?

b. ¿Dónde ocurre la fecundación?

c. ¿Qué estructuras típicas de las angiospermas se forman después de la fecundación a partir de los óvulos y de las paredes del ovario?

d. ¿Cuáles son los tres componentes de una semilla y cuál es la función de cada uno?

e. ¿Qué es el pericarpo y cuál es su función?

f. ¿Qué tipo de fruto es la nuez? ¿Y la banana? Justifiquen.

Dispersión y germinación de la semilla

Las semillas contienen en su interior el embrión, que originará una nueva planta cuando las condiciones externas sean favorables. Las semillas no germinan inmediatamente, sino que son formas de vida latente*, como las esporas de los microorganismos. Este "tiempo de espera" no solo resulta ventajoso para asegurar que la nueva generación se desarrolle en un ambiente propicio para sobrevivir, sino que también permite la dispersión.

La **dispersión de las semillas** y de los frutos que las contienen favorece la conquista de nuevos ambientes. El desarrollo de las nuevas plantas en zonas alejadas de sus progenitores evita la competencia por la luz y los nutrientes y, de este modo, aumenta también su probabilidad de supervivencia.

Glosario

vida latente: detención temporal del ciclo de vida de algunas especies caracterizadas por una notable disminución del metabolismo.

Actividades experimentales

Observación de frutos y semillas

El objetivo de esta actividad experimental es reconocer los componentes de los frutos y las semillas, y clasificar distintos tipos de frutos de acuerdo con la consistencia del pericarpo.

Necesitan:

- una fruta con muchas semillas (como la naranja o el tomate)
- una fruta con carozo (como la ciruela)
- semillas de girasol
- porotos
- vaso con agua
- bandeja de plástico
- trincheta
- pinzas de punta fina o agujas
- lupa
- hojas lisas para dibujar
- lápiz negro

Sugerencia: elijan tres o cuatro tipos de frutos distintos, y tengan al menos dos ejemplares de cada uno.

Paso 1. Coloquen los porotos en el agua dentro del vaso. Preparen su hoja para hacer el informe de la experiencia, escribiendo el título y el objetivo.

Paso 2. Seleccionen un fruto para comenzar. Reconozcan el pericarpo y de qué tipo de fruto se trata (seco o carnoso). Si es un fruto carnoso, realicen un corte transversal y reconozcan el exocarpo, el mesocarpo y el endocarpo. Si es un fruto seco, traten de romper el pericarpo e identificar las semillas. Observen si el fruto contiene una semilla o muchas.

Paso 3. Realicen un esquema del fruto en el que señalen el pericarpo, sus capas, si es un fruto carnoso, las semillas y algún resto de las piezas florales. Aclaren en el esquema qué fruto están dibujando, cómo se clasifica y otra información adicional, como la cantidad de semillas.

Paso 4. Repitan el procedimiento con los otros dos frutos.

Paso 5. Realicen un corte longitudinal de la semilla de poroto. Reconozcan el tegumento y el embrión. Dentro del embrión, identifiquen los cotiledones, y los futuros tallo y raíz.

Paso 6. Realicen un esquema del corte longitudinal de la semilla de poroto. Señalen las estructuras que reconocieron.

La falta de abejas afectará la producción de alimentos a nivel mundial

Uno de los grupos activistas a favor del medio ambiente más importante en los Estados Unidos, llamado *Natural Resources Defense Council* (NRDC, en español sería traducido como el Consejo por la Defensa de los Recursos Naturales) fundado en 1970 y con más de 1,4 millones de miembros, asegura que la escasez de abejas afectará la producción mundial de alimentos. A mí también me sorprendió ese dato pero, ¿por qué las abejas (*Apis mellifera*) son fundamentales en este caso?

La Argentina es uno de los países que más miel producen en el mundo, junto con Estados Unidos, China y México. La mayoría de la producción nacional se exporta. Es evidente que las abejas son necesarias para producir miel, pero lo que más llama la atención es cómo este insecto es clave para la producción de otros alimentos.

Los pesticidas* revolucionaron la agricultura durante décadas y, junto con los avances biotecnológicos*, incrementaron de manera exponencial la producción de alimentos a nivel mundial. Pero los pesticidas también están provocando un problema dramático en el ecosistema al causar la desaparición de abejas. El efecto negativo de estos compuestos químicos fue publicado en varios estudios científicos recientes. Además de los pesticidas, el calentamiento global, las alteraciones en el hábitat y los parásitos colaboran en la falta de abejas a nivel mundial.

Las abejas no solo son insectos que producen miel, sino que también son responsables de la polinización cruzada (transporte del polen de una planta a otra, posibilitando la fertilización de dichas plantas) del 30% de los cultivos mundiales, que incluyen almendras, brócoli, cebolla, cítricos (limón, lima, naranja), palta y zanahoria, entre otros.

Las abejas son agentes polinizadores de plantas de importancia económica.

Estos insectos, además de tener un rol biológico/natural en la producción de alimentos, según un informe del NRDC, generan más de US$15 billones de dólares por año en los Estados Unidos gracias a la polinización cruzada en estos cultivos.

Se estima que en los Estados Unidos desapareció un tercio del total de abejas. Aunque parezca una exageración, este es un problema serio, y en algunos países ya están trabajando para solucionarlo en el corto y mediano plazo.

Diario *Clarín*, 30/05/2015. (Adaptación), "La falta de abejas afectará la producción de alimentos a nivel mundial".

Actividades

1. Luego de leer el artículo, resuelvan las siguientes consignas.

a. ¿Qué plantas de importancia económica polinizan las abejas?

b. ¿Qué factores están provocando una disminución del tamaño de las poblaciones de abejas?

c. ¿Por qué esta disminución es un problema serio para el ser humano?

d. ¿Cuál piensan que es la importancia de este problema para nuestro país? Justifiquen.

e. Propongan algún tipo de acción que podría realizarse para evitar la disminución del tamaño de las poblaciones de abejas.

Glosario

biotecnología: uso de organismos vivos o partes de ellos para la producción de bienes y servicios útiles para el ser humano.

pesticida: sustancia química empleada por el ser humano para controlar o eliminar algunos seres vivos que perjudican los cultivos.

Reproducción sexual en animales

Despliegue del plumaje como parte del cortejo en pavos reales.

Algunos animales, como esponjas, corales, anélidos, gusanos chatos y estrellas de mar pueden reproducirse asexualmente, pero también lo hacen sexualmente. En los demás animales, solo la reproducción sexual garantiza la supervivencia y continuidad de la especie.

Encuentro de gametas: fecundación interna y externa

Las gametas femeninas y masculinas que forman los animales durante la reproducción poseen ciertas características que las hacen distintivas. La gameta femenina, el **óvulo**, es de mayor tamaño, ya que guarda sustancias de reserva que servirán para alimentar al embrión, y no posee movimiento. Las gametas masculinas, los **espermatozoides**, en cambio, son de menor tamaño y se mueven muy rápido. Los espermatozoides nadan para llegar al óvulo y, por lo general, se producen muchos espermatozoides para que aumenten las chances de encuentro entre ellas.

Los animales pueden liberar sus gametas al agua y que la fecundación ocurra fuera del cuerpo de la hembra o pueden ser liberadas dentro de ella. Los animales acuáticos, como los anfibios y peces, tienen **fecundación externa**, ya que el encuentro de sus gametas se produce en el agua. Este tipo de seres vivos libera una gran cantidad de gametas para garantizar que ocurra la fecundación. Por otro lado, los animales aeroterrestres, como muchos de los reptiles, las aves y los mamíferos, tienen **fecundación interna**, ya que la unión de las gametas ocurre dentro del cuerpo de la hembra. Para ello, los espermatozoides deben ingresar por un oviducto* hasta llegar al ovario, donde se encuentran los óvulos. Para facilitar que los espermatozoides lleguen al óvulo, muchos de los machos poseen un órgano copulador* que inyecta los espermatozoides dentro del oviducto. Otros poseen espermatóforos* que los introducen directamente en el oviducto de la hembra, como es el caso de muchos invertebrados, entre ellos el calamar.

Glosario

espermatóforo: estructura en forma de "bolsa" formada por el macho, que contiene y protege los espermatozoides, y puede ser depositada en el suelo o transferida a la hembra.

órgano copulador: es el órgano externo de un individuo masculino que se ha especializado para entregar el esperma durante la cópula.

oviducto: conducto que une los ovarios con el exterior del cuerpo.

Cortejo y apareamiento

La reproducción sexual con fecundación interna involucra el **apareamiento** o **encuentro sexual** entre los individuos de una misma especie. El apareamiento es la unión de la hembra y el macho, que culmina en la cópula. La **cópula** es el contacto directo entre sus órganos sexuales para procrear un nuevo individuo. La mayoría de los animales inician sus relaciones de apareamiento durante ciertos momentos, llamados "celo", en los que las hembras están predispuestas para la cópula. Durante este período comienzan una serie de rituales complejos por parte de los machos que involucran un lenguaje de gestos, movimientos, danzas, hinchazón del cuerpo, despliegue de plumas o sonidos potentes, entre otros. Por ejemplo, el cortejo en los elefantes comienza con una pelea y termina en un abrazo, los sapos cantan, los pavos reales despliegan sus coloridos plumajes y se iluminan los vientres en algunos peces macho con colores vistosos. A estos rituales se los conoce como **cortejo** y su finalidad es que los participantes se reconozcan y evalúen la conveniencia de aparearse el uno con el otro.

Actividades

1. ¿Cómo son las gametas en los animales? ¿Por qué es necesario producir mayor cantidad de gametas masculinas?
2. ¿Qué tipos de fecundación existen? ¿Qué relación encuentran entre el tipo de fecundación y el hábitat de los animales?

Dimorfismo sexual y selección sexual

El león y la leona son un ejemplo de una especie con dimorfismo sexual.

En algunas especies de animales es difícil reconocer a simple vista a los individuos de distinto sexo. En otras, los machos y las hembras tienen **dimorfismo sexual**, es decir, se distinguen por poseer características físicas diferentes, por ejemplo, su tamaño, el color de su plumaje, el tamaño de la melena, o la presencia de crestas o cuernos, entre otras. Existe dimorfismo sexual entre el gallo y la gallina, el toro y la vaca, el hombre y la mujer, y entre muchas otras especies de animales, y es el resultado de una **selección sexual** o lucha entre los miembros de un sexo (por lo general, los machos) por la conquista de la hembra. Durante la elección de la pareja, la hembra selecciona activamente a su pareja prefiriendo a los individuos que tienen más desarrolladas ciertas características, como plumajes vistosos, grandes cuernos, o que desarrollan cantos y bailes atractivos. En muchos casos, estos atributos con fines sexuales no resultan adaptativos, ya que aumentan su exposición ante los depredadores, y es por esta razón que Darwin le dio el nombre de selección sexual.

Protección y nutrición del embrión: huevos y placenta

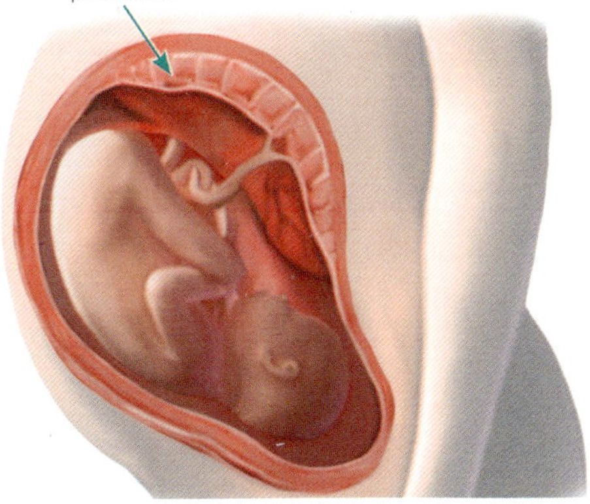

En los mamíferos, el embrión se alimenta de los nutrientes presentes en la sangre materna a través de la placenta.

Una vez producida la fecundación, la célula huevo o cigota, gracias a las reservas nutritivas presentes en la gameta femenina y a través de sucesivas divisiones celulares, forma el **embrión**. Para desarrollarse, el embrión necesita nutrientes y protección. Los animales con fecundación externa, como la mayoría de los anfibios y peces, protegen al embrión dentro de **huevos**. A este tipo de animales se los conoce como **ovulíparos**. En la mayoría de los reptiles y aves, que poseen fecundación interna, la hembra (una vez fecundada) deposita los huevos en un nido. Los huevos poseen todos los nutrientes necesarios para que se desarrolle el embrión. Este tipo de animales son llamados **ovíparos**. Algunos animales, como los tiburones, alacranes y serpientes, conocidos como **ovovivíparos**, protegen el huevo dentro del cuerpo de la madre hasta que complete su desarrollo. En la mayoría de los mamíferos, que son **vivíparos**, los embriones se desarrollan dentro del cuerpo de la madre. En el caso de los **placentarios**, el embrión se desarrolla dentro del útero materno, allí el embrión se comunica con su madre a través de la placenta. A partir de esta le llegan los nutrientes al embrión mediante el cordón umbilical. En otros mamíferos, llamados **marsupiales**, como el canguro o la comadreja, el embrión comienza su desarrollo en el útero materno y completa gran parte del crecimiento sujeto a las glándulas mamarias del interior de la bolsa marsupial o marsupio en el abdomen de la madre.

Glosario

cordón umbilical: conducto flexible que une la placenta de la madre con el ombligo del embrión.

Actividades

1. ¿Qué son la selección sexual y el dimorfismo sexual? ¿Qué provoca en los machos? Den ejemplos.

2. ¿Cómo protegen a sus embriones los animales ovulíparos y los ovíparos? ¿Y los ovovivíparos y los vivíparos?

Desarrollo indirecto en los anfibios.

Desarrollo directo e indirecto

Los reptiles, aves y mamíferos nacen como "adultos en miniatura" en un proceso llamado **desarrollo directo**. Sin embargo, para las demás especies animales, el desarrollo indirecto es lo más común. En el **desarrollo indirecto**, el animal juvenil sale del huevo en forma de larva* y luego de una transformación llamada **metamorfosis** se convierte en un animal adulto. La transformación de una oruga en mariposa o la de un renacuajo en sapo son ejemplos de metamorfosis. Casi todos los invertebrados y algunos anfibios pasan por una etapa de su ciclo de vida en forma de larva. La larva no solo tiene un aspecto muy diferente al del animal adulto, sino que también ocupa hábitats totalmente distintos. Además, casi todas las larvas se alimentan de organismos diferentes a los que comerán como adultos. Por ejemplo, las larvas acuáticas de los anfibios, los renacuajos, son principalmente herbívoras, pero el sapo adulto, que es aeroterrestre, se alimenta de insectos. Muchos insectos pasan la mayor parte de su vida como larvas mientras que los adultos solo viven unos pocos días, que aprovechan para reproducirse y casi no se alimentan.

Glosario

larva: embrión de los animales con desarrollo indirecto que se encuentra en la primera etapa de su desarrollo.

Cuidado de las crías

Los mamíferos invierten mucho tiempo y energía en el cuidado de sus crías.

El **cuidado parental** es la manera en que los animales protegen a sus crías. Es una inversión de tiempo, energía y recursos por parte de uno o ambos progenitores a su descendencia a fin de garantizar su supervivencia. La gran mayoría de los invertebrados, algunos anfibios y los reptiles no cuidan a sus crías y los huevos se desarrollan por sí solos. Sin embargo, existen excepciones como ocurre en algunas especies de ranas, en las que el macho cuida los huevos y cuando los renacuajos nacen, los transporta en su espalda. Los cocodrilos, por ejemplo, transportan a sus crías dentro de su boca para protegerlos de los depredadores. Las aves y los mamíferos, por otra parte, hacen grandes esfuerzos para incrementar las posibilidades de supervivencia de sus crías, protegiéndolas de los depredadores, la falta de alimento, la deshidratación y otra serie de peligros.

En los casos en los que no existe cuidado parental, es necesario que el número de crías que se producen sea mayor para asegurar que al menos algunas sobrevivan. Esto se debe a que, al no estar protegidas ni alimentadas, la mayoría muere al poco tiempo de vida. En las especies de animales en las que existe cuidado parental, el número de crías es menor, ya que se invierte mucha energía en su cuidado y las chances de que sobrevivan son mayores.

Actividades

1. ¿Qué diferencias encuentran entre el desarrollo directo y el indirecto?
2. ¿Qué diferencias hay entre la larva y el adulto?
3. ¿Cómo se llama el proceso por el cual las larvas sufren cambios importantes en su forma corporal para transformarse en adultos? Den un ejemplo.
4. ¿Qué es el cuidado parental y cuál es su finalidad?
5. ¿Qué relación encuentran entre la cantidad de descendencia que dejan los animales que no cuidan a sus crías y los que sí lo hacen? ¿Por qué?

Actividades experimentales

Metamorfosis de anfibios

Los **renacuajos** son las larvas de las ranas y sapos, un grupo de anfibios que incluye aproximadamente 6.500 especies distintas. Viven exclusivamente en el medio acuático y poseen características diferentes a los adultos, que también pueden habitar en los ambientes aeroterrestres. Su metamorfosis puede ser corta, menor a un mes en ranas del desierto, o requerir varios años, como es el caso del sapo toro. Durante este tiempo, los animales crecen y sufren grandes transformaciones, que incluyen la desaparición de las branquias, la aparición de las extremidades anteriores y posteriores y, al final, la desaparición de la cola. El objetivo de esta actividad experimental es registrar el proceso de metamorfosis de las ranas o los sapos.

Los renacuajos se pueden encontrar en charcos poco profundos, pantanos o cuerpos de agua estancados, como piletas. Sobre todo en primavera, que es la época de apareamiento.

Necesitan:

- renacuajos o huevos de ranas o sapos
- una pecera
- agua declorada
- piedras
- arena
- alimento para los renacuajos

Los renacuajos o los huevos pueden ser comprados en acuarios o ser recolectados en ambientes naturales. Pueden utilizar como alimento lechuga hervida, escamas para alimentar peces o algún otro que les sugieran en el comercio especializado. Asegúrense de que el alimento esté cortado en fragmentos pequeños. Para obtener agua declorada, dejen reposando agua de la canilla en un recipiente durante uno o dos días a la luz. También puede utilizarse el agua de donde se extrajeron los renacuajos o agua de lluvia.

Paso 1. Busquen información sobre la especie que van a observar. Averigüen especialmente si requiere algún tipo de cuidado en particular, por ejemplo, cierta temperatura mínima, o cuánto tiempo aproximado debería durar su metamorfosis.

Paso 2. Preparen el hábitat para los renacuajos. Llenen la pecera hasta las tres cuartas partes de su volumen con agua. Coloquen arena limpia en el fondo de la pecera y las piedras formando una montaña que sobresalga del agua en un extremo (servirán de piso para los adultos desarrollados). Si es posible, ubiquen la pecera en un lugar con una temperatura de entre 15 y 20 °C.

Paso 3. Transfieran los renacuajos o huevos a la pecera (cada renacuajo necesitará aproximadamente 4 litros de agua). Cada dos o tres días alimenten a los renacuajos y limpien la pecera, sacando los restos de alimentos anteriores. Si el agua está turbia u olorosa, reemplacen entre el 30 al 50% con nueva agua declorada.

Paso 4. Registren todos los cambios que observen cada vez que alimenten a los renacuajos. Para esto, anoten en un cuaderno o planilla el tamaño, la presencia de patas delanteras y traseras, cola, branquias, etcétera. Consideren como día "0" a aquel en el que se inició el experimento, y numeren en forma consecutiva los siguientes días. Tomen fotografías de estos cambios.

Paso 5. Una vez que la metamorfosis se haya completado, devuelvan los adultos a su ambiente natural.

Paso 6. Elaboren un informe en el que se muestren todos los datos recolectados de manera sintética. Incluyan una introducción en la que se repasen las principales características de la reproducción de este grupo de organismos.

Por primera vez nacen tres llamas de embriones refrigerados

Los embriones de llamas no resisten el proceso de criopreservación (almacenamiento a muy bajas temperaturas para poder ser utilizados cuando se requieran). Es por esto que la reproducción de esta especie solo era posible hasta ahora con embriones frescos, es decir, recién obtenidos. Ahora, gracias al trabajo de los técnicos del INTA Abra Pampa, Jujuy y Balcarce, Buenos Aires, tres llamas nacieron de embriones conservados en una heladera durante 24 horas.

Juan Aller, especialista del INTA Balcarce y uno de los técnicos involucrados en el desarrollo, junto con Marcos Ábalos y Francisco Acuña del INTA Abra Pampa destacó el logro por tratarse de la "primera vez en que, mediante un ensayo que consistió en refrigerar los embriones durante 24 horas en una heladera a una temperatura de 5 °C, se obtuvieron tres crías con éxito".

"Hasta este momento 'señaló Aller' solo se habían transferido embriones en fresco, es decir que una vez obtenidos eran inmediatamente transferidos a las hembras receptoras, y no congelados".

De acuerdo con el especialista de Balcarce, en otras especies domésticas, como las vacas o las ovejas, es común el uso de técnicas de **reproducción asistida** porque permiten aumentar la capacidad de reproducirse de los ejemplares que son más interesantes para la producción. La reproducción asistida incluye un conjunto de métodos biomédicos que facilitan o sustituyen los procesos naturales que se dan durante la reproducción. Las técnicas más utilizadas en las especies ganaderas son la inseminación artificial, la superovulación y la transferencia de embriones. La **inseminación artificial** consiste en el depósito de los espermatozoides del macho en la hembra mediante instrumental especializado. En la **superovulación** se estimula la producción de una gran cantidad de óvulos mediante la ingesta de las hembras de sustancias especiales para este fin. Finalmente, la **transferencia de embriones** consiste en la introducción de embriones en el útero de la hembra que se originaron previamente fuera de su cuerpo.

Cría de llamas con embriones refrigerados en Jujuy.

Para el caso de las llamas, las técnicas más usadas son la superovulación y la transferencia embrionaria en fresco. Así, se obtienen en promedio de dos a tres embriones por cada llama superovulada. Estos embriones se transfieren a otras tres hembras en condiciones de llevar adelante la gestación. "Esto demandaba tratamientos inmediatos o en espacios geográficos limitados a los que se podía arribar en menos de 6 horas manteniendo los embriones a temperatura ambiente", indicó Aller.

Diario *Clarín*, 24/04/2015. (Adaptación). "Por primera vez nacen tres llamas de embriones refrigerados".

Actividades

1. La crioconservación de embriones es una técnica de fertilización asistida. ¿Para qué se aplican estas metodologías en los animales de interés comercial, como las vacas o las llamas?
2. ¿Qué aspectos de la cría de llamas permitirá mejorar el trabajo de los técnicos del INTA?
3. Investiguen cuáles son las ventajas de cada una de las técnicas de fertilización asistida mencionadas que permiten aumentar la producción animal.

Las ventajas adaptativas de cada tipo de reproducción

En la reproducción asexual, las células hijas son idénticas a la célula madre, ya que el material genético de una pasa a las otras sin modificaciones. Esto ocurre por los mecanismos de **fisión binaria** (en organismos procariotas) o de **mitosis** (en organismos eucariotas). Estos tipos de división celular son simples y pueden completarse en poco tiempo. Es por esto que la reproducción asexual es un proceso por el cual se puede originar una gran cantidad de descendientes en un breve intervalo de tiempo. Algunas bacterias pueden generar otras iguales en 20 minutos, mientras que hay levaduras que pueden hacerlo en unas pocas horas.

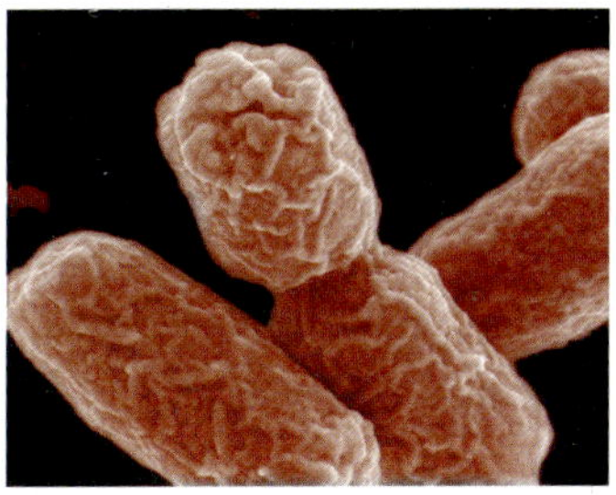

Escherichia coli es una eubacteria que, en las condiciones adecuadas, puede generar otras bacterias idénticas en 20 minutos.

El tiempo requerido para originar células sexuales es más elevado. La producción de un espermatozoide humano, por ejemplo, tarda aproximadamente 90 días. Esto se debe a que el tipo de división celular que ocurre durante la reproducción sexual, la meiosis, es más complejo que la mitosis. ¿Cuál será la ventaja de este tipo de división celular más costoso? Las células hijas que se originan por meiosis no son iguales a la célula madre, es decir, este mecanismo de división celular genera **variabilidad**.

La variabilidad en las características de los individuos que se reproducen sexualmente no solo está dada por la meiosis, sino también por la unión de gametas que provienen de distintos progenitores. El encuentro de estos progenitores es otra tarea que implica un gran gasto de energía y recursos para muchas especies. La selección sexual en los animales o la producción de flores con vistosos colores y néctar que atraen a los polinizadores en las plantas, son algunos ejemplos de las costosas estrategias que tienen los seres vivos para garantizar la fecundación.

¿Por qué los seres vivos que se reproducen sexualmente destinarán tanta energía y recursos a cambio de que sus descendientes presenten algunos cambios respecto de los progenitores? La variabilidad en los individuos de una población es fundamental para asegurar la continuidad de las especies en los siempre cambiantes ambientes naturales. Al existir organismos diferentes en una población, se incrementa la probabilidad de que parte de la población sobreviva cuando ocurran cambios en el ambiente. Si todos los individuos fueran iguales, cualquier modificación ambiental que afectara la supervivencia eliminaría a la población completa.

Los individuos de la mariposa del abedul (*Biston betularia*), que se reproducen sexualmente, pueden presentar diferencias en su aspecto. La variante más oscura fue la única en sobrevivir al aumentar la contaminación ambiental en Inglaterra a finales del siglo XVIII.

Actividades

1. ¿Qué tipo de división celular está implicado en la reproducción sexual? ¿Y en la asexual?

2. Completen el siguiente párrafo con el tipo de reproducción (sexual o asexual) que corresponda.

La ventaja adaptativa que proporciona la reproducción .... a las especies es que permite obtener una gran cantidad de descendientes en tiempos cortos. En cambio, la reproducción .... implica tiempos más largos y mayores costos, pero genera variabilidad en las poblaciones.

3. Algunos animales, como las estrellas de mar, pueden reproducirse tanto sexual como asexualmente.

a. ¿En qué condición piensan que ocurrirá cada tipo de reproducción?

b. ¿Cuál de los dos tipos de reproducción piensan que es más ventajoso para asegurar la continuidad de estos animales? Justifiquen.

Los musgos son un ejemplo de estrategas r.

Estrategias reproductivas r y K

Los seres vivos que habitan en ambientes cambiantes, como un charco que se seca o una roca desnuda, tienen un modo de reproducción, desarrollo y tiempo de vida diferentes de aquellos que viven en ambientes relativamente estables, como las selvas, bosques y lagos. Por ejemplo, las ranas que habitan en charcos pequeños tienen tiempos de metamorfosis cortos, mientras que en las ranas que viven en cuerpos de agua más estables, como las lagunas, este proceso demora mucho más. Estos tipos de comportamiento, reproducción y desarrollo llevados a cabo por las poblaciones de individuos, que están fuertemente relacionados con el ambiente en el que viven, reciben el nombre de **estrategias reproductivas**.

El roble es un ejemplo de estrategas K.

Aquellos seres vivos que habitan en ambientes que perduran poco tiempo son llamados **estrategas r**. Estos organismos suelen ser pequeños y alcanzan la madurez en poco tiempo. Crecen rápido y tienen una vida corta, en la que dejan muchas crías a las que dedican poco o ningún cuidado. Tienden a ser oportunistas*, con una gran capacidad de dispersarse invadiendo nuevos ambientes, adaptándose a estos con facilidad y ocupándolos con rapidez. En este grupo se encuentran las plantas anuales* que crecen, se reproducen y mueren, la mayoría de los insectos, las tortugas, los sapos y los conejos.

Los **estrategas K**, por otra parte, están mejor adaptados a los ambientes estables, crecen más lentamente, son más grandes, tardan en llegar a la madurez, tienden a vivir durante un tiempo mayor, poseen períodos reproductivos más largos y generalmente más de uno durante su ciclo de vida. Tienen pocas crías, a las que les dedican muchos cuidados. Por lo general no invaden nuevos ambientes y tienen una menor capacidad de dispersión dado que al vivir en ambientes estables, no se justifica el riesgo de abandonarlo en busca de otro ambiente. Entre los estrategas K se encuentran las plantas perennes* y la mayor parte de los mamíferos.

El papel que cumplen los estrategas r en los ecosistemas es colonizarlos en las primeras etapas de su desarrollo. Por ejemplo, en un bosque quemado, las primeras especies que aparecen suelen ser estrategas r. Estas crecen rápidamente y llegan a formar grandes poblaciones pero luego son desplazadas por especies cuya estrategia es K. Estas últimas presentan un crecimiento poblacional más lento, sin embargo su habilidad competitiva es mucho mayor.

Glosario

oportunistas: seres vivos que tienen una gran capacidad de adaptarse a nuevos ambientes y son los primeros en ocuparlos.
plantas anuales: plantas que germinan, florecen y mueren en el curso de un año.
plantas perennes: plantas que viven durante más de dos años.

Actividades

1. Confeccionen un cuadro comparativo entre las estrategias reproductivas r y K que incluya los siguientes ítems: tipo de ambiente que habitan, velocidad de crecimiento, tamaño corporal, duración del ciclo de vida, cantidad de períodos reproductivos, cantidad de crías, cuidado parental, capacidad de colonización de nuevos ambientes, formación de estructuras de dispersión y ejemplos de seres vivos que presenten cada estrategia reproductiva.
2. ¿Qué papel cumplen los estrategas r en los ecosistemas? ¿Y los estrategas K?

Para conocer más

Begon, M. y J. L. Harper, *Ecología. De los individuos a los ecosistemas*, Barcelona, Editorial Omega, 2000.
Curtis, H., Barnes, S., Schnek, A. y A. Massarini, *Curtis. Biología*, Madrid, Editorial Médica Panamericana, 2008.
Valla, J. J., *Botánica. Morfología de las Plantas Superiores*, Buenos Aires, Editorial Hemisferio Sur, 2015.

Orquídeas pintadas en óleo y en láminas giclée

Las orquídeas son una familia de plantas con flor que incluye aproximadamente 25.000 especies. Estas plantas se distinguen por la complejidad de sus flores, que tienen simetría bilateral y uno de sus pétalos internos muy desarrollado. Este pétalo especial puede tener áreas brillantes, crestas y otras protuberancias* que sirven como guías para los polinizadores. Las formas, colores y fragancias fascinantes de las orquídeas son el resultado de su **coevolución** con los animales polinizadores. Tal es la belleza de estas flores, que han sido apreciadas y cultivadas por los seres humanos desde la Antigüedad. Luego de la conquista de América, los ejemplares traídos del nuevo continente representaron la cumbre de la belleza exótica en Europa. Y han sido históricamente veneradas y cultivadas en Japón.

Brian Davis, *Cymbidiums in love*, lámina giclée, 21,5 x 43 cm, La Mantia Gallery, Nueva York, Estados Unidos.

Tan especiales son las flores de las orquídeas que han inspirado a numerosos artistas, particularmente a aquellos dedicados a una rama de la pintura, llamada naturaleza muerta*. Entre ellos podemos mencionar a Brian Davis, nacido en California en 1946. Este experto en retratar flores, entre ellas orquídeas, realiza sus obras inspirándose en fotografías que él mismo toma. Debido a que las flores se marchitan muy rápido y lleva varias semanas completar una pintura, Brian toma varias fotos de cada flor y luego pinta sus cuadros haciendo una composición de las imágenes que adquirió. Sus obras incluyen lienzos pintados al óleo y también **láminas giclée**, que son un tipo de impresión artística desde una fuente digitalizada utilizando una impresora de chorro de tinta. *Cymbidiums enamoradas* es una de las obras de Brian Davis, en la que se emplea este tipo de tecnología.

Brian Davis, *White and Magenta Orchids*, óleo sobre lienzo, 20 x 30 cm, Galerie Severn, Los Ángeles, Estados Unidos.

Cymbidium es uno de los géneros de orquídeas más populares del mundo debido a sus bellas flores, que pueden sobrevivir a bajas temperaturas. Estas plantas se han cultivado desde hace miles de años, especialmente en la antigua China. Florecen en el invierno, cuando pocas otras orquídeas lo hacen.

Actividades

1. ¿Cómo se puede explicar evolutivamente la belleza de las orquídeas?
2. ¿En qué países han sido históricamente cultivadas estas flores?
3. ¿Qué son las láminas giclée? ¿Por qué una lámina giclée producida por Brian Davis no es una simple fotografía?
4. Mencionen un género popular de orquídea y expliquen la razón de su popularidad. Busquen imágenes de las especies de este género.
5. Investiguen qué otros artistas plásticos retratan orquídeas actualmente.

Glosario

naturaleza muerta: tipo de pinturas en las que se representa animales, flores y otros objetos, que pueden ser naturales (frutas, comida, plantas, etc.) o hechos por el ser humano (utensilios de cocina o de mesa, libros, monedas, pipas, etc.) en un espacio determinado.

protuberancia: elevación o bulto redondeado que sobresale de una superficie.

1. Completen el siguiente cuadro en el que se comparan la reproducción sexual y la asexual.

Característica	Reproducción sexual	Reproducción asexual
Cantidad de organismos intervinientes		
¿Hay participación de gametas?		
¿Son iguales los hijos a los padres?		
Tipo de división celular implicado		
Ventaja adaptativa		

2. Para cada una de las situaciones que se presentan a continuación, indiquen qué tipo de reproducción sería más ventajosa y justifiquen su elección.

a. Una población de algas que vive en un lago en el que hay cambios en la concentración de nutrientes disueltos en las distintas estaciones del año.

b. Una especie de pasto que llegó a un nuevo ambiente en el que hay un suelo rico en nutrientes vegetales, abundancia de luz y ninguna otra planta que compita por los recursos.

3. Completen el siguiente cuadro sobre las características generales de la reproducción de las plantas con flor (angiospermas) y los animales.

Característica reproductiva	Plantas con flor	Animales
Gameta femenina		
Gameta masculina con movilidad propia		
Tipo de estrategias para el encuentro de las gametas		
Tipo de fecundación		
Estructura que protege al embrión		
Nutrición del embrión en el desarrollo		
Tipo de desarrollo		
Estrategias para el cuidado de los nuevos individuos		
Estrategias para la dispersión de los nuevos individuos		

a. ¿Qué similitudes encuentran en la reproducción sexual de los animales respecto de las plantas?

b. ¿Cuáles podrían ser las causas de las diferencias entre la reproducción sexual de animales y plantas que completaron en el cuadro?

4. Expliquen la siguiente afirmación: "Los increíbles colores y formas que pueden tener algunas flores forman parte de las estrategias que las angiospermas han adquirido a lo largo de su historia evolutiva para asegurar su reproducción".

5. Observen las siguientes imágenes y respondan.

a. ¿Cuál es el macho y cuál es la hembra?

b. ¿Cuáles son las diferencias entre los machos y las hembras?

c. ¿Por qué los machos tienen esas características?

Reproducción humana

8

Contenidos

> Pubertad y adolescencia
> Reproducción humana
> Ciclo menstrual
> Reproducción de otros mamíferos y vertebrados
> Ciclo estral
> Sexualidad responsable
> Enfermedades de transmisión sexual
> Tecnología reproductiva

El pasaje de la niñez a la adultez se denomina adolescencia. Esta es una etapa de transición en la cual, además de tener que habituarse a las modificaciones del cuerpo, hay cambios psicológicos que llevan a tener una relación distinta con los adultos, sobre todo con los padres. Durante los años de la adolescencia, el individuo busca construir su identidad adulta. Por ejemplo, hay que habituarse a las nuevas miradas y formas de relacionarse con los compañeros del sexo opuesto, a eventos como fiestas y bailes, a nueva indumentaria, interminables charlas y chateos, acercamientos y enojos, confesiones, carcajadas en grupo y angustias en solitario.

EN ESTE CAPÍTULO...

Se explican los cambios que ocurren en el cuerpo durante la pubertad, y su relación con la maduración sexual y la perpetuación de la especie. Además, se describe cómo los sistemas nervioso y endocrino interactúan y regulan el sistema reproductor.
Asimismo, se explica la importancia de una sexualidad responsable, para evitar enfermedades de transmisión sexual y embarazos no deseados.

Contenido digital adicional

www.tintaf.com.ar/BIO2C8

El subrayado

La técnica del subrayado ayuda a estar atento y activo durante la lectura para seleccionar las palabras y frases clave.

Pubertad y adolescencia

El período de transición entre la infancia y la adultez se denomina **adolescencia**. Esta etapa se caracteriza por una serie de cambios físicos y psíquicos, y se extiende desde los 11 años hasta aproximadamente los 20 años, cuando se inicia la etapa adulta.

Se distinguen dos momentos de la adolescencia.

- La **pubertad**: período en el que ocurren cambios físicos y funcionales.
- La **adolescencia propiamente dicha**: período de desarrollo de la personalidad, caracterizado por un proceso de transición a la etapa adulta.

Los cambios de la pubertad no ocurren exactamente a la misma edad en todos los niños. Puede haber diferencias, sin que esto signifique una anormalidad.

En los varones, la pubertad suele comenzar entre los 12 y los 14 años. En esa etapa, el **pene** comienza su crecimiento y los **testículos** empiezan a funcionar como productores de **espermatozoides** y de hormonas sexuales. Las **hormonas sexuales** son sustancias producidas por ciertas glándulas que estimulan la aparición de características físicas, también llamadas **caracteres sexuales secundarios masculinos**: crece vello en el pubis, el rostro, las axilas, las piernas y el pecho; la voz se hace más grave; aumenta la masa muscular; y pueden aparecer barritos, acné, etcétera. Además, es común que durante el sueño, el varón elimine involuntariamente pequeñas cantidades de semen. Este fenómeno se denomina **polución nocturna** y es característico del comienzo de la pubertad.

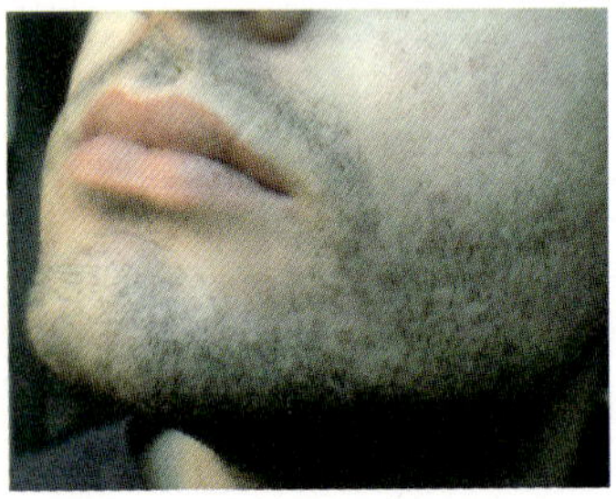

Uno de los cambios físicos durante la adolescencia es la aparición del vello facial en los varones.

En las niñas, la pubertad suele comenzar entre los 10 y los 12 años. En esta etapa, los **ovarios** comienzan a funcionar como órganos productores y liberadores de **ovocitos** (habitualmente llamados **óvulos**) y hormonas sexuales. También se caracteriza por la **menarca** o **primera menstruación**. Las hormonas sexuales estimulan la aparición de los **caracteres sexuales secundarios femeninos**: los pechos se agrandan, crece vello en el pubis y las axilas, se ensanchan las caderas y se afina la cintura, y también pueden aparecer barritos o acné.

Pero no solo los cambios físicos caracterizan esta etapa. Las **emociones** y la **afectividad** también forman parte de la adolescencia. Durante la adolescencia, los jóvenes buscan su identidad, comienzan a comprender que han dejado la niñez, se preocupan por su futuro y empiezan a involucrarse más con la sociedad en la que viven.

La **sexualidad** de una persona se construye a partir de su condición de varón o de mujer, de su edad, de las costumbres, normas y valores de la sociedad en la que vive, además de su capacidad de percibir y expresar emociones. Es decir, la sexualidad está conformada por la integración de los aspectos biológicos, psicológicos, sociales y culturales de cada persona. Su **genitalidad**, en cambio, está determinada por sus órganos y hormonas sexuales.

En las páginas siguientes se describirá la variación de la anatomía de los adolescentes, y se explicarán los procesos biológicos que llevan a tal modificación.

Actividades

1. Elaboren una lista de actividades típicas de la niñez, y otra con actividades típicas de un adolescente.
2. Escriban tres palabras que representen el cambio de la niñez a la adolescencia.

Sistema reproductor femenino

El sistema reproductor femenino está compuesto por un conjunto de estructuras externas y un grupo de órganos internos.

Los **ovarios**, que tienen un tamaño similar al de una almendra, producen los óvulos o células sexuales femeninas. También producen dos hormonas que intervienen en el desarrollo de las características sexuales secundarias femeninas: el **estrógeno** y la **progesterona**. Cada ovario se relaciona estrechamente con un conducto denominado **trompa de Falopio**, que conduce el óvulo al útero. Las trompas están revestidas por células que poseen cilias*, que con su movimiento ayudan en el transporte del óvulo. Si durante el trayecto por las trompas el óvulo se encuentra con un espermatozoide, se produce la **fecundación**, es decir, la unión entre una célula sexual femenina y una masculina.

El **útero** es un órgano hueco, de paredes gruesas, elásticas y musculares. Su interior está recubierto por un tejido con abundantes vasos sanguíneos, llamado **endometrio**. En su parte inferior se encuentra el cuello del útero, que se comunica con la vagina. En el útero se desarrolla el bebé durante el embarazo.

La **vagina** participa en varios procesos: allí se introduce el pene y se deposita el semen durante el acto sexual; conduce la menstruación al exterior y es el canal natural de parto.

En la vagina se encuentra la **flora vaginal**, que son un conjunto de bacterias que viven allí de manera natural y sin causar daño. Cumple un rol protector, al evitar el aumento de la cantidad de otras bacterias que pueden ser perjudiciales.

Una membrana llamada **himen** cubre total o parcialmente el orificio vaginal, y se rompe durante las primeras relaciones sexuales o durante algún ejercicio físico intenso.

Fuera de la cavidad abdominal, y cubriendo el orificio vaginal, se encuentran unos pliegues de piel llamados **labios menores**. Estos, a su vez, están protegidos por otros más gruesos, denominados **labios mayores**, en los que al comienzo de la pubertad aparece vello. Protegido por estas estructuras se encuentra el **clítoris**, un órgano muy sensible con una estructura muy similar a la del pene. La estimulación del clítoris provoca un aumento de las secreciones que lubrican la vagina, lo que facilita el ingreso del pene.

El conjunto de estructuras externas se llama **vulva**.

Glosario

cilias: organoides celulares que realizan movimientos ondulantes y rítmicos.

Curiosidades

Cuando nacen, las mujeres poseen unos dos millones de ovocitos, algunos de los cuales mueren. Las adolescentes tienen unos 400 mil ovocitos, muchos de los cuales serán liberados cada mes hasta la menopausia (aproximadamente entre los 50 y 60 años), momento en el cual ya no se produce la maduración de los ovocitos.

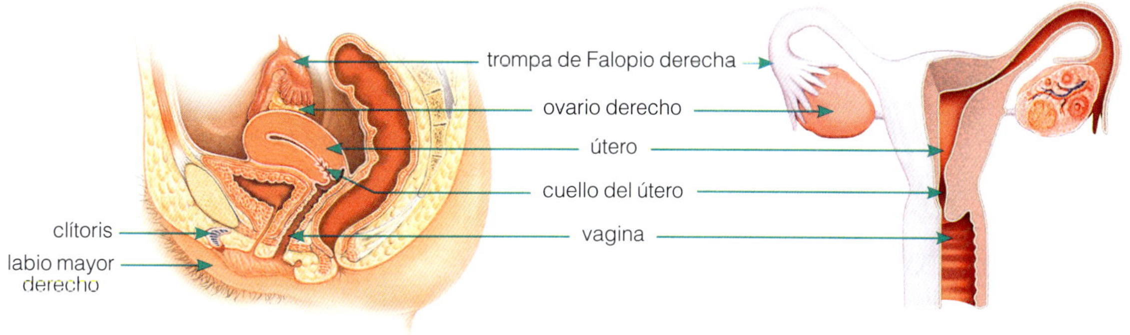

Vista sagital del interior de la pelvis femenina.

Vista frontal de los órganos reproductores internos femeninos.

Sistema reproductor masculino

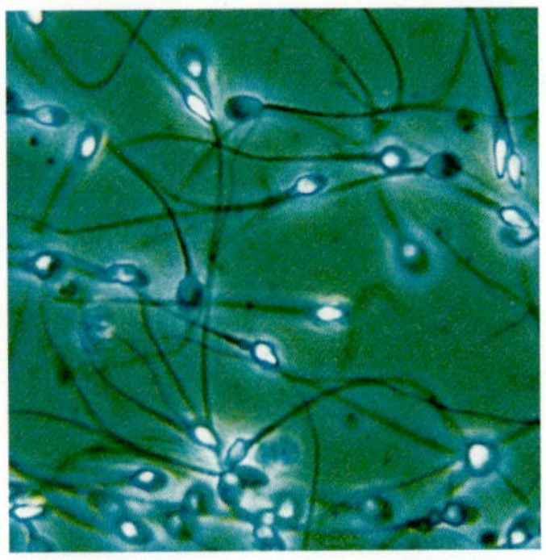

Millones de espermatozoides se liberan en cada eyaculación.

El sistema reproductor masculino está compuesto por un conjunto de órganos, unos externos y otros internos.

Los **testículos** son dos órganos que se encuentran dentro de un repliegue de piel llamado **escroto**, localizado fuera de la cavidad abdominal. Esta ubicación mantiene los espermatozoides a una temperatura menor que la corporal. Por encima de esta temperatura, la producción y la supervivencia de los espermatozoides se encuentra amenazada.

Los testículos cumplen dos funciones: producir espermatozoides o células sexuales masculinas, y fabricar testosterona, la hormona masculina.

Dentro de los testículos hay una innumerable cantidad de tubos largos y muy delgados, los **túbulos seminíferos**, en los que se producen los espermatozoides. Una vez originados, los espermatozoides aún inmaduros se depositan en el **epidídimo**, un tubo colector plegado que se ubica a ambos lados de los testículos. Allí, los espermatozoides completan su maduración.

La **testosterona** interviene en la aparición de las características sexuales secundarias en los varones. Esta hormona es producida por las **células de Leydig**, ubicadas entre los túbulos seminíferos.

Una vez maduros, los espermatozoides salen de los testículos y transitan por los **conductos deferentes**. En estos conductos vuelcan sus secreciones la próstata, las vesículas seminales y las glándulas de Cowper o bulbouretrales. Dichas secreciones conforman el fluido denominado **semen**, en el cual los espermatozoides se desplazan con su cola o flagelo. Las **vesículas seminales** fabrican un líquido rico en un hidrato de carbono, la fructosa, que les sirve de alimento a los espermatozoides durante su recorrido. La **próstata** produce secreciones que mejoran las condiciones de movilidad, supervivencia y transporte de los espermatozoides. Las **glándulas de Cowper** son dos y se encuentran a ambos lados de la uretra. Secretan un líquido alcalino que neutraliza la acidez de la uretra y lubrica el pene durante el acto sexual.

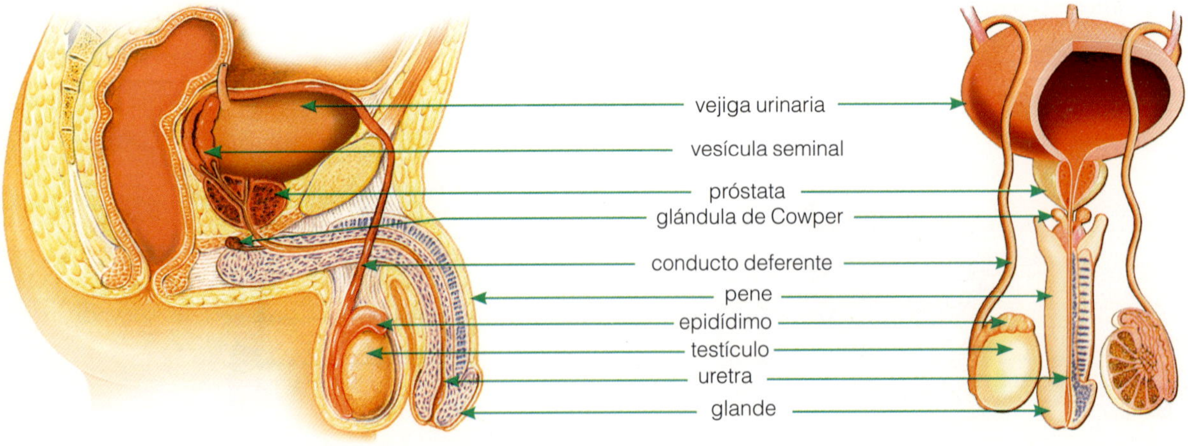

Vista sagital del interior de la pelvis masculina.

Vista frontal del sistema reproductor masculino.

Los espermatozoides, junto con el semen, luego de pasar por los conductos deferentes, son liberados hacia el exterior a través de la **uretra**. Este conducto se encuentra dentro del órgano copulador o pene, y está compartido con el sistema excretor, porque también conduce la orina desde la **vejiga** hacia el exterior. El proceso de liberación de semen a través de la uretra se denomina **eyaculación**.

El **pene** facilita el ingreso del semen en el aparato reproductor femenino. Está constituido por dos **cuerpos cavernosos**, tejido que posee espacios que ante un estímulo nervioso se llenan de sangre y producen el aumento de tamaño del pene y su rigidez. Este cambio se llama **erección**. También posee un **cuerpo esponjoso**, por donde pasa la uretra. En su extremo se encuentra el **glande**, que es la porción más sensible de este órgano. El glande está protegido por un pliegue de piel llamado **prepucio**.

Las definiciones

Conviene subrayar en el texto las definiciones de las palabras clave para determinar su significado exacto.

La higiene y la prevención de enfermedades

La **zona genital femenina** es una región muy sensible del cuerpo, y debido a los pliegues que posee es propicia a la proliferación de microorganismos e infecciones. Para evitar inconvenientes se recomienda no usar ropa ajustada, preferir la ropa interior de algodón, utilizar jabones con pH ácido porque el medio vaginal tiene esa condición, y al limpiarse con el papel higiénico siempre debe hacerse de adelante hacia atrás, para no contaminar la región vaginal.

En los **varones**, desde que el niño nace, es conveniente que los padres corran hacia atrás el prepucio, y laven el glande con agua y jabón. Esta higiene debe continuarse en cada baño durante toda la vida del hombre. De lo contrario, la abertura y la piel del prepucio pueden volverse menos elásticas y dificultar su deslizamiento hacia atrás. En consecuencia, es posible que se acumule una secreción llamada **esmegma**, producida por la mucosa de esa zona. La acumulación de esta secreción puede causar **fimosis**, es decir, impedir el deslizamiento del prepucio.

Curiosidades ▶

La circuncisión es una práctica que se realiza en gran parte del mundo. Consiste en cortar una región del prepucio. En algunos casos forma parte de una tradición religiosa, mientras que en otros, de una cuestión de higiene. La Organización Mundial de la Salud (OMS) sostiene que el 30% de los hombres en el mundo están circuncidados.

Actividades

1. Con la información de estas páginas, escriban las características sexuales secundarias que se producen durante la pubertad y que permiten diferenciar a varones de mujeres.

2. Copien y completen, en su carpeta, el siguiente cuadro.

	Sistema reproductor masculino	Sistema reproductor femenino
Células sexuales		
Órgano productor de células sexuales		
Órganos reproductores externos		
Órganos reproductores internos		
Función de cada uno de los órganos reproductores		

George Nicholas Papanicolaou

George Papanicolaou nació el 13 de mayo de 1883 en Kymi, Grecia. (...) En 1898 comenzó los estudios de Medicina en la Universidad de Atenas y en 1910 se marchó a Estados Unidos. (...). En 1920 empezó a trabajar con flujo vaginal humano. Tres años después, pudo aislar células cancerosas, entonces se centró en el tema buscando sistemáticamente este tipo de células. Aunque el hallazgo ya se había realizado con anterioridad, lo interesante de Papanicolaou es que supo buscar una técnica para conservar las células con una fijación y tinción* adecuadas.

Glosario

biopsia: muestra de tejido tomada de un ser vivo, con fines diagnósticos.
citología: parte de la Biología que estudia la célula.
neoplasia: multiplicación o crecimiento anormal de células de un tejido del organismo.
tinción: acción y efecto de teñir.

(...) Este hallazgo permitiría detectar el cáncer antes de poder palparlo u observarlo directamente. (...) En el Hospital de Nueva York se sometió a todas las mujeres del servicio de ginecología a una citología* exfoliativa. Se trataba de una prueba sencilla, no dolorosa. Mediante una espátula se obtenían células del fondo de la vagina y del ectocérvix. Con un pequeño cepillo redondeado se tomaban células del interior del cuello y se procedía después al estudio citológico.

Los resultados fueron contundentes: el uso rutinario de esta técnica permitía diagnosticar un buen número de casos de neoplasia* uterina asintomática que no eran visibles por el ojo y que solo podían demostrarse por biopsia*. Los resultados se dieron a conocer en el American Journal of Obstetrics and Gynecology, en agosto de 1941, en el artículo titulado "The diagnostic value vaginal smears in carcinoma of the uterus". Señalaba que el método hallado tenía gran eficacia; era sencillo, económico, podía utilizarse masivamente y permitía detectar el cáncer en sus inicios o en la etapa preinvasiva. (...)

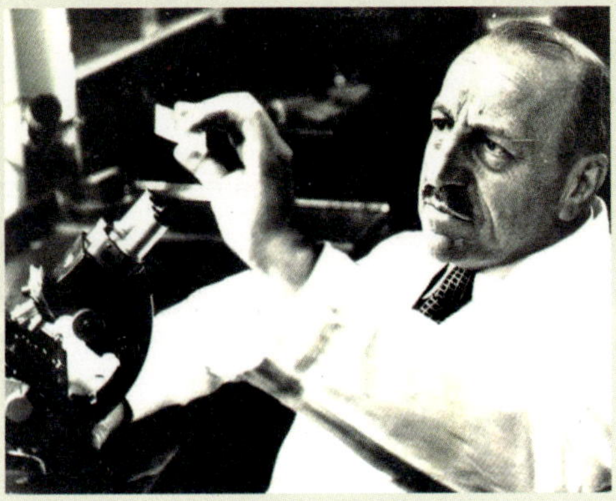
George N. Papanicolaou (1883-1962).

Papanicolaou ocupó el puesto de director del Instituto de Investigación de Cáncer, en Miami. Murió de un infarto de miocardio el 19 de febrero de 1962.

El test de Papanicolaou o "Pap test" es una de los aportes más importantes de la medicina preventiva en el siglo XX. Sigue siendo la prueba más adecuada y empleada para el diagnóstico de lesiones precursoras de cáncer de cuello uterino. Aunque no es infalible, este test detecta el 95% de cánceres cervicales y, lo que es más importante, los detecta en un estado en el que todavía no se ven a simple vista. Por lo tanto, pueden ser tratados y, casi siempre, curados.

José L. Fresquet,
Instituto de Historia de la Ciencia y Documentación (CSIC-Universidad de Valencia), marzo, 2005. (Adaptación).

Actividades

1. Averigüen qué controles ginecológicos deben hacerse las mujeres, desde qué edad y cada cuánto tiempo.
2. ¿Qué permite detectar el test de Papanicolaou?

Ciclo menstrual

Cuando se inicia la pubertad, las hormonas comienzan a actuar sobre el útero y los ovarios, lo que desencadena una serie de procesos involucrados en la reproducción.

El **ciclo menstrual** es una sucesión de eventos que ocurren en el sistema reproductor, controlados por hormonas que se desarrollan mensualmente en el organismo femenino. Estos procesos se relacionan con la liberación de los óvulos y la preparación de la pared interna del útero, el **endometrio**, ante un posible embarazo.

El ciclo menstrual tiene una duración promedio de 28 días, pero son muy comunes las variaciones en cada una de las mujeres.

La **glándula hipófisis**, ubicada en la base del cráneo, produce y libera dos hormonas que intervienen en la reproducción humana. Una de ellas es la hormona **FSH** o **foliculoestimulante**, que llega a los ovarios a través de la sangre y provoca en ellos la maduración de los óvulos. Los óvulos, y un grupo de células que lo rodean, maduran dentro de **folículos ováricos** o **de Graaf**. Los folículos crecen hasta que solo uno de ellos madura. Mientras tanto, el folículo produce y libera estrógeno, una hormona que estimula el desarrollo del endometrio en el útero.

La otra hormona es la **LH** o **luteinizante**, la cual desencadena la **ovulación**, es decir, la salida del óvulo hacia la trompa de Falopio. Este evento sucede alrededor del día 14 del ciclo.

Una vez liberada la célula sexual, los restos del folículo (cuerpo lúteo) producen la hormona progesterona, que mantiene el endometrio para un eventual embarazo.

El óvulo es transportado por las trompas de Falopio y, si no hay fecundación, es eliminado. El endometrio se desprende de la pared del útero unos 14 días después. La sangre con restos de tejidos y células muertas que se expulsa durante aproximadamente 5 días, se denomina **menstruación**. El ciclo se repite todos los meses.

Los esquemas gráficos

Pueden usar los esquemas gráficos para repasar un tema: tapen el texto y expliquen lo que saben de las partes que marca el esquema en la imagen.

Actividades

1. ¿Cuáles son las hormonas que libera la glándula hipófisis y que intervienen en la reproducción humana? ¿Cuál es la función de cada una de ellas?
2. Diferencien ovulación de menstruación.

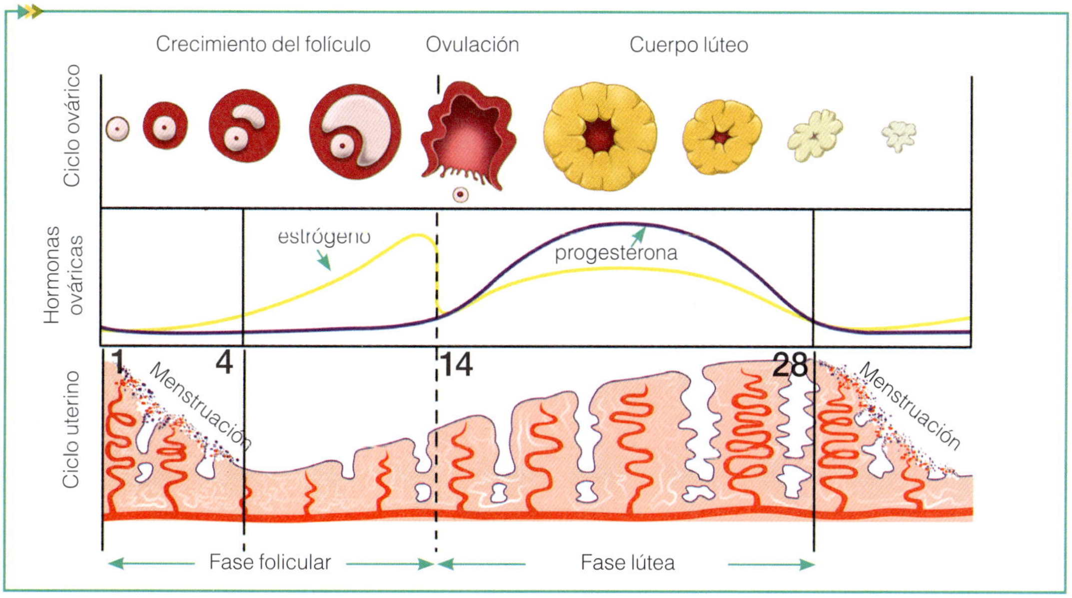

Ciclo menstrual.

Fecundación

Curiosidades

En ciertas ocasiones, una mujer puede liberar más de un óvulo durante su ciclo menstrual. Cuando se liberan dos óvulos, y cada uno es fecundado por un espermatozoide, se forman dos huevos o cigotas que darán origen a **mellizos**. Los **gemelos idénticos** se originan a partir de una sola cigota, producto de la unión de un óvulo y un espermatozoide. La cigota comienza a reproducirse y, en cierto momento, las células hijas se separan y dan lugar a dos embriones.

Mientras el óvulo se encuentra alojado en el interior de una de las trompas de Falopio, los espermatozoides se desplazan hacia él. Sin embargo, las células sexuales masculinas pueden encontrarse con muchos obstáculos que dificultan la **fecundación**. Por ejemplo, muchos espermatozoides mueren debido a la temperatura elevada de los órganos reproductores femeninos y a la acidez de las secreciones vaginales. Solo unos pocos llegan hasta el óvulo y, una vez que lo alcanzan, es posible que esta célula sexual femenina ya no se encuentre apta para la fecundación. En caso contrario, solo un espermatozoide logra introducir su material genético dentro del óvulo. Una vez que esto sucede, en la célula sexual femenina ocurre una reacción que impide el ingreso de otros espermatozoides.

Aunque los obstáculos son muchos, la inmensa cantidad de espermatozoides eleva la probabilidad de que varios de ellos lleguen al óvulo y lo fecunden.

La fecundación en los seres humanos

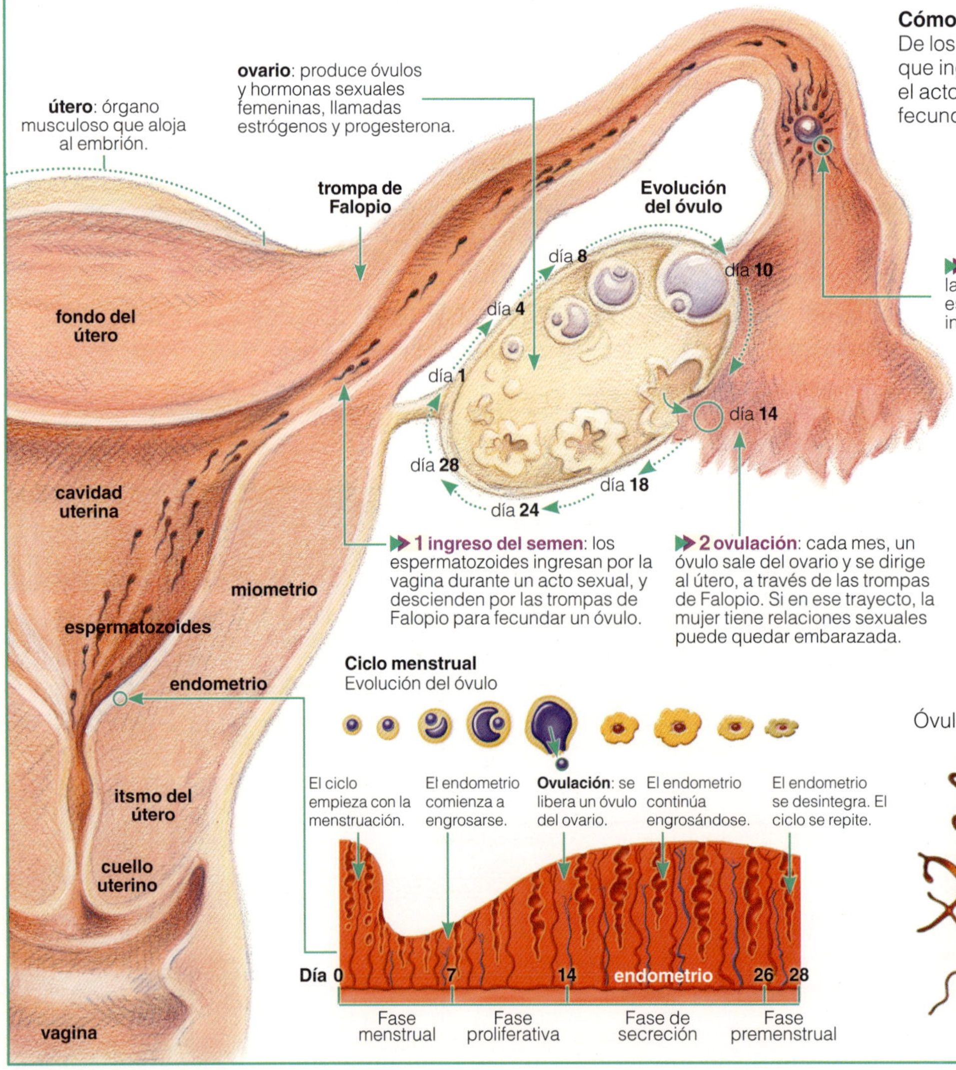

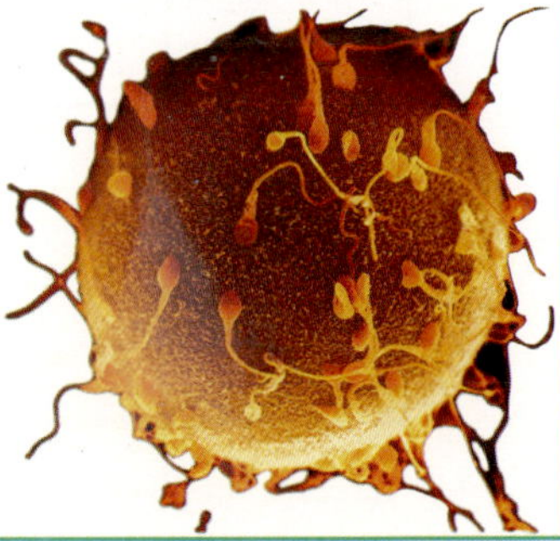
Óvulo fecundado.

Embarazo

El **embarazo** es el tiempo que tarda un bebé en desarrollarse dentro del útero de la madre. Comienza con la fecundación, sigue con la gestación y termina con el parto. Esta etapa dura aproximadamente nueve meses, y en ella se produce una gran cantidad de cambios en el feto y en la madre.

La fecundación, la unión del óvulo y el espermatozoide, se produce en las trompas de Falopio y da lugar a la **célula huevo** o **cigota**. Apenas se origina esta célula, comienza a dividirse primero en dos células, luego en cuatro, luego en ocho y así sucesivamente. Mientras tanto, va descendiendo hasta llegar al útero, esto tarda una semana. Hasta ese momento, las células que forman el **embrión** se alimentan de las sustancias nutritivas que posee el óvulo. En este punto, el embrión comienza la **implantación**. Un grupo específico de células que forman el embrión son las encargadas de romper el tejido del endometrio y penetrar entre sus células. En este momento se desarrollan dos membranas que recubren el embrión. Una membrana es el **amnios**, que contiene el llamado **líquido amniótico**. El embrión flota en este líquido, compuesto en su mayor porcentaje por agua. Su función es proteger al embrión amortiguando golpes. Otra membrana es el **corion**, que recubre al amnios. El corion desarrolla ramificaciones dentro del endometrio, lo que origina la **placenta**. A través de esta estructura se comunica el cuerpo de la madre con el del embrión: el bebé recibe nutrientes y oxígeno del cuerpo de la madre, y también elimina los desechos, como el dióxido de carbono. El **cordón umbilical** conecta el embrión con la placenta.

Durante los primeros dos meses se originan todos los órganos del embrión. A partir del tercer mes de gestación, el embrión pasa a llamarse **feto**. En esta etapa se ponen en funcionamiento los sistemas de órganos y el feto crece de tamaño y de peso, hasta que se cumplen los nueve meses que dura aproximadamente la gestación y se produce el parto.

Durante el **parto**, el bebé y la placenta salen al exterior. Es un proceso que puede durar varias horas y en el que se distinguen tres etapas. La primera es la **dilatación** del cuello del útero. El útero es un órgano muscular que tiene la capacidad de contraerse, las contracciones comienzan a sentirse y la cabeza del bebé empieza a empujar el cuello del útero. La segunda etapa es el **parto**, es decir, la salida del bebé. Las contracciones son intensas para permitir la expulsión del bebé. La última etapa es el **alumbramiento**, en la que se produce la expulsión de la placenta.

Actividades

1. Escriban, con sus palabras, un texto breve sobre el embarazo. Incluyan los siguientes conceptos: fecundación, implantación, cigota, placenta, corion, embarazo, amnios, parto.

2. ¿Cuáles son las etapas del parto? ¿Qué sucede en cada una de ellas?

3. Busquen información en enciclopedias o Internet y respondan las siguientes preguntas.

a. ¿Por qué son importantes los cuidados maternos, especialmente durante los primeros meses de embarazo?

b. ¿Qué controles debe realizarse una embarazada?

c. ¿En qué circunstancias se efectúa una cesárea?

d. ¿Qué controles se le realizan a los recién nacidos?

Etapas del parto

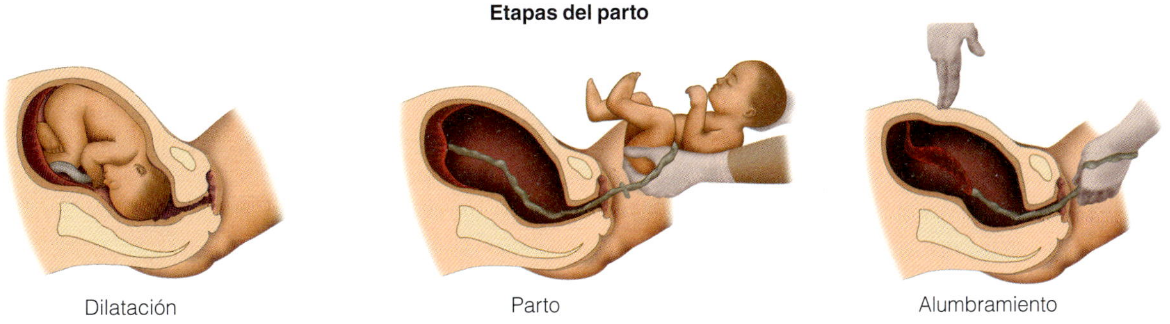

Sumate a la campaña para prevenir el embarazo adolescente "Hablar es prevenir"

Esta es una campaña cuyo objetivo es concientizar acerca del problema del embarazo adolescente en nuestro país y de la necesidad de educar e informar a niñas, niños y adolescentes para prevenirlo. Es un proyecto impulsado por el Fondo de Población de las Naciones Unidas (UNFPA) en el marco del Día Internacional de la Niña, que se celebra el 11 de octubre.

Este día reconoce los derechos y desafíos únicos a los que se enfrentan las niñas y adolescentes en todo el mundo, e invita a que la sociedad se una para destacar, conversar y discutir el tema para así avanzar en la mejora de sus oportunidades y derechos.

Millones de niñas y adolescentes ven sus proyectos de vida truncados y su potencial perdido por la falta de educación, la violencia y el embarazo cuando aún son muy jóvenes. El embarazo adolescente es un fenómeno preocupante a nivel mundial, y especialmente en América Latina y el Caribe, donde al menos una de cada cinco mujeres tiene su primer hijo antes de cumplir los 18 años. La tasa de adolescentes embarazadas en América Latina y el Caribe solo es superada por África y es mucho mayor que el promedio mundial. (...)

¿Qué pasa en la Argentina?

Es un fenómeno preocupante: hay en la actualidad 3,5 millones de niñas y adolescentes de entre 10 y 19 años, que conforman casi el 9% de la población total. La cantidad de nacimientos por año es de 700.000, y el 16% proviene de madres adolescentes de entre 15 y 19 años (en algunas provincias equivale al 25%) y más de 3.000 son de niñas de 10 a 13 años. Esto significa que al menos una de cada seis mujeres tiene su primer hijo antes de cumplir los 19 años. Es decir, que 322 nacimientos por día en el país son de madres adolescentes. El 69% de esas mujeres adolescentes no planearon ese embarazo.

El embarazo adolescente implica mayor riesgo de salud, menos desarrollo y menos competitividad económica. Por eso, prevenirlos generaría más beneficios para las niñas y adolescentes (más educación, salud, retraso de la maternidad, y mayores ingresos), más beneficios para sus familias (mejores empleos, capacidad de ahorro, mejor situación económica familiar) y más beneficios para nuestro país (aumento del PBI, mejor salud, más participación ciudadana).

"Hablar es prevenir"

(...) UNFPA trabaja en la Argentina desde hace 11 años promoviendo el derecho de cada mujer, cada hombre y cada niño a disfrutar de una vida saludable, con igualdad de oportunidades para todos. Para ello colabora en la formulación de políticas y programas velando porque cada embarazo sea deseado, cada parto se realice en condiciones de seguridad y cada joven alcance su pleno desarrollo.

Campaña nacional "Hablar es prevenir".

entremujeres.clarin.com/genero/embarazo-adolescente-UNFPA-familia-campana_0_1226877371. 9/10/2014. (Adaptación).

Actividades

1. Armen grupos de cuatro integrantes y elaboren afiches sobre el embarazo adolescente, para dar a conocer los datos del texto a los alumnos de su escuela. Pueden agregar imágenes.

Neurociencia

Sonidos maternos para los prematuros

Los latidos del corazón y la voz de la madre promueven el desarrollo cerebral de los niños nacidos antes de las 37 semanas de gestación.

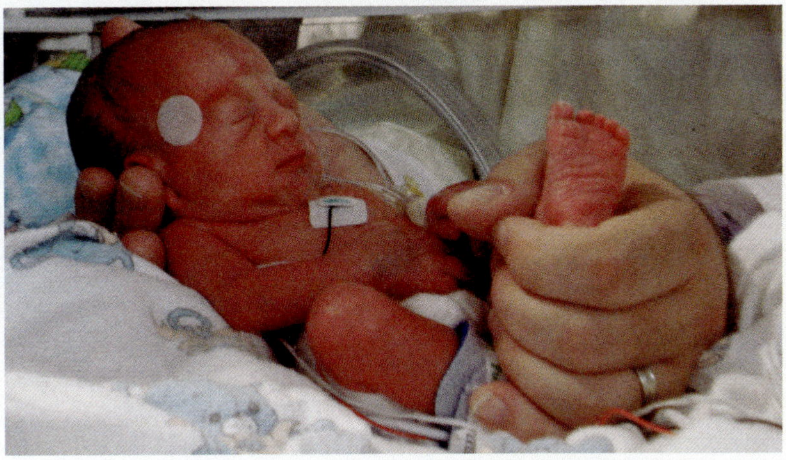

A pesar de la falta de madurez de las vías auditivas en los bebés prematuros, su corteza cerebral auditiva presenta una mayor adaptación a los sonidos maternos que al ruido ambiental.

Si, justo después de nacer, se expone a un bebé prematuro a un entorno sonoro similar al que ha experimentado en el útero materno, se promueve el desarrollo del centro auditivo de su cerebro. Dicho de otra manera, su corteza auditiva aumenta.

El equipo dirigido por Amir Lahav, de la Escuela de Medicina de Harvard, en Boston, expuso a 21 niños prematuros, nacidos entre las semanas 25 y 32 de gestación y elegidos al azar de entre un total de 40 bebés, a grabaciones sonoras de los latidos del corazón y de la voz de sus respectivas madres tres horas cada día y durante un mes. Los científicos modificaron las grabaciones con el objetivo de que se asemejaran a las impresiones acústicas que experimentan los niños cuando se encuentran en el útero materno. Los bebés prematuros del grupo de control tuvieron que conformarse con el ruido de fondo usual de la unidad de cuidados intensivos neonatales del hospital donde se llevó a cabo la prueba, es decir, el zumbido de los ventiladores y las bombas de infusión, y los pitidos de los buscapersonas, los monitores y las alarmas.

Un mes después, Lahav y su equipo examinaron el cerebro de los recién nacidos mediante una ecografía craneal. Constataron que la corteza auditiva (responsable del procesamiento de los estímulos acústicos) de los lactantes que habían escuchado las grabaciones de su madre con regularidad había aumentado. Este efecto se observó en ambos hemisferios cerebrales; otras regiones no presentaron modificación alguna.

Según concluyen los autores, el ruido ambiente del seno materno contribuye al desarrollo cerebral de los niños prematuros. Asimismo, sugieren que los sonidos de la madre sientan las bases para que el cerebro de los niños sea capaz de procesar de manera correcta los sonidos y el habla. Con todo, los investigadores no se aventuran a concretar en qué medida influyen estos efectos. No obstante, existen numerosos estudios que confirman que la voz de la madre desempeña un papel esencial en el desarrollo del centro de la audición y del habla durante el período de lactancia.

www.investigacionyciencia.es/noticias/sonidos-maternos-para-los-prematuros-12933. 25/05/2015. (Adaptación).

Actividades

1. Lean el artículo y luego resuelvan las consignas.

a. ¿Cuál les parece que fue la hipótesis que se planteó el grupo de científicos antes de comenzar la investigación?

b. Describan el procedimiento realizado con los 21 bebés.

c. ¿Para qué sirve el grupo de control?

d. ¿Qué datos recogieron los científicos de su experimentación?

e. ¿A qué conclusión llegaron?

Tecnología reproductiva

Se necesitan instrumentos y equipos específicos para realizar técnicas de fertilización asistida.

Hay parejas que a pesar de intentar tener hijos durante mucho tiempo, no lo consiguen. Las causas pueden ser de tipo **anatómicas**, es decir, algún problema en la estructura de los órganos reproductores, o **fisiológicas**, es decir, inconvenientes en algún proceso involucrado en la reproducción, o incluso varias causas combinadas. El trastorno puede tenerlo un solo integrante de la pareja o los dos. Conviene consultar al médico especialista en fertilidad para comenzar a realizar estudios y saber cuál o cuáles son los problemas para concebir un embarazo. De esta forma, se puede iniciar el tratamiento más indicado para cada caso.

Las **técnicas de fertilización asistida** son un conjunto de procedimientos que tienen como objetivo aumentar las posibilidades de un embarazo.

Hay tratamientos sencillos, como la **estimulación ovárica**, en el cual se pretende conseguir que en los ovarios maduren más óvulos en la ovulación. Otro tratamiento es la **inseminación artificial**. En este caso, se obtiene el semen del varón, se lo analiza y se introduce a los seleccionados en el útero de la mujer. El semen puede provenir de un donante.

Existen tratamientos más complejos, como la **fecundación in vitro** (FIV). *In vitro* viene del latín y significa "en vidrio", porque la fecundación por medio de esta técnica se realiza en el laboratorio. Luego, el óvulo fecundado es trasladado al útero para que se implante.

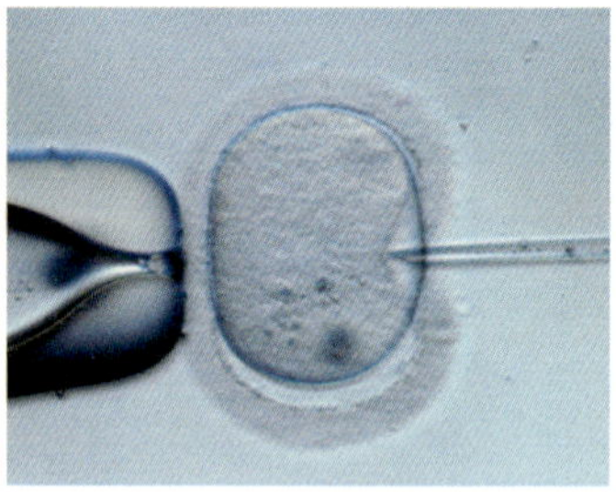

El método ICSI consiste en la introducción de un espermatozoide seleccionado en un óvulo.

Cuando los óvulos no llegan a las trompas de Falopio por alguna anormalidad en ellas o cuando la calidad de los espermatozoides no es buena, se extraen las células sexuales del hombre y de la mujer, y se introducen directamente en las trompas de Falopio para que se produzca la fecundación de manera natural. Esta técnica se llama **transferencia intratubaria de gametas** (GIFT).

Si la cantidad de espermatozoides es muy baja existe otra técnica más compleja, llamada **inyección intracitoplasmática de espermatozoides** (ICSI). Consiste en la introducción de un espermatozoide seleccionado en un óvulo. Luego de producida la fecundación, se esperan cinco días y se implanta el embrión en el útero de la mujer.

Por medio de estas técnicas se pueden producir embarazos múltiples ya que, en general, se transfieren varios embriones para garantizar que al menos uno complete su desarrollo.

Curiosidades ▶

Algunos tratamientos pueden afectar los órganos productores de las gametas o a las gametas mismas. En esos casos se puede recurrir a la **criopreservación**: se conservan los óvulos o los espermatozoides a 200 °C bajo cero por el tiempo que el paciente lo requiera.

Actividades

1. En nuestro país, la Ley N° 26.862 de "Reproducción médicamente asistida" (también conocida como Ley de fertilización asistida) fue sancionada el 5 de junio de 2013.

a. Averigüen cuál es el objetivo de la ley, qué técnicas de reproducción medicamente asistida incluye y qué centros de salud realizan estas técnicas (hospitales públicos, clínicas privadas o todos).

b. ¿Por qué les parece que es importante que haya una ley que regule la fertilización asistida?

“El éxito de un trasplante de útero es que la mujer consiga dar a luz”

El médico pionero en este tipo de intervenciones ha recibido numerosas peticiones de mujeres que quieren ser madre.

El ginecólogo sueco Mats Brännström muestra orgulloso una fotografía que prueba el avance médico que protagonizó el pasado septiembre: madre, hijo y donante sonríen a la cámara como prueba de la primera vez que una mujer que recibió un trasplante de útero tuvo un bebé. Este caso ha sido el primero, pero no el único. “Otros dos embarazos han llegado a buen término”, dice Brännström en un despacho de la clínica Salud de la Mujer Dexeus de Barcelona, el mismo día que recogió un premio de esta institución sanitaria.

El médico, profesor de la Universidad de Gotemburgo, rememora por qué puso en marcha su proyecto de investigación. “Fue en Australia, en 1998, con una paciente que había sufrido un cáncer cervical y hubo que extirparle el útero. Ella me dijo que por qué no le hacía un trasplante, que su madre se lo podría donar... En realidad, yo nunca había pensado sobre eso y en ese momento me pareció una locura”, relata. Pero poco le duró la duda. Al año siguiente, su equipo empezó a investigar con animales. Se planteaba así realizar el primer trasplante temporal —tras el embarazo, el órgano se extirpa—, no exento de polémica. Para muchos, por la relación entre riesgo y beneficio que suponía el trasplante, la intervención no valía la pena. “Durante cinco años hemos trabajado y publicado bastante sobre el tema ético, pero no solo los médicos, sino también los enfermeros y los pacientes”, reconoce el ginecólogo.

El equipo de Brännström tardó 12 años en perfeccionar la técnica y atreverse a practicarla en humanos. La idea era trasplantar el útero a mujeres que, pese a tener los ovarios intactos, carecían del órgano para gestar al bebé. Luego, se le transferiría una gameta fecundada.

Mats Brännström, ginecólogo y cirujano neonatal.

Nueve mujeres fueron trasplantadas con éxito. Pero todavía no se podía hablar realmente de éxito. “La primera victoria es la cirugía, luego que la mujer tenga la menstruación con normalidad y después el embarazo... Pero la definición del éxito del trasplante de útero es que la mujer consiga dar a luz”, sentencia.

Dos mujeres sufrieron rechazos y hubo varios abortos. Hasta ahora, tres de las jóvenes han conseguido llevar el embarazo a buen puerto y una cuarta está encinta de 18 semanas. “Podemos decir que ha habido tres trasplantes de útero exitosos en el mundo”, ríe el ginecólogo.

Él y su equipo hacen seguimiento a las madres, hijos y donantes que han participado en su proyecto. “Hay que asegurar que no les pase nada dentro de 15 años. Todavía no sabemos qué riesgos pueden tener a largo plazo, pero no solo riesgos médicos, sino también psicológicos, por lo que el seguimiento de los pacientes es necesario”. (...)

elpais.com/elpais/2015/03/01/ciencia/1425227492_564668. [16/04/2015]. (Adaptación).

Actividades

1. Expliquen por qué el especialista realiza la siguiente afirmación:
“La primera victoria es la cirugía, luego que la mujer tenga la menstruación con normalidad y después el embarazo... Pero la definición del éxito del trasplante de útero es que la mujer consiga dar a luz”.

Leona con sus crías.

Canguro con su cría.

Mamíferos	Tiempo de gestación
Ratón	20 días
Ciervo	270 días
Ballena	12 meses
Elefante	22 meses

Ejemplos de algunos mamíferos y el tiempo que lleva el desarrollo de un nuevo individuo.

Glosario

estro: período en el que los animales sienten un mayor deseo sexual.

preñada: hembra que se encuentra gestando a un nuevo ser.

Diferencias con otros mamíferos y vertebrados

Los seres humanos pertenecemos al grupo de los **mamíferos**. Como vimos en las páginas anteriores, el embrión se desarrolla dentro del vientre materno, se nutre y elimina desechos a través de la placenta de la madre y, al momento del parto, el nuevo ser es igual a sus padres pero más pequeño, es decir, son **vivíparos**. A este grupo, al que pertenecen la mayoría de los mamíferos, se los llama **placentarios**.

Pero hay otros mamíferos en los cuales el embrión no se desarrolla completamente en el útero materno, ya que no poseen placenta. Al cabo de cierto tiempo, que varía según la especie, el feto sale por la vagina y se dirige al **marsupio**, una especie de bolsa que poseen las hembras en su abdomen, dentro del cual se encuentran las mamas. Allí, el feto termina su desarrollo alimentándose de la leche materna. A este grupo de mamíferos se los denomina **marsupiales**. Son marsupiales los canguros, los koalas y el demonio de Tasmania, entre otros.

Por último, hay un grupo primitivo de mamíferos, los **monotremas**, que habitan en Oceanía. Poseen fecundación interna pero depositan huevos al igual que las aves y los reptiles, es decir que son **ovíparos**. Al nacer, los individuos son muy pequeños y son amamantados por su madre. El equidna y el ornitorrinco son ejemplos de mamíferos monotremas.

Los mamíferos, los reptiles y las aves poseen **fecundación interna**, es decir, la unión del óvulo con el espermatozoide ocurre dentro del cuerpo de la hembra. Pero hay otros vertebrados, como los peces y los anfibios, que tienen **fecundación externa**, es decir, la unión de las células sexuales se produce fuera del cuerpo de la hembra, son los **ovulíparos**.

Ciclo estral

Las hembras de los distintos grupos de mamíferos no tienen ciclo menstrual, sino que tienen un **ciclo estral**. Este nombre se debe a que, solamente durante el estro* o celo, la hembra se encuentra receptiva al macho y se produce la ovulación de uno o muchos óvulos. A diferencia del ciclo menstrual, el ciclo estral es el período que va de un estro hasta el siguiente. La duración del estro varía según las especies.

Cuando las hembras se encuentran receptivas emiten señales hormonales y de comportamientos que le indican al macho que puede acercarse. Algunas hembras de animales, como las perras, solo tienen uno o dos estros en el año; otros, como las yeguas, ovejas y cabras tienen estros estacionales, es decir, en determinadas estaciones del año. Los factores estacionales que desencadenan el estro son la luz, la temperatura y la alimentación. También hay animales, como las vacas, que poseen ciclos continuos salvo si está preñada*. En otros animales, la ovulación es provocada por la cópula. Este mecanismo hace más efectiva la fecundación.

Escultura en la prehistoria. Venus paleolíticas

En el período Paleolítico Superior se encontraron las famosas estatuillas llamadas **venus paleolíticas**, que estaban talladas en piedra, marfil o huesos, con detalles estilizados, y que representaban el culto a la fertilidad.

La escultura prehistórica también es conocida como arte mobiliar, que se caracteriza por estas estatuillas pequeñas (venus paleolíticas) talladas en bulto y muy expresivas, hechas en piedra y marfil, cuyo tamaño oscila entre 5 y 25 cm, donde la figura femenina es representada, exagerando el volumen de aquellas partes del cuerpo relacionadas con la maternidad, resaltando los rasgos del embarazo, como: los senos, las caderas, los glúteos y el vientre. En la prehistoria se consideraron símbolos de la fecundidad y fueron encontradas en muchas partes de Europa, principalmente en Francia.

Venus de Willendorf (Austria).

La famosa "Venus de Willendorf" (Austria) constituye uno de los primeros ejemplos escultóricos del mundo. Esculpida en piedra caliza, tiene aproximadamente 11,5 cm de altura, data de 30000–25000 a.C. y se encuentra en el Museo de Historia Natural de Viena. Presenta un cuerpo de anatomía exagerada, resalta las partes relacionadas con el sexo, la cabeza se muestra con un tocado complicado y estilizado, no tiene el rostro, los brazos son tan pequeños que descansan sobre los senos y los pies son pequeños. Es la única que tiene rezagos de pintura.

De igual forma, también se destaca la "Venus de Laussel" (Francia), descubierta por el doctor Lalanne, en la región de la Dordoña Francesa, en el año 1911. Actualmente, se encuentra en el museo de Saint Germain en Laye (Francia). Es una estatuilla tallada en un bloque de piedra caliza y representa a una femenina desnuda, que en la mano derecha sostiene un cuerno de bisonte; su descubridor la describe como "la mujer del cuerno". La obra tiene una altura de 46 cm, la cabeza no tiene rostro, tiene cuello alargado, brotan los senos largos, el vientre es acentuado y proporcionado, el brazo derecho cae con naturalidad junto al tronco; todo se ve pulido, excepto la cabeza.

(...) Todas las estatuillas encontradas muestran acentuaciones de los rasgos sexuales. Por entonces, en el Paleolítico, la mujer era considerada como un ser misterioso, cuyo objetivo era propagar la especie.

Venus de Laussel (Francia).

www.dearteycultura.com/escultura-en-la-prehistoria-venus-paleoliticas/#.VS_M5tyG9I4. 10/10/2012. (Adaptación).

Actividades

1. Lean el texto y respondan las siguientes preguntas.

a. ¿Qué representaban las venus del Paleolítico?

b. ¿Qué partes del cuerpo se destacaban en estas estatuillas? ¿Por qué?

2. Busquen información sobre la "Venus de Lespugue" y la "Venus de Brassempouy". Anoten las características de esas estatuillas e indiquen de qué lugar proceden. Peguen imágenes.

Elegir ser padres

Una pareja puede planificar cómo y cuándo tener un hijo. Existen varios **métodos** y **técnicas anticonceptivas** que permiten la prevención del embarazo. Cada uno de estos métodos posee ventajas y desventajas.

La elección de un método anticonceptivo depende de varios factores, como la edad, las relaciones entre los componentes de la pareja, sus principios éticos y religiosos, la indicación médica, la eficacia de los métodos y la posibilidad de acceder a ellos.

Los métodos anticonceptivos pueden impedir un embarazo no deseado en forma permanente o temporal.

Métodos permanentes

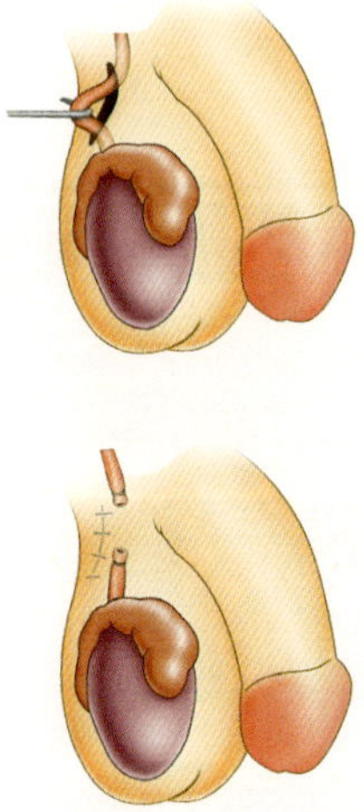

En la vasectomía se ligan los conductos deferentes.

Los métodos permanentes o de esterilización evitan que las células sexuales se encuentren y, por eso, tienen una efectividad de casi el 100%. Pero, estos métodos no sirven para prevenir enfermedades de transmisión sexual (ETS).

En el caso del hombre, la **vasectomía** es una intervención quirúrgica en la cual se cortan o se ligan los conductos deferentes, y se impide así la salida de los espermatozoides.

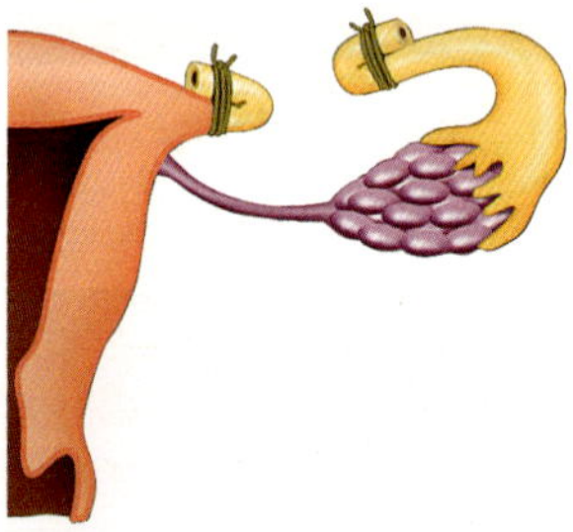

En la ligadura de trompas se ligan las trompas de Falopio.

En la mujer, consiste en una operación llamada **ligadura de trompas**, en la que se cortan o se atan las trompas de Falopio. Esta intervención impide que los espermatozoides puedan llegar al óvulo debido a la interrupción de su recorrido. En ambas situaciones, las gametas mueren y son fagocitadas por otras células. Estos métodos son irreversibles.

Métodos temporales

Los métodos temporales pueden impedir la fecundación, la ovulación o la implantación del huevo.

En el primer caso, algunos métodos anticonceptivos actúan como barreras que evitan la llegada de los espermatozoides al óvulo. Son métodos artificiales, porque se utilizan elementos ajenos al cuerpo. Uno de ellos es el **diafragma**, un dispositivo que la mujer se coloca en la parte superior de la vagina, donde se une al cuello del útero. Si bien es reutilizable, una de sus desventajas es que el diafragma puede moverse y dejar pasar los espermatozoides. Por eso se complementa su efectividad con cremas o espumas espermicidas, que funcionan como barreras químicas ante los espermatozoides. Otra desventaja es que no impide el contagio de ETS. Se debe consultar con el médico para que lo recete según las características de cada mujer. Después de la relación sexual, la mujer debe mantener el diafragma en su posición durante alrededor de 6 horas.

Preservativo masculino.

El **preservativo masculino** es un capuchón de látex descartable que se coloca sobre el pene para impedir que los espermatozoides entren en la vagina.

Preservativo femenino.

El **preservativo femenino** es una bolsa de látex con dos anillos, que recubre las paredes y el fondo de la vagina para impedir el ingreso de los espermatozoides en el cuello del útero. Estos métodos son los únicos efectivos para impedir el contagio de ETS, ya que evitan el contacto directo entre el pene y la vagina.

Un método temporal muy utilizado es el **dispositivo intrauterino** (DIU). Hay dos tipos principales de DIU, los que son de plástico, en forma de T, que envuelven un alambre de cobre, y aquellos basados en hormonas que funcionan por la liberación de progesterona (SIU). Su forma y su tamaño dependen de las características del útero de cada mujer. Para su colocación y extracción, la mujer debe concurrir al médico ginecólogo, quien evaluará si el método es el adecuado para la paciente. La liberación de partículas de cobre u hormonas cambia el medio uterino e impide que los espermatozoides lleguen al óvulo. También modifica las paredes del útero, por lo cual podría impedir la implantación del embrión en el caso que se produzca la fecundación.

Según el tipo de DIU, puede tener una duración de entre 3 y 10 años. Es importante concurrir al ginecólogo cada seis u ocho meses para verificar que el DIU siga bien colocado. Ambos son muy efectivos como anticonceptivos, pero no previenen ETS.

Dispositivo intrauterino (DIU).

Entre los métodos que impiden la fecundación, existen otros tres que son naturales, porque no utilizan objetos o sustancias artificiales. Uno de ellos es el **coitus interruptus**, que consiste en la eyaculación fuera de la vagina. Como método anticonceptivo es muy poco efectivo. Tampoco es efectiva la **ducha vaginal**, que consiste en un lavado posterior al ingreso del semen en la vagina.

Otro método de escasa efectividad es el **control del ritmo**, que está íntimamente relacionado con el control hormonal del ciclo menstrual. A partir del día 14 del ciclo, el óvulo se encontraría listo para ser fecundado. Si una mujer no quiere quedar embarazada, podría evitar las relaciones sexuales a partir del día 10 del ciclo y hasta el día 16. Este rango se relaciona con el tiempo de vida de los espermatozoides dentro del sistema reproductor femenino (de 24 a 72 horas). Muchos son los factores que alteran el período de las mujeres. El estrés, alguna enfermedad o la dieta pueden modificar el día de ovulación. Los métodos naturales son poco eficientes para el control de natalidad y no previenen ETS.

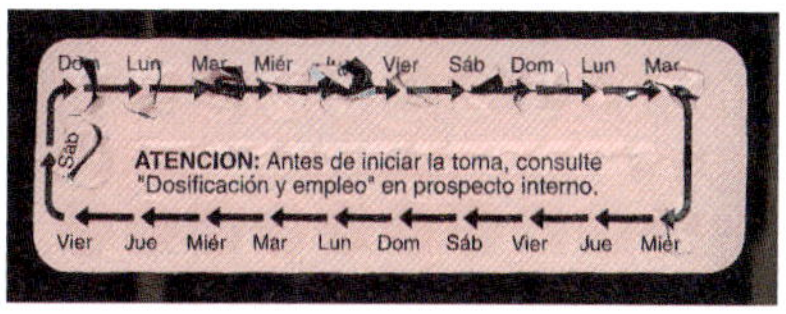

Pastillas anticonceptivas.

Entre los métodos que impiden la ovulación, se encuentran las **pastillas anticonceptivas**. Estas pastillas contienen hormonas femeninas. Se toma una pastilla por día durante 21 días, luego se descansa una semana, en la cual se produce la menstruación. Dado que actualmente hay muchos tipos de píldoras, conviene que el médico recete la más adecuada en cada caso, ya que los organismos tienen diferencias metabólicas. Si bien tienen una efectividad del 99%, no impiden el contagio de ETS.

La **píldora del día después** es otro método temporal, que impide la implantación y es solo de emergencia, no es apropiada como método anticonceptivo de uso regular. Su uso frecuente puede ocacionar irregularidad menstrual, problemas cardíacos, ACV, etcétera. Esta pastilla contiene hormonas que modifican la pared uterina e impiden la implantación del huevo. Se utilizan para prevenir los embarazos no deseados, desde las primeras horas y hasta los 3 a 5 días después de haber tenido relaciones sexuales sin protección. Su eficacia en la reducción del riesgo de un embarazo es, según la OMS, del 52 al 94%, y resulta más eficaz cuanto antes se tome apenas ocurrida la relación sexual.

El parche anticonceptivo libera hormonas, al igual que las pastillas anticonceptivas, pero en este caso van directamente al torrente sanguíneo. Tiene una semana de duración.

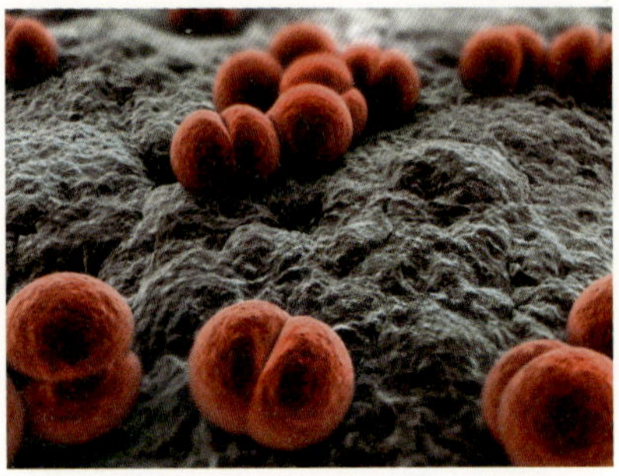

La bacteria *Neisseria gonorrhoeae* es del tipo coco. Tiene forma redonda; en este caso es un diplococo, ya que se agrupan de a dos.

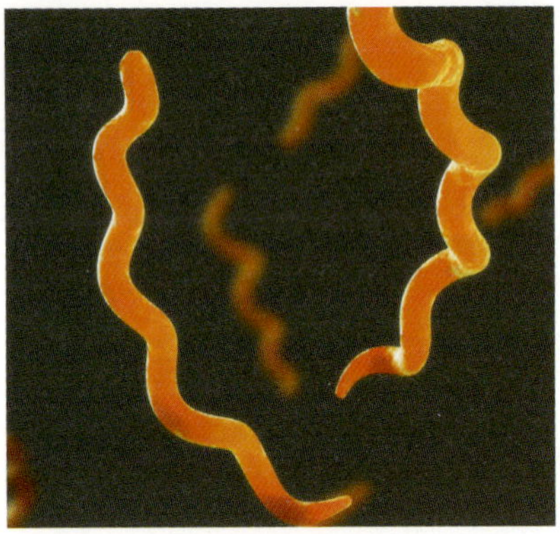

La bacteria *Treponema pallidum* es del tipo espiroqueta. Posee forma espiralada.

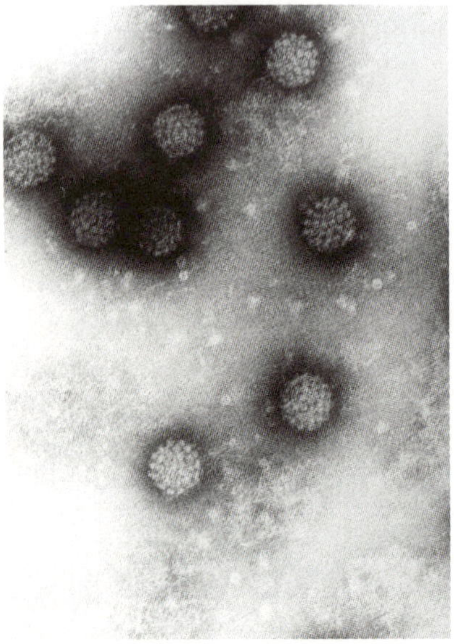

Virus del papiloma humano.

Enfermedades de transmisión sexual

Las **enfermedades de transmisión sexual** (ETS) son un conjunto de patologías producidas por diversos organismos o virus transmitidos principalmente durante el acto sexual. Si bien las vías de contagio pueden ser por contacto oral-genital o rectal, la mayoría de las ETS pueden transmitirse por otras vías. Con menor frecuencia, algunas de estas enfermedades pueden contagiarse por el uso de prendas íntimas ajenas, toallas, sábanas, el inodoro y el bidet. Actualmente, la prevención a través del **uso adecuado del preservativo** y el **diagnóstico temprano** constituyen las principales técnicas para disminuir la probabilidad de contagio y controlar la mayoría de estas enfermedades.

Gonorrea o blenorragia

La **gonorrea** o **blenorragia** es provocada por la bacteria *Neisseria gonorrhoeae*. Se puede contagiar por contacto con la boca, la vagina, el pene o el ano. Los primeros síntomas de esta enfermedad son la salida de un pus amarillo-verdoso por la uretra o la vagina, y un dolor o ardor producido al orinar, o al eyacular en el hombre. Si no se trata, puede producir infertilidad, infecciones en la cavidad abdominal y parto prematuro, entre otros trastornos.

Sífilis

La **sífilis** es producida por la bacteria *Treponema pallidum*. El primer síntoma es el "chancro sifilítico", muy contagioso, que es una úlcera del tamaño de una lenteja, generalmente indolora en el pene, o en la vulva o la vagina. También pueden presentarse en el interior de las mejillas, la faringe y el ano. En ciertas ocasiones no se presenta el chancro, como en el contagio por vía sanguínea.

Si la enfermedad no es tratada, se desarrolla la segunda etapa. Aproximadamente a los 60 días de la aparición del chancro aparecen, entre otros síntomas, erupciones parecidas a las del sarampión, altamente contagiosas, y fiebre. En la etapa final (después de unos 3 a 15 años), la sífilis altera el sistema nervioso, el corazón y numerosos órganos, e incluso provoca la muerte.

Papiloma humano

Los **virus del papiloma humano** (VPH) conforman un grupo de más de 80 tipos de virus. Existen alrededor de 30 tipos que se transmiten a través del contacto sexual, y producen verrugas o papilomas que aparecen en los genitales, alrededor de estos o en el ano. Algunas variedades de estos virus pueden provocar cáncer del cuello de útero. Por eso, las mujeres deben realizarse periódicamente exámenes ginecológicos, como el Papanicolaou. Las verrugas genitales visibles pueden destruirse con diferentes técnicas, aunque no curan la enfermedad. Además del uso del preservativo, existe la vacuna contra el VPH para prevenir esta enfermedad.

INVESTIGACIÓN DE CIENTÍFICOS CANADIENSES Y DE ESTADOS UNIDOS

La sífilis viajó de América a Europa en los barcos de Colón

Lo afirman a partir del mayor análisis genético de la bacteria que la produce.

De su primer viaje a América, parece que Cristóbal Colón y sus hombres volvieron con algo más que el descubrimiento de un nuevo continente, nuevas especias y un sinfín de aventuras que contar. También regresaron con la sífilis, una enfermedad de transmisión sexual (...) que se extendió a todo el mundo. Lo asegura una investigación que comparó genéticamente 26 cepas de la bacteria que causa esta y otras infecciones.

¿Ingresó la tripulación de Colón este patógeno en la Europa Renacentista después de contraerla en América o tiene la sífilis un origen mucho más antiguo en el Viejo Continente? Esta es la pregunta que durante mucho tiempo se ha planteado la comunidad científica y a la que ha tratado de dar respuesta un equipo de investigadores de Estados Unidos y Canadá. Su trabajo, publicado en PLoS Neglected Tropical Diseases, constituye el mayor análisis genético de la familia de la bacteria *Treponema* (la responsable de la infección) y apoya el origen colombino de la sífilis.

La primera epidemia conocida de sífilis se produjo en 1495, cuando Carlos VIII sitiaba Nápoles. Ya de regreso en su país, los mercenarios extranjeros que prestaban servicio en las tropas del rey de Francia difundieron la enfermedad. La aparición de esta epidemia, apenas tres años después del descubrimiento de América, dio lugar a la hipótesis de una enfermedad traída del Nuevo Mundo por los marinos al servicio del rey de España, ya que se describieron casos de sífilis entre ellos. Otras teorías sugirieron lo inverso al plantear que antes de 1495, la sífilis pudo confundirse en Europa con otras enfermedades.

La sífilis es una infección de transmisión sexual originada por una bacteria, el *Treponema pallidum*. En zonas tropicales, ciertas subespecies son responsables de enfermedades de la piel de transmisión no sexual: el pian*, la pinta* o el bejel*. Transmitido por contacto cutáneo en la infancia, el pian causa estragos en América, África y Oceanía.

(...) Katherine Harper y sus colegas concluyeron que el pian es una enfermedad antigua, al contrario de la sífilis, que habría aparecido en época mucho más reciente. De todas las cepas no venéreas estudiadas, las más próximas a las responsables de la sífilis son las del pian en América. El equipaje de Cristóbal Colón habría llevado el agente infeccioso o al menos una subespecie del treponema responsable del pian, que luego habría evolucionado hacia la forma del *Treponema pallidum*, en condiciones ambientales diferentes de las de la América tropical.

edant.clarin.com/diario/2008/01/16/sociedad/s-02901. (Adaptación).

Actividades

1. ¿Qué condiciones piensan que fueron las que propiciaron la expansión tan rápida de la sífilis a partir del descubrimiento de América?

2. A lo largo de la historia, la sífilis produjo estragos en la humanidad. En los siglos XVI y XVII el 15% de la población mundial la poseía y no había ningún tratamiento para paliarla. Hasta el día de hoy, el porcentaje de infectados es muy elevado. Averigüen: ¿cuáles son los métodos de detección de la sífilis?

Glosario

bejel: enfermedad crónica de la piel y otros tejidos, causada por una bacteria.

pian: enfermedad contagiosa, caracterizada por la erupción en la cara, las manos, los pies y las regiones genitales de unas protuberancias blancas o rojas, susceptibles a ulcerarse.

pinta: enfermedad tropical infecciosa que afecta la piel y es causada por una bacteria.

VIH/sida

El **sida** es una enfermedad cuya sigla significa síndrome* de inmunodeficiencia adquirida, porque sus síntomas revelan una disminución del sistema de defensa (inmune) del organismo. Esta enfermedad se contrae por la infección con el **virus de inmunodeficiencia humana** (VIH).

Este virus se reproduce dentro de un tipo de linfocitos (células de defensa) y los destruye. También afecta otros componentes del sistema inmunitario. De este modo, debilita las defensas del organismo. En consecuencia, la persona infectada puede, además, contraer otras enfermedades llamadas "oportunistas" o "marcadoras", como la neumonía y/o el desarrollo de ciertos tipos de cáncer. Estas enfermedades difícilmente aparecen en personas cuyo sistema inmunológico está sano.

El uso del preservativo durante las relaciones sexuales es la única manera de prevenir el VIH/sida.

El VIH se transmite a través del contacto directo de los fluidos vaginales y/o el semen de personas portadoras, al producirse heridas microscópicas en las mucosas de los genitales o el ano durante las relaciones sexuales sin preservativo. También se contrae a través de sangre infectada, mediante el intercambio de jeringas, máquinas de afeitar, etcétera, o por transfusiones de sangre no controladas. Otra forma de transmisión puede ser de madre a hijo/a, durante el embarazo, el parto o por la leche materna. La persona infectada por el VIH atraviesa un período asintomático, que puede durar meses o varios años, hasta que se manifiestan los síntomas y los signos característicos del sida, a los que suelen sumarse los que provocan las enfermedades oportunistas.

El virus no se transmite por besar o abrazar a una persona, o a través de insectos. Tampoco por compartir baños, camas, la pileta o elementos de la vajilla.

Actualmente, no existe una cura ni una vacuna contra el sida. La dificultad para fabricarlas radica en la alta velocidad de mutación del material genético del virus. En efecto, se han encontrado en una misma persona cepas distintas del VIH.

El diagnóstico de la enfermedad consiste en pruebas que detectan la presencia de anticuerpos* frente al virus. Esto permite iniciar oportunamente tratamientos mediante varias drogas combinadas, que impiden el avance y la reproducción del virus en el organismo. De esta forma, se prolonga el período asintomático y mejora la calidad de vida de los enfermos.

En la actualidad, el único medio para prevenir el contagio del VIH por vía sexual es el uso correcto del preservativo durante todo el acto sexual.

El contagio por vía sanguínea puede prevenirse a través del uso de materiales estériles y descartables. Estas condiciones se deben exigir al personal de salud que utilice elementos punzantes o cortantes, o en prácticas de tatuajes o perforaciones (*piercing*). También, las transfusiones sanguíneas deben estar estrictamente controladas para evitar múltiples contagios. El contagio de madre a hijo se evita realizando los controles prenatales correspondientes.

Glosario

anticuerpo: proteína fabricada y eliminada por los linfocitos para combatir una infección que afecta al organismo.
síndrome: conjunto de síntomas y signos que aparecen combinados como manifestación de una enfermedad o alteración hereditaria.

Actividades

1. Busquen información sobre las siguientes ETS: hepatitis B, tricomoniasis, candidiasis, herpes genital y clamidia. Luego, elaboren un cuadro en el que incluyan: el agente que transmite la enfermedad (nombre del virus o la bacteria), el modo en que se transmite, los síntomas, el tratamiento y las medidas de prevención de cada una de esas ETS.

Salud reproductiva en los adolescentes

La Organización Mundial de la Salud define a la **salud reproductiva** como el estado de bienestar físico, mental y social relacionado con el sistema reproductivo. En muchos países, la salud reproductiva está considerada como un derecho.

Desde el año 2003, en la Argentina existe la Ley N° 25.673, Programa Nacional de Salud Sexual y Procreación Responsable. Los objetivos que plantea este programa son los siguientes:

- Alcanzar para la población el nivel más elevado de salud sexual y procreación responsable con el fin de que pueda adoptar decisiones libres de discriminación, coacciones o violencia.
- Disminuir la mortalidad materno-infantil.
- Prevenir embarazos no deseados.
- Promover la salud sexual de los adolescentes.
- Contribuir a la prevención y detección temprana de ETS, de VIH/sida, y patologías genitales y mamarias.
- Garantizar a toda la población el acceso a la información, orientación, métodos y prestaciones de servicios referidos a la salud sexual y procreación responsable.
- Potenciar la participación femenina en la toma de decisiones relativas a su salud sexual y procreación responsable.

Estas acciones son muy importantes en la **prevención de embarazos no deseados** y **contagios de las ETS**, y en la **planificación familiar responsable**.

Actualmente, hay estudios que dicen que los adolescentes comienzan su vida sexual a una edad temprana. Por eso, conviene que los adolescentes, antes de iniciar su vida sexual, se informen y elijan un método anticonceptivo adecuado para evitar embarazos no deseados y el contagio de ETS.

Actividades

1. En grupos, confeccionen una encuesta de no más de cinco preguntas para realizar a los alumnos de su escuela (10 alumnos), con el objetivo de saber qué piensan sobre el embarazo adolescente, el uso del preservativo, y qué conocen sobre las ETS y sobre el Programa Nacional de Salud Sexual y Procreación Responsable.

a. Vuelquen los resultados de la encuesta en un gráfico de barras.

b. Analicen los resultados y escriban las conclusiones acerca de los resultados obtenidos.

c. Realicen una puesta en común para compartir las diferentes conclusiones y debatir sobre el tema.

Para conocer más

Clayman, C., *Embarazo y parto*, León, Everest, 1993.

García Barrios, A., Frenk, J., *Triptofanito, la sexualidad y reproducción humana*, México, Joaquín Mortiz, 2014.

Tesone, M., *Reproducción humana*, Buenos Aires: Ministerio de Educación, Ciencia y Tecnología, 2005.

1. Construyan una línea de tiempo de 28 días en la que indiquen los eventos que se producen durante un ciclo menstrual.

2. Utilicen la información presentada en el capítulo para elaborar un cuadro comparativo entre el ciclo menstrual y el ciclo estral.

3. Coloquen el número que corresponda al lado de cada órgano para indicar el camino que realiza un espermatozoide desde los testículos, donde es producido, hasta encontrarse con el óvulo.

a. Útero. ☐
b. Uretra. ☐
c. Conductos deferentes. ☐
d. Trompas de Falopio. ☐
e. Vagina. ☐

4. Analicen la siguiente situación y respondan.
El día 10 de este mes, Ana comenzó su última menstruación.
a. ¿Cuándo será la próxima menstruación?
b. ¿Cuándo será la ovulación aproximadamente?
c. ¿Durante qué días debería tomar precauciones para evitar un embarazo?

5. Indiquen el método anticonceptivo más adecuado para cada situación.
a. Una pareja lleva varios años juntos, es formal y consolidada.
b. Una pareja quiere utilizar un método que además de prevenir el embarazo, evite el contagio de las ETS.
c. Una mujer quiere utilizar con su pareja un método anticonceptivo que sea cómodo, duradero y que requiera solamente controles médicos cada tanto.

6. Escriban si las siguientes afirmaciones son verdaderas (V) o falsas (F). Justifiquen sus respuestas.
a. La sexualidad se define como el sexo que posee cada persona. ☐
b. La testosterona es la hormona que regula el ciclo menstrual. ☐
c. Semen es sinónimo de espermatozoides. ☐
d. Los conductos deferentes transportan el semen hasta la uretra. ☐
e. Dentro del ovario madura un óvulo por mes. ☐
f. Todos los mamíferos son vivíparos. ☐
g. Durante el ciclo estral, la hembra se encuentra receptiva al macho. ☐
h. El preservativo es el único método que previene las ETS. ☐
i. El VIH/sida se contagia por sangre, por relaciones sexuales sin protección y de madre a hijo durante el embarazo, el parto y la lactancia. ☐
j. Se puede utilizar cualquier método anticonceptivo sin necesidad de consultar con el médico. ☐

7. ¿En qué se diferencian la inseminación artificial, la FIV, la GIFT y la ICSI?

8. Escriban el nombre de la estructura reproductiva que corresponde a cada función.
a. Se prepara todos los meses para alojar al posible embrión.
b. Deposita los espermatozoides en la vagina.
c. Secreta un líquido que nutre los espermatozoides.
d. Producen hormonas femeninas.
e. Su líquido neutraliza la acidez de la uretra.
f. Órganos donde se produce la fecundación.
g. Producen espermatozoides y testosterona.
h. Conducto que elimina el semen al exterior.
i. Es el canal de parto natural.

9. Coloquen los nombres de los órganos de los sistemas reproductores masculino y femenino según corresponda.

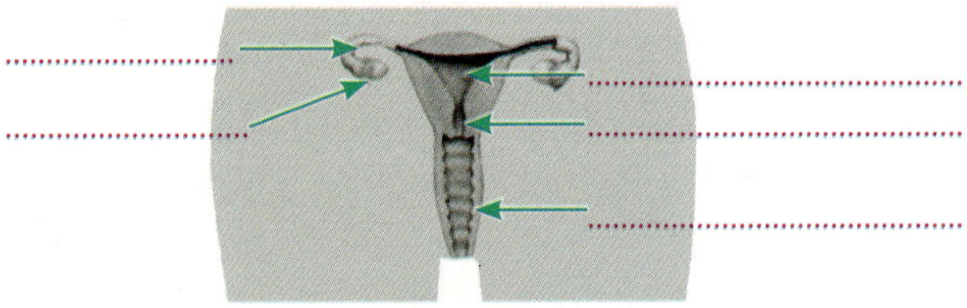

Sistema reproductor femenino.

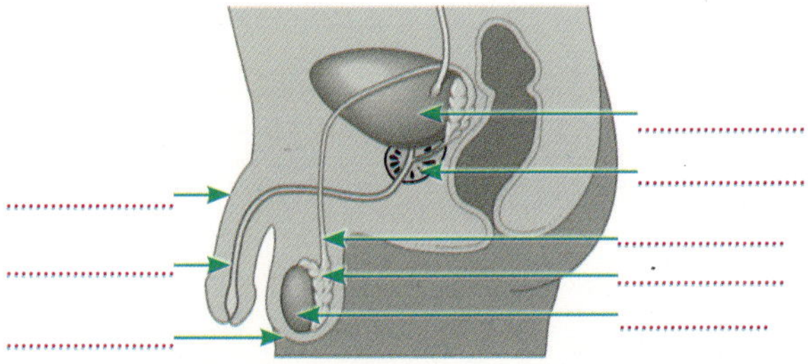

Sistema reproductor masculino.

Mecanismos de la herencia

9

Contenidos

- > Genética clásica: experimentos y leyes de Mendel
- > Teoría cromosómica de la herencia
- > Gen, alelo
- > Fenotipo y genotipo
- > Variaciones heredables y no heredables
- > Condiciones genéticas en humanos
- > Meiosis

Agustín decidió que era un buen día para ir a visitar a su abuela y la encontró en el jardín trabajando con las plantas. Al preguntarle qué estaba haciendo, la abuela le contó que le agradaban sus rosales de rosas blancas y rojas, pero que le gustaría tener también de color rosa. Mientras la abuela le hablaba, Agustín buscó con la mirada un rosal recién comprado para plantar, pero se dio cuenta de que no había ninguno. Al ver lo que hacía su abuela, observó que había cortado parte del rosal blanco y lo estaba uniendo con otra parte del rosal rojo. Entonces le preguntó con qué fin hacía semejante rareza, a lo que la abuela respondió sonriendo: "¡Creando rosas rosadas!".

¿Qué determina que todas las flores del rosal sean del mismo color? Si el rosal se reproduce, ¿los rosales hijos tendrán las mismas características que el rosal original? ¿Se heradan las características de un ser vivo?

EN ESTE CAPÍTULO...

Se explican las ideas básicas sobre la herencia. Para eso, se analizarán las experiencias de Mendel, que sentaron las bases de los conocimientos de la herencia y la genética. Además, se diferencian las características que son heredables y las que no lo son, y también cómo el fenotipo de los seres vivos puede verse afectado por las condiciones del ambiente.

Por último, se explica la importancia de la meiosis como mecanismo que posibilita la diversidad de fenotipos.

Contenido digital adicional

www.tintaf.com.ar/BIO2C9

La herencia

En muchas ocasiones, en nuestra vida diaria hacemos referencia a la herencia biológica sin pensarlo. Por ejemplo, cuando hablamos de alguna característica que heredamos de nuestros padres, como el color de pelo, o cuando nace un bebé y los parientes conversan sobre si se parece más a la mamá o al papá. Cuántas veces los hermanos se comparan buscando similitudes y diferencias entre ellos, porque a pesar de ser hijos de los mismos padres, no son idénticos debido a que cada individuo es producto de la unión de una **gameta* femenina** proveniente de la madre y una **gameta masculina** procedente del padre. En este caso, y en todos donde haya reproducción sexual, se generan diferentes posibilidades de combinaciones, lo que aporta variabilidad genética a la especie.

Glosario

gameta: célula sexual femenina o masculina.

Experimentos de Mendel

Cuando se piensa en genética se asocia a una ciencia relativamente actual, pero desde la antigua Grecia hay registros de las primeras teorías sobre la herencia. Hipócrates, que vivió entre los años 460 y 377 a.C., planteó que los seres humanos tenían distribuidas por todo el cuerpo una especie de semillas que al momento de reproducirse se mezclaban y, por ese motivo, los hijos se parecían a los padres. Años después, Aristóteles propuso otra teoría. Decía que los hijos se producían a partir de la mezcla del flujo masculino y el flujo femenino.

Pero fue Gregor Mendel quien realmente sentó las bases de la **genética**. Mendel, que es llamado el padre de la genética, nació en 1822 en un pueblo que pertenecía al Imperio Austrohúngaro, hoy territorio de la República Checa. En 1843 ingresó al Convento de los Agustinos en Brno, Austria.

Veinte años después, en el jardín del monasterio comenzó a realizar experimentos con plantas de arvejas comunes (*Pisum sativum*). Eran plantas fáciles de conseguir, de cultivar, y con características sencillas de observar. Mendel se propuso investigar con las plantas de arvejas para intentar saber cómo se transmitían las características que él observaba (como el color de las flores, el color de las semillas o la forma de la hoja) de una generación de plantas a la siguiente generación.

Decidió comenzar a estudiar el color de las flores de las plantas de arvejas, blancas y violetas. Lo primero que hizo fue asegurarse de que las plantas que iba a utilizar fueran **líneas puras**. La forma de saber esto es autofecundando las flores a través de varias generaciones y siempre obtener el mismo resultado, por ejemplo, al autofecundar plantas con flores blancas por varias generaciones, se obtienen siempre plantas con flores blancas.

Luego, para empezar, cruzó plantas con flores blancas con otras de flores violetas, a las que llamó **generación parental** o **progenitora** (**P**), y todas las plantas que obtuvo tenían flores violetas. La característica de flor blanca no apareció en ninguna de las plantas. A esta generación la llamó **filial 1** (**F1**). Hizo lo mismo con las plantas con flores violetas, y obtuvo igual resultado.

Realizó el mismo procedimiento con las semillas, unas plantas con semillas verdes y otras con semillas amarillas (P). Al cruzarlas obtuvo plantas con semillas amarillas (F1). La característica de semilla verde no estaba presente.

Cruce de líneas puras para el color de las flores

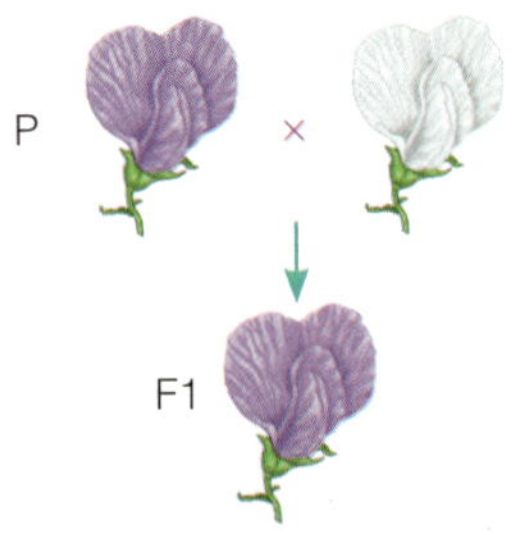

Cruce de líneas puras para el color de las semillas

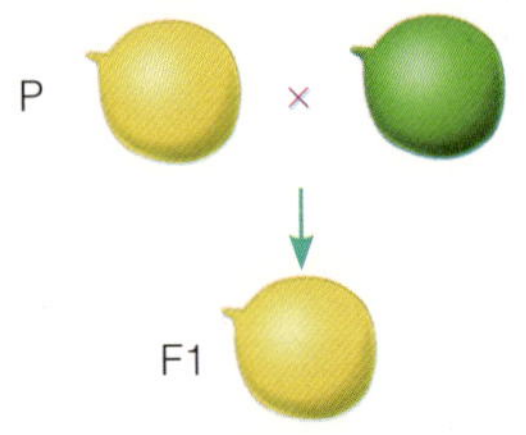

Al principio, los resultados de sus primeros experimentos hicieron reflexionar a Mendel. Él esperaba conseguir una mezcla de colores, pero concluyó que una de las dos características debía predominar sobre la otra. En el caso de las flores, el color de flor violeta predomina sobre el color de flor blanca.

Para continuar con sus experimentos, decidió cruzar dos plantas de la filial 1. Esta vez resultaron tres plantas con flores violetas y una con flores blancas; a esta generación la llamó **filial 2** (**F2**). Observó que en la filial 2 volvió a aparecer la característica de flor blanca. Repitió varias veces el mismo cruzamiento y llegó a la conclusión de que se obtenía siempre la misma relación de tres plantas con flores violetas por cada una de flor blanca, 3:1.

A partir de estos resultados, Mendel supuso que cada individuo posee dos posibilidades para cada característica, provenientes cada una de las gametas dadas por los progenitores.

Mendel no se quedó conforme y continuó experimentando. Hasta ese momento había estudiado una característica por vez, pero más tarde comenzó a trabajar con la transmisión de dos características. Entonces cruzó plantas de arvejas de líneas puras, una con semillas amarillas y lisas y otra con semillas verdes y rugosas (P). Como resultado produjo plantas todas iguales, con semillas amarillas y lisas (F1). Nuevamente observó que las características semilla color verde y de tipo rugosa desaparecen en esta generación. Luego siguió el procedimiento aplicado anteriormente y cruzó dos plantas de la F1, y obtuvo la F2, en la cual se produjeron plantas con diferentes combinaciones de las características. Las proporciones fueron las siguientes: nueve plantas con semillas amarillas lisas, tres plantas con semillas amarillas rugosas, tres plantas con semillas verdes lisas y una planta con semillas verdes rugosas, es decir, 9:3:3:1. De nuevo advirtió que en la F2 surgen las características “perdidas” en la F1 y combinaciones nuevas. Realizó muchos otros experimentos estudiando la transmisión de dos características y siempre obtuvo los mismos porcentajes en los resultados. Por lo tanto, concluyó que cada característica se transmite de forma independiente de las demás. A su vez, encontró que pueden establecerse nuevas combinaciones que no se presentaban en la generación parental, ni en la F1.

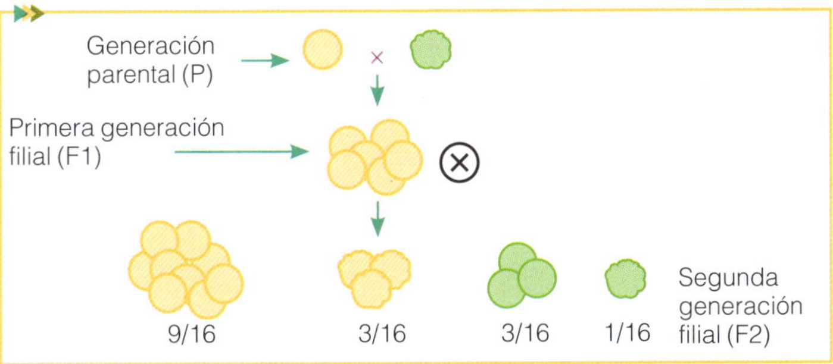

Resultado del cruce de semillas de arvejas para el estudio de dos características.

Actividades

1. Observen el cuadro de la columna lateral, elijan una característica diferente de las tratadas en el texto y representen el cruzamiento, teniendo en cuenta que en la primera columna se encuentran las características que predominan sobre las otras.

a. ¿Qué resultados obtuvieron en la F1?

b. Crucen a dos individuos de la F1. ¿Qué resultados consiguieron en la F2?

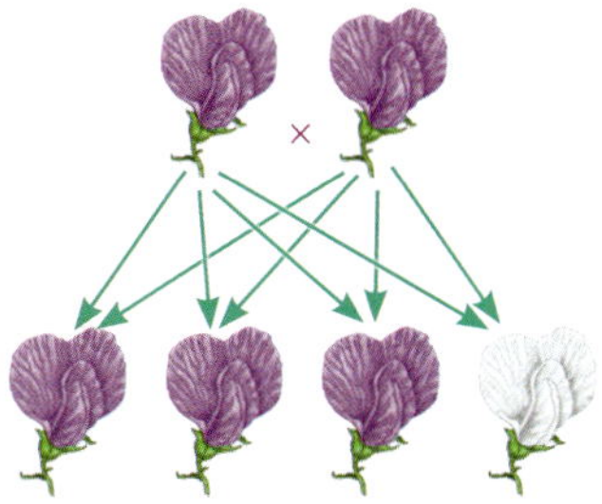

Esquema de cruzamiento de la F1 y los resultados de la F2.

Características de las plantas de arveja estudiadas por Mendel

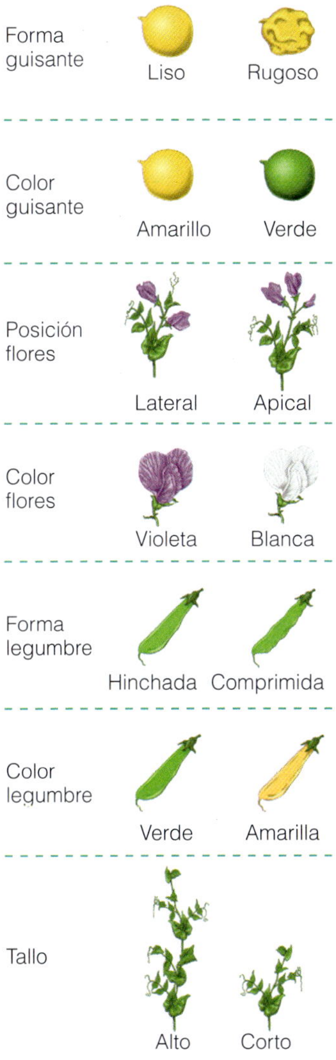

Las leyes de Mendel

Gregor Mendel, el padre de la genética.

Gregor Mendel estuvo mucho tiempo experimentando y analizando los resultados de sus experiencias. Lo primero que dedujo fue que cada característica estaba determinada por dos **factores** presentes en las células de los seres vivos y que se transmitían de una generación a la siguiente, pudiendo manifestarse o no. Luego, supuso que un factor domina sobre el otro, lo cual explica que del cruce de individuos con características distintas se obtengan descendientes con una sola de ellas. Con estas ideas enunció la **Primera Ley de Mendel** o **Ley de la Uniformidad**. Esta ley determina que al cruzarse dos líneas puras para un determinado factor hereditario, los descendientes serán todos iguales, y se manifiesta solo la característica dominante.

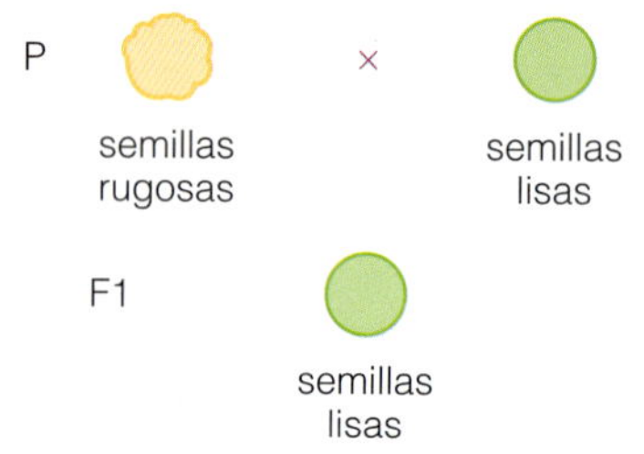

Curiosidades

Joseph Kölreuter (1733-1806) fue uno de los primeros botánicos que realizó cruzas sistemáticas y demostró que los híbridos de la primera generación son muy semejantes entre sí y con características intermedias entre los padres. Con esto generó, sobre la base de estos resultados, la idea de "herencia mezcladora". Para esta época, las ideas respecto de la herencia se dividían entre los que sostenían la segregación de los caracteres y los que, como Kölreuter, pensaban que había mezcla de características en los descendientes.

Mendel también analizó las causas de la desaparición de uno de los factores hereditarios en la primera generación y enunció la **Segunda Ley de Mendel** o **Ley de la Segregación**, que establece que al formarse las células sexuales, los dos factores hereditarios para una característica se separan y queda solo una característica en cada célula sexual. Entonces, los factores no se modifican ni se mezclan, y se manifiesta el rasgo dominante o recesivo.

Luego de trabajar en la transmisión de dos características, notó que cada factor hereditario se transmite de manera independiente a la descendencia. Esta es la **Tercera Ley de Mendel** o **Ley de la Distribución Independiente**.

Las tres leyes de Mendel nos permiten conocer qué características tendrán los descendientes de determinados individuos. Además, constituyen la base y los comienzos de la genética.

A pesar de exponer sus trabajos en 1866, estos no fueron valorados por la comunidad de biólogos de esa época. Tuvieron que pasar más de 30 años para que sus experimentos y conclusiones ganaran relevancia.

Gregor Mendel falleció en 1884, a los 61 años, en el monasterio de Brno.

Actividades

1. Lean el siguiente texto y respondan: ¿cómo le explicaría Mendel a Guillermo lo que sucede?
"En una campiña donde se realiza cría de ganado, Guillermo tiene cabras negras y cabras blancas, pero al cruzarlas solo consigue que las hembras tengan cabritas negras".

Teoría cromosómica de la herencia

Los estudios realizados por Mendel pasaron prácticamente desapercibidos cuando fueron presentados a la comunidad científica. Pasaron más de 30 años, y alrededor del año 1900, la historia cambió cuando tres científicos, Hugo de Vries, Carl Correns y Erich Von Tschermak, realizaron experimentos parecidos a los de Mendel y llegaron a las mismas conclusiones. Fue entonces cuando los descubrimientos de Mendel tomaron relevancia y, a partir de ese momento, son conocidos como leyes de Mendel en su honor.

En esos años, los científicos tenían la certeza de que los factores hereditarios se encontraban en el núcleo celular y que estaban contenidos en unas estructuras alargadas, que denominaron **cromosomas**.

Theodor Boveri (1862-1915).

En 1902, dos científicos, Theodor Boveri y Walter Sutton, investigaron por separado el comportamiento de los cromosomas. Boveri fue un embriólogo alemán que realizó experimentos con erizos de mar. Tomó una especie de estos animales, extrajo sus óvulos, a esos óvulos les extrajo los núcleos y les implantó núcleos de una especie distinta de erizos de mar. El resultado fue que los nuevos erizos eran idénticos a la especie dueña de los núcleos implantados. De esta manera, Boveri comprobó que en el núcleo se halla la información hereditaria, es decir, los cromosomas.

Walter Sutton (1877-1916).

Por su lado, Sutton, un médico y genetista estadounidense, realizó experimentos con saltamontes. Su aporte más importante fue enunciar que dentro del núcleo los cromosomas se encuentran de a pares, cada uno proveniente de cada progenitor.

En 1909, un botánico danés, Wilhelm Ludvig Johannsen, bautizó con el nombre de **gen** a los factores hereditarios de Mendel.

En 1910, el genetista estadounidense Thomas Morgan comenzó a experimentar con la mosca de la fruta. Morgan observó que en el grupo de moscas, todas tenían ojos rojos menos una que tenía ojos blancos. Aplicó con las moscas los procedimientos de las experiencias de Mendel. Cruzó una mosca de ojos rojos con otra de ojos blancos (P) y obtuvo la F1, moscas de ojos rojos. Luego, cruzó dos moscas de la F1 y obtuvo moscas con ojos rojos y moscas con ojos blancos en la proporción de 3:1. Por lo tanto, coincide con las conclusiones de Mendel.

Thomas Morgan (1866-1945).

Morgan logró confirmar las ideas de Mendel, Boveri y Sutton al establecer que:

- los genes se sitúan en los cromosomas;
- los genes se disponen de manera lineal;
- los genes se mezclan al generarse las células sexuales.

Así quedó conformada lo que hoy se llama **teoría cromosómica de la herencia**.

Por estos descubrimientos, Morgan fue premiado con el Premio Nobel de Fisiología y Medicina en el año 1933.

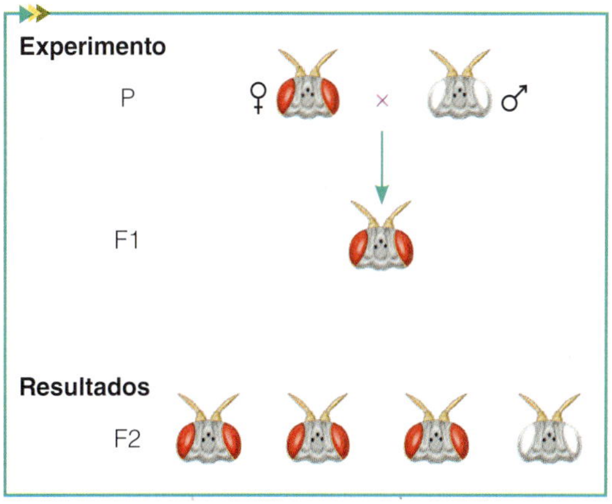

Esquema de los cruces realizados por Morgan con la mosca de la fruta.

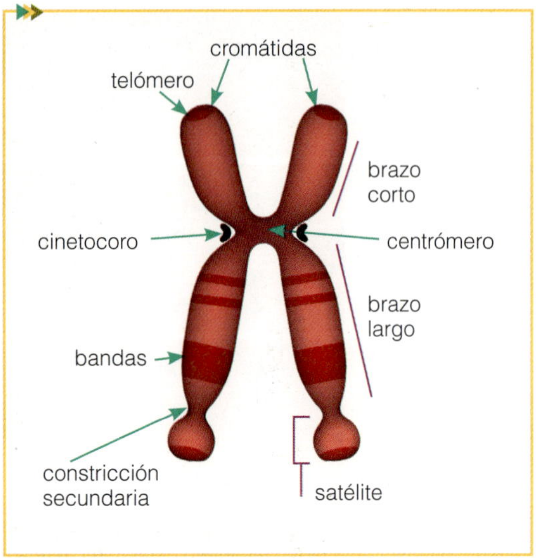

Regiones de un cromosoma homólogo.

La genética

En el año 1905, el biólogo y genetista inglés William Bateson fue el primero en sugerir el término **genética** para referirse a la ciencia que estudia los genes y los mecanismos que permiten la transmisión de las características hereditarias de una generación a otra. A partir de esos años, en los cuales se enunció la teoría cromosómica de la herencia, comenzó la genética moderna.

La comunidad científica sabía que la información hereditaria se encontraba localizada en los cromosomas, ubicados en el núcleo celular. Es decir, los factores hereditarios de Mendel eran los cromosomas. Los cromosomas contienen a los genes.

Los **genes** son pequeñas porciones de ADN. Cada gen posee la información para una característica. El **ADN** es una macromolécula que contiene toda la información genética de un organismo. Los cromosomas se encuentran de a pares, tal como demostró Sutton, cada uno proveniente de un progenitor. A cada par de cromosomas se los denomina **homólogos**, ya que son parecidos. Pueden observar en la ilustración de esta página la imagen de un cromosoma homólogo y distinguir sus diferentes partes.

Para cada característica hay varias posibilidades. Por ejemplo, para el color de pelo: puede ser rubio, castaño o negro, entre otros. Un individuo recibe dos posibilidades para una característica, una de cada progenitor. A este par de posibilidades para una misma característica que ocupan un lugar similar en cada cromosoma homólogo se los llama **alelos**. Si los dos alelos son iguales, supongamos, cabello negro-cabello negro, se denominan **homocigotas**. Si los alelos son diferentes, cabello rubio-cabello negro, son **heterocigotas**.

Mendel, en su momento, ya decía que una característica predomina sobre otra. Volviendo al caso del color de cabello en los humanos, el color oscuro predomina sobre el claro. Los que predominan se llaman **dominantes**, mientras que los otros, **recesivos**.

Al conjunto de las características que se manifiestan de un individuo, como el color de cabello, de ojos, la talla, etcétera, se lo llama **fenotipo**. En cambio, el conjunto de todos los genes de un individuo se denomina **genotipo**.

El conjunto de todos los genes que corresponden a una especie se llama **genoma**.

Curiosidades

El Proyecto Genoma Humano fue un trabajo en el que colaboraron científicos de varios países. El objetivo fue descifrar el genoma de la especie humana. Después de nueve años de trabajo, en el año 2003, el director del proyecto, el genetista estadounidense Francis Collins, presentó el resultado de la investigación. La importancia de conocer el genoma humano reside en la comprensión de enfermedades, y del desarrollo de nuevos medicamentos, diagnósticos y tratamientos.

Gen dominante

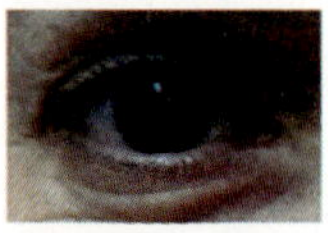

Negros

Gen recesivo

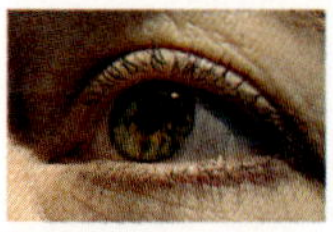

Verdes

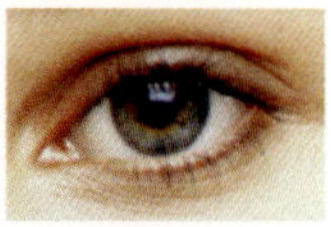

Avellana

Diferentes fenotipos para el color del iris del ojo humano.

Actividades

1. Diferencien los siguientes pares de términos.
   a. **Gen / ADN**
   b. **Alelo dominante / Alelo recesivo**
   c. **Homocigota / Heterocigota**
   d. **Fenotipo / Genotipo**

Bancos de datos genéticos

Los bancos de datos genéticos, también llamados genéricamente *biobancos*, se componen de dos áreas: una parte guarda físicamente muestras biológicas y los fragmentos de ADN y ARN que se extraen de ellas; la otra archiva electrónicamente la información genética contenida en esas muestras, que consiste en el registro digital de las secuencias de las estructuras químicas que componen dichos fragmentos. El almacenamiento se organiza de forma tal que permita manipular grandes masas de datos para realizar análisis comparativos, cuyas características dependen de los objetivos de cada banco.

En la secuencia de alrededor de 3.000 millones de unidades –llamadas *nucleótidos*– que componen el ADN del genoma humano, se han detectado millones de sitios en que existen variaciones genéticas por las que las personas se diferencian entre sí. La complejidad de la estructura genética del ser humano, "su genoma" y las grandes variaciones de este de un individuo a otro se están conociendo cada vez más gracias a técnicas que permiten determinar de forma automática dicha secuencia de nucleótidos, es decir, realizar secuenciamientos genéticos automáticos en gran escala. A la vez, la interpretación de sus resultados requiere de plataformas informáticas de alta complejidad.

Los bancos de datos genéticos comenzaron a establecerse hace algunas décadas para obtener, procesar y almacenar información genética humana con diferentes propósitos. Entre sus objetivos se cuentan: a) facilitar la investigación relacionada con el diagnóstico, la prevención y el tratamiento de algunas de las miles de enfermedades humanas causadas por mutaciones en un solo gen (o *enfermedades monogénicas*); b) facilitar la investigación *farmacogenómica*, es decir, identificar genes vinculados con la respuesta del organismo a fármacos y tóxicos; c) individualizar variantes genéticas asociadas con mayor probabilidad de desarrollar determinadas enfermedades comunes, y d) establecer la identidad genética de personas y sus relaciones familiares, sobre la base de que las características del ADN de cada individuo son exclusivas, irrepetibles (excepto en gemelos idénticos) y hereditarias. [...]

En la Argentina se acaba de promulgar una ley que dispone constituir una base de datos genéticos de personas que hayan cometido delitos sexuales. [...] Como toda actividad científica, los bancos de datos genéticos pueden ser utilizados para fines deseables o indeseables. Para promover los primeros (por ejemplo, reparar violaciones del derecho a la identidad o investigar causas de enfermedades) y evitar los segundos (por ejemplo, avasallamiento de derechos humanos fundamentales), sus objetivos, métodos y funcionamiento deben seguir los criterios científicos y éticos aceptados internacionalmente, y estar sujetos a control social. [...]

Revista *Ciencia Hoy*, N° 134, por Víctor B . Penchaszadeh. (Adaptación).

Actividades

1. Lean el artículo y, luego, respondan las preguntas.

a. ¿Cómo se componen los biobancos?

b. ¿Cuáles son los principales objetivos de los bancos de datos genéticos?

c. ¿Les parece conveniente que haya bancos de datos genéticos? ¿Por qué?

2. Ingresen en la página del Banco Nacional de Datos Genéticos de la Argentina y anoten qué trabajo se realiza en dicho organismo.

Herencia

Las unidades en las que se transmite la herencia son los genes. Los progenitores, a través de la reproducción, les transmiten a sus descendientes los genes y, con ellos, sus características. Las gametas son las encargadas de transportar en su ADN los genes a la descendencia. Pero, ¿podría una pareja de cabello rubio tener hijos de cabello castaño? ¿Por qué sí o por qué no? A continuación se darán respuestas a estas incógnitas.

Las dudas

Antes de interrogar al docente sobre un tema que presenta dificultad, relean el texto para tratar de resolverlo sin ayuda.

Transmisión de los caracteres

Un individuo es el resultado de la combinación de los genes de sus progenitores contenidos en las gametas. Para estudiar mejor la transmisión de los caracteres, se los simboliza con letras. Cada gameta posee un alelo, si es dominante lleva letra mayúscula, mientras que el alelo recesivo lleva letra minúscula. Si recordamos el experimento de Mendel con las semillas, el color amarillo es el dominante, se representa con "A" y el color verde, recesivo, se representa con "a". Si el individuo es homocigota para esa característica, por ejemplo color de semilla, se representa "AA" si es homocigota dominante para el color de amarillo, y "aa" si es homocigota recesivo para el color verde. Observen a través del experimento de Mendel la representación actual. En la siguiente ilustración se muestra el cruce de una semilla de línea pura homocigota dominante para el color amarillo (AA), con una semilla de línea pura también homocigota recesiva (aa). Se obtiene la F1, y el 100% de las semillas son heterocigotas (Aa). Estas semillas poseen genotipo: Aa y fenotipo: color amarillo.

Curiosidades

Las levaduras tienen 6.000 genes; la mosca de la fruta, 14.000; y los seres humanos y los ratones, alrededor de 30.000.

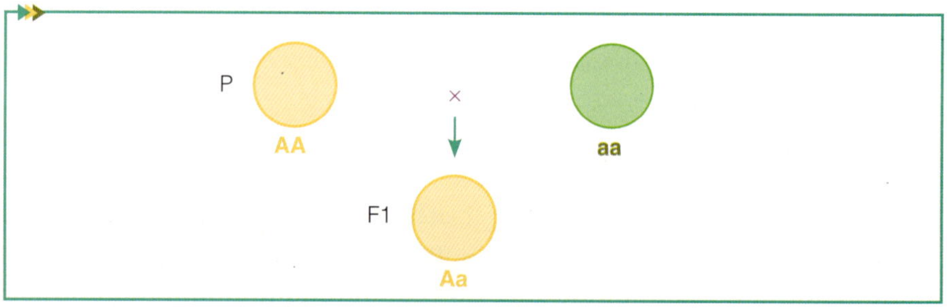

Cruce de semillas de línea pura homocigotas.

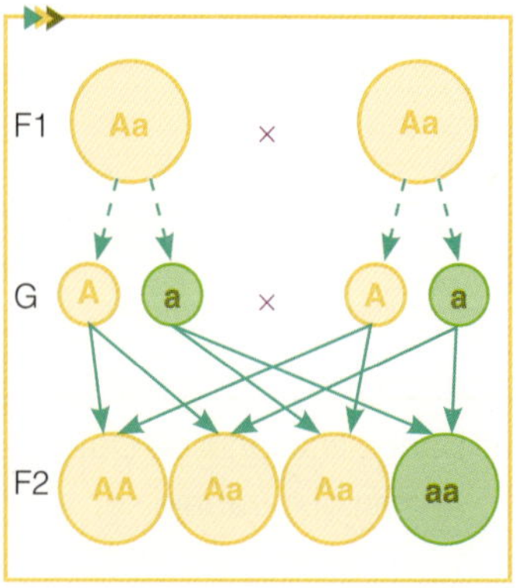

Cruce de individuos heterocigotas.

En esta segunda ilustración se muestra el caso en que se cruzan dos individuos heterocigotas (Aa). De acuerdo con el alelo que de cada gameta se combine, se obtendrán individuos con diferentes genotipos y fenotipos en distintas proporciones:

- genotipo: AA homocigota dominante 25%;
- genotipo: Aa heterocigota 50%;
- genotipo: aa homocigota recesivo 25%;

En cuanto al fenotipo: son 75% amarillas y 25% verdes. Por lo tanto, el alelo recesivo solo se expresa cuando el individuo es homocigota para esa característica.

El análisis de los resultados en la genética

Cuando se estudia el cruzamiento de varias características, el análisis puede resultar difícil, sobre todo si pensamos que se debe realizar muchas veces cada cruzamiento para tener seguridad en los resultados. Para facilitar este análisis y poder pronosticar los potenciales genotipos de los descendientes, se utiliza el **cuadro de Punnett**. Es un cuadro de doble entrada en donde se colocan en la primera entrada las gametas que porta un progenitor, y en la otra se colocan las gametas que aporta el otro progenitor. Después, se completan los casilleros con la combinación de los alelos que corresponda. Una vez que el cuadro está completo, se analizan los genotipos y fenotipos, y se expresa en porcentajes cada probabilidad. Observen el siguiente cuadro para entender mejor cómo se utiliza, siguiendo con el ejemplo de las arvejas amarillas y verdes de Mendel:

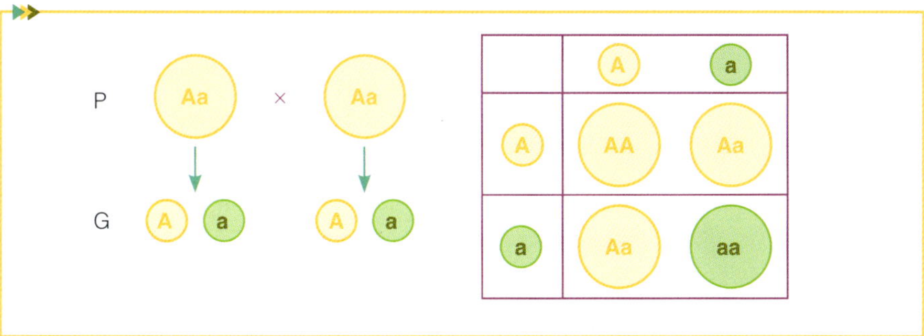

Cuadro de Punnett para el cruce de dos individuos heterocigotas. Genotipo: AA 25%, Aa 50% y aa 25%.

Ahora bien, si se pretende estudiar la transmisión de dos características, el procedimiento es el siguiente:

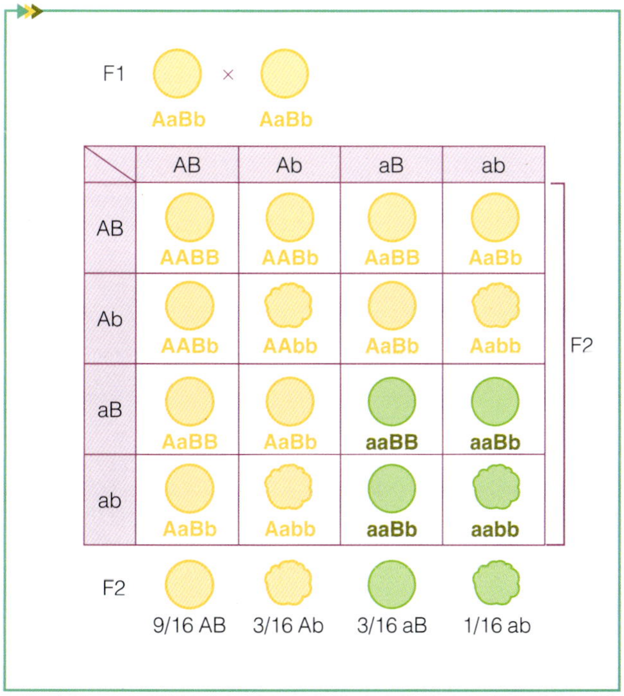

Cruce de dos individuos heterocigotas para el color y forma de la semilla. En la F2, sobre un total de 16 descendientes se obtienen: Genotipos: 1 AABB, 2 AABb, 2 AaBB, 4 AaBb, 1 AAbb, 2 Aabb, 1 aaBB, 2 aaBb, 1 aabb. Fenotipos: 9 semillas amarillas y lisas, 3 semillas amarillas y rugosas, 3 semillas verdes y lisas, y 1 semilla verde y rugosa.

Actividades

1. Si se cruza una planta de tallo alto homocigota dominante (AA) con otra de tallo enano también homocigota pero recesivo (aa), resuelvan.

a. ¿Cuál será el resultado de la F1?

b. Expresen en porcentajes los genotipos y fenotipos obtenidos.

c. Busquen los resultados de la F2 y respondan nuevamente la consigna b.

2. Analicen el siguiente caso sobre características del pelo de los perros, sabiendo que el pelo rizado domina sobre el pelo lacio y el color marrón es dominante frente al blanco: se cruza un perro marrón y con pelo rizado con otro de color blanco y pelo lacio.

a. Formen las gametas correspondientes a cada individuo de la generación parental.

b. Utilicen el cuadro de Punnett para obtener la F1.

c. Analicen el cuadro e indiquen los tipos y porcentajes de genotipos y fenotipos.

d. Realicen el mismo procedimiento para conseguir la F2.

Excepciones a las leyes de Mendel

No siempre la transmisión de los caracteres se da tal como en los experimentos de Mendel. Existen excepciones, como la dominancia incompleta y la codominancia.

Dominancia incompleta

Hasta ahora, en todos los ejemplos que se han tratado en el capítulo, los alelos son dominantes o recesivos, por lo tanto, los individuos heterocigotas resultantes presentan la característica dominante y el recesivo permanece oculto. Esto se conoce como **dominancia completa**. Pero no en todos los casos se producen los resultados tal como a Mendel se le dieron. Hay circunstancias en donde el alelo dominante no predomina totalmente sobre el recesivo, por lo que resulta un individuo que manifiesta una mezcla de las dos características. Esta situación se denomina **dominancia incompleta**.

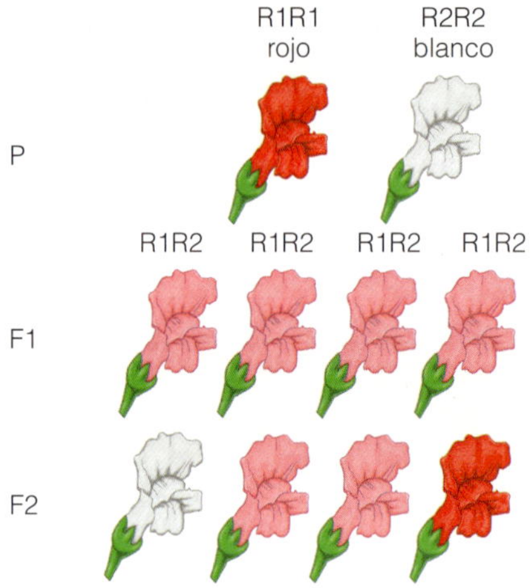

Ejemplo de dominancia incompleta. De dos flores de líneas puras (roja y blanca) se obtienen flores con características combinadas (rosas). Si se cruzan dos plantas de la F1, se obtienen plantas con flores blancas, rosas y rojas.

Codominancia

En las situaciones de **codominancia** se expresan los dos alelos, el dominante y el recesivo, pero sin mezclarse. Por ejemplo, si se cruza una camelia con flores rojas con otra de flores blancas, el resultado es una planta con flores rojas con manchas blancas: los dos colores se manifiestan pero sin combinarse.

Camelia que presenta codominancia.

Toro de la raza Shorthorn con codominancia.

Curiosidades ▶

El genoma extranuclear, o no mendeliano, es el conjunto de genes que se encuentra en algunos organoides celulares que se sitúan fuera del núcleo, como las mitocondrias o los cloroplastos en el caso de las células vegetales.

Actividades

1. Lean las oraciones y escriban el término correspondiente.

a. Se cruzan dos individuos heterocigotas y el resultado es la mezcla de los dos caracteres.

....

b. Se cruzan dos individuos de línea pura y se obtienen descendientes con la característica dominante.

....

c. Los individuos que se cruzan originan descendientes con la manifestación de las dos características, pero estas no se encuentran mezcladas.

....

2. Al cruzar plantas de flores blancas con otras de flores azules se obtienen plantas de flores celestes. Según este dato, respondan.

a. ¿Por qué se obtienen plantas con flores de un color diferente al de los progenitores?

b. ¿Cómo son los genotipos de los tres tipos de plantas?

c. ¿Qué fenotipos se obtienen al cruzar dos plantas con flores celestes?

Watson, Crick, Franklin y Wilkins

La biofísica inglesa Rosalind Franklin (1920–1958) y el físico neozelandés Maurice Wilkins (1916-2004) atravesaron cristales de ADN con rayos X y obtuvieron imágenes que permitieron calcular la disposición tridimensional de los átomos en la molécula. Las imágenes obtenidas por estos científicos inclinaron a Watson y Crick a postular la estructura en forma de doble hélice para el ADN.

En su libro *La doble hélice* (1968), Watson relata los detalles de la construcción del modelo de la molécula de ADN.

En seguida nos dimos cuenta de que la solución del ADN podría ser más complicada que la hélice α de las proteínas. En la hélice α, una sola cadena formada por un gran número de aminoácidos se enrolla en una disposición helicoidal. Sin embargo, Maurice (Wilkins) había dicho a Francis (Crick) que el diámetro de la molécula de ADN era más grueso de lo que sería si solo estuviera presente una única cadena de muchos nucleótidos. Esto le hacía pensar que la molécula de ADN era una hélice compuesta, formada por varias cadenas de nucleótidos arrolladas una en torno a la otra. Si esto era cierto, antes de comenzar en serio la construcción del modelo era preciso decidir si las cadenas estarían unidas por enlaces de hidrógeno o por enlaces iónicos. (...)

Una nueva complicación provenía del hecho de que existían cuatro tipos de nucleótidos en el ADN. En este sentido, el ADN no era una molécula regular, sino sumamente irregular. (...) Su irregularidad radicaba en sus bases nitrogenadas, que eran o una purina (adenina o guanina) o una pirimidina (citosina o timina). Pero, puesto que los enlaces entre los nucleótidos afectaban solo a los grupos fosfato y azúcar, no era tan aventurada nuestra suposición de que el mismo tipo de enlace químico unía a todos los nucleótidos. (...)

A la mañana siguiente, cuando llegué a nuestro despacho, limpié de papeles mi mesa a fin de tener una superficie amplia en la que formar pares de bases unidas por puentes de hidrógeno. De pronto me di cuenta de que un par adenina-timina tenía forma idéntica a la de un par guanina-citosina. Todos los puentes de hidrógeno parecían formarse de un modo natural (...).

(...) Había encontrado la solución al enigma de por qué el número de radicales de purina igualaba exactamente al número de radicales de pirimidina. Las reglas de Chargaff emergían de pronto como consecuencia de una estructura de doble hélice para el ADN. (...) Emparejar siempre la adenina con la timina y la guanina con la citosina significaba que las secuencias de bases de las dos cadenas eran complementarias una de otra. Dada la secuencia de una cadena, quedaba automáticamente determinada la de su compañera. (...)

James Watson y Francis Crick.

Rosalind Franklin.

Maurice Wilkins.

Actividades

1. ¿Cuáles son los trabajos previos citados por Watson?
2. ¿Cuál es la importancia de que fuera el orden de las bases el aspecto irregular en la estructura del ADN?
3. ¿Qué tipo de deducciones posibilitó el descubrimiento de la complementariedad de bases en el modelo estructural del ADN?

Variaciones heredables y no heredables

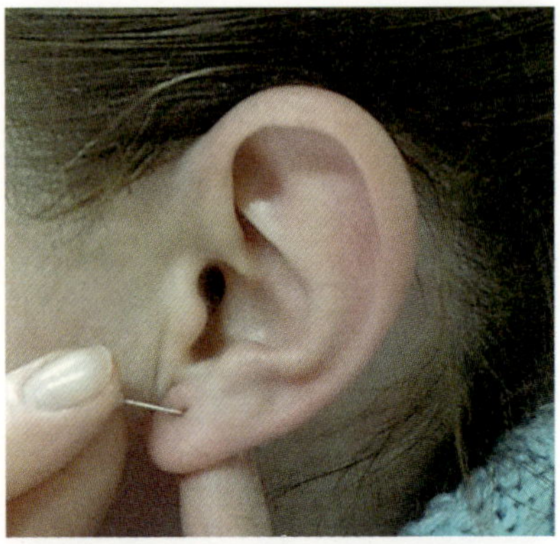

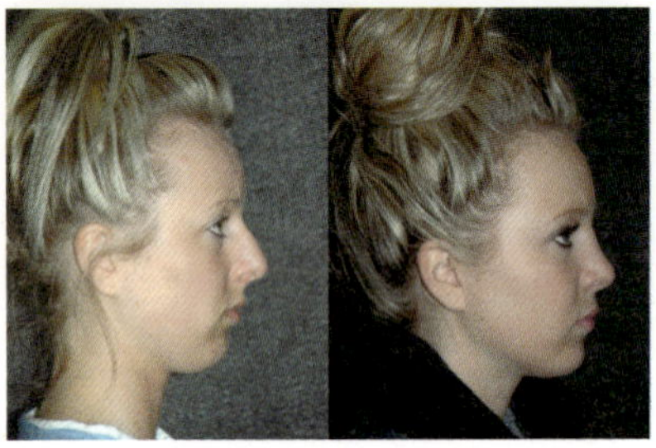

Ejemplos de variaciones no heredables: la perforación en el lóbulo de la oreja para lucir aros, las cirugías plásticas como la rinoplastia (cirugía plástica de nariz) o el alisado del cabello.

¿Cuántas veces miramos a una persona y la vemos muy parecida a su madre o a su padre? ¿Cuántas veces nos observamos en el espejo y buscamos similitudes con nuestros padres, hermanos o abuelos? Todos los rasgos fenotípicos que encontramos son características que se transmitieron de generación en generación a través de las células sexuales o gametas, por lo tanto son **variaciones heredables**. Sin embargo, si le sacamos todas las espinas a un rosal, si nos teñimos el cabello o si se le corta la cola a algunas razas de perros, ¿creen que la descendencia heredará estos cambios? La respuesta es no, porque estas transformaciones no quedan registradas en el material genético, razón por la cual no pueden ser transmitidas a los descendientes. Se denominan **variaciones no heredables**.

La relación del fenotipo y el ambiente

En algunas ocasiones, la expresión del fenotipo se debe a la influencia del ambiente. Una persona puede heredar de sus padres la característica para ser alto, pero si durante la etapa de crecimiento no recibió la alimentación adecuada, es posible que su altura se vea condicionada por este factor.

Los vegetales poseen clorofila para realizar la fotosíntesis. Las hojas son los órganos que realizan esta función. Pero si en el ambiente donde vive el vegetal hay poca luz y agua, se verá limitado en su crecimiento.

Entre los insectos que viven dentro de una jerarquía social, suele haber diferentes castas: obreros, soldados y reinas. El tratamiento que reciben los huevos durante el desarrollo embrionario, con relación a la nutrición y la temperatura, determina la casta a la que pertenecerá cada nuevo insecto de la colonia.

Se sabe que los factores ambientales, como la influencia de los afectos, la sociabilización y las experiencias a las que cada uno se encuentra expuesto, determinan la inteligencia y el desarrollo de diferentes capacidades.

La falta de luz (etiolación) en la primera planta condiciona su crecimiento, mientras que en la segunda vemos el crecimiento normal al recibir la luz adecuada.

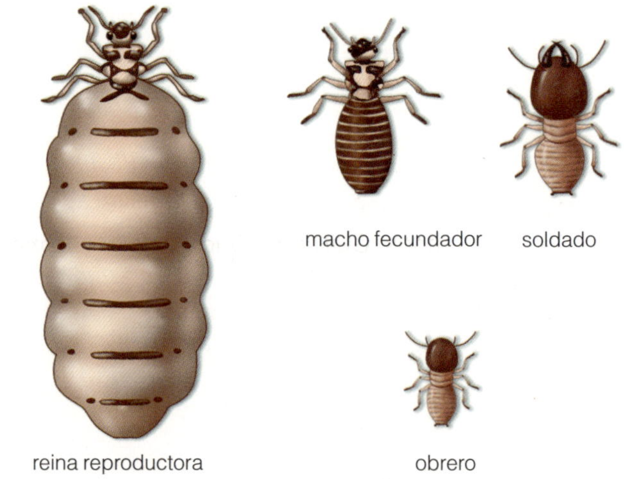

En el caso de las termitas, se observan las diferentes castas en las que puede derivar cada huevo, según la nutrición y la temperatura que recibe durante la incubación.

Condiciones genéticas en humanos

Dentro de la genética hay una rama que estudia la herencia biológica en los seres humanos, llamada **genética humana**. Es importantísimo poder identificar y saber cómo se transmiten ciertos genes que pueden provocar enfermedades.

Así como en el resto de los seres vivos, la herencia biológica en los seres humanos se rige por las leyes de Mendel. Una **célula humana somática*** posee en su núcleo 46 cromosomas dispuestos de a pares, que contienen genes con alelos dominantes y recesivos. De los 23 pares de cromosomas, 22 son somáticos, el par número 23 es el sexual.

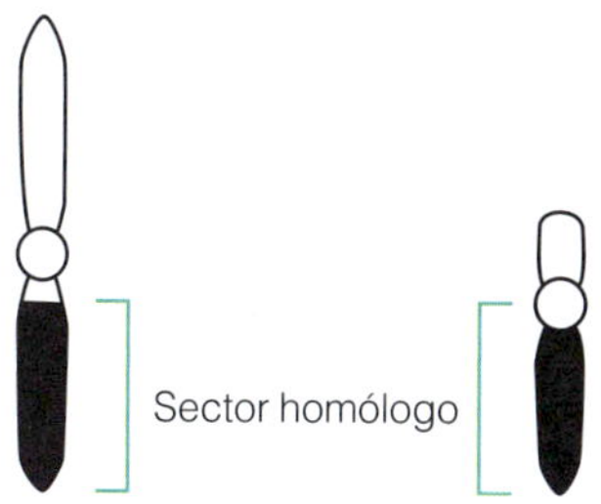

Zona en la que se diferencian los cromosomas sexuales X e Y.

La herencia ligada al sexo

El par de cromosomas 23 determina el sexo de la persona. El óvulo aporta cromosomas X y el espermatozoide puede aportar cromosomas X o Y. Si al producirse la fecundación se unen dos cromosomas X (XX), el nuevo individuo será mujer, si se unen un cromosoma X y uno Y (XY), será varón.

El par de cromosomas XY de los varones está compuesto por dos cromosomas que no son homólogos, porque el cromosoma X es más grande que el cromosoma Y. Por lo tanto, posee alelos que el cromosoma Y no tiene.

Por ejemplo, el cromosoma X puede contener el gen del daltonismo, enfermedad que impide ver los colores correctamente, o la hemofilia, enfermedad de la coagulación de la sangre. Dichos genes no tienen una contrapartida en el cromosoma Y. Como las mujeres poseen dos cromosomas X, es muy difícil que padezcan este tipo de enfermedades; en contrapartida, en la mayoría de los hombres se manifiestan todos los genes que contiene el único cromosoma X que poseen. Esto se denomina **herencia ligada al sexo**.

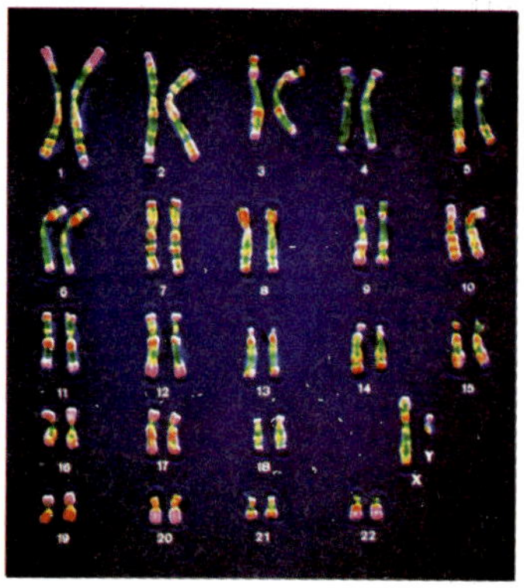

En la imagen del cariotipo humano se pueden distinguir los 22 cromosomas somáticos y, por último, los cromosomas sexuales. El cariotipo es el conjunto de los cromosomas de una célula.

Enfermedades por herencia ligada al sexo

Algunas de las enfermedades causadas por la herencia ligada al sexo son la hemofilia, la distrofia muscular de Duchenne y el daltonismo.

La **hemofilia** es una enfermedad padecida por los hombres y transmitida por las mujeres, que son portadoras. Se trata de una incapacidad para coagular la sangre debido a la falta de una proteína, llamada factor VIII de coagulación. El tratamiento consiste en la aplicación de factor VIII de coagulación intravenoso.

La **distrofia muscular de Duchenne** se da por la falta de una proteína. Esta ausencia debilita gradualmente los músculos. No existe tratamiento y la esperanza de vida es de 30 años. Guillaume Duchenne fue un médico francés del siglo XIX que descubrió la enfermedad.

El **daltonismo** es un trastorno que no permite distinguir normalmente los colores. El nombre deriva de John Dalton, un matemático y químico inglés que padeció esta enfermedad. No hay tratamiento, pero sí existen lentes de contacto y anteojos que ayudan a diferenciar los colores.

Glosario

célula somática: cualquier célula del cuerpo salvo las sexuales: óvulos y espermatozoides.

Actividades

1. Observen la imagen del cariotipo humano. ¿Pertenece a un varón o a una mujer? ¿Por qué?

El pintor español Diego Velázquez representó en uno de sus cuadros (alrededor de 1645) al bufón don Sebastián de Morra, en donde se ven las características de una persona con acondroplasia.

Glosario

fotorreceptores: células que reaccionan ante el estímulo de la luz.

No solo los humanos pueden padecer de albinismo, los demás seres vivos también. Copito de nieve fue un gorila que vivió desde 1966 hasta el año 2003 en el Zoológico de Barcelona.

Enfermedades genéticas

▸ **Síndrome del X frágil**: es una enfermedad que causa retraso madurativo y trae como consecuencia dificultades en el aprendizaje. Es la causa más común de retraso mental hereditario en las mujeres, aunque también se produce en los varones y con síntomas más graves. Los pacientes con esta dolencia suelen tener una conducta hiperactiva, y trastornos que traen como consecuencia problemas para mantener la concentración y la atención.

Los individuos con este síndrome tienen una esperanza de vida normal, a pesar de que todavía no existe cura para este mal, solo medicación para tratar algunos de los síntomas.

▸ **Acondroplasia**: se conoce comúnmente como enanismo de tipo hereditario. Es una enfermedad que aqueja al crecimiento óseo. Durante la infancia es normal que los cartílagos se osifiquen de manera gradual. Pero en los individuos que poseen este padecimiento, el proceso no se realiza normalmente y los rasgos más evidentes son la baja estatura, el acortamiento de los brazos y las piernas, y cabeza grande. Por el momento no posee tratamiento ni cura, pero existen procedimientos paliativos para los efectos secundarios, como los problemas de columna.

▸ **Retinosis pigmentaria**: esta enfermedad produce una disminución gradual de la visión, y hasta puede provocar ceguera. La causa de la pérdida de la visión se debe a que de a poco se van dañando los fotorreceptores* que se ubican en la retina del ojo. Los primeros síntomas aparecen en la niñez, con problemas para la visión nocturna, pero es en la etapa adulta cuando la enfermedad se acentúa. Por el momento no hay tratamientos con resultados eficaces pero existen muchos en estudio con buenas posibilidades.

Actividades

1. El albinismo es una enfermedad genética que se caracteriza por la falta de pigmentación en la piel, ojos y cabello. Se expresa cuando el individuo es homocigota recesivo.

a. ¿Cómo será la descendencia de una pareja en donde la mujer es albina y el hombre es homocigota dominante?

b. ¿Y si los dos son heterocigotas?

2. Hay personas que pueden enrollar la lengua. Esta capacidad la determina un gen dominante sobre otro que establece no poder efectuar esa acción. En una familia el padre no puede enrollar la lengua, pero su hijo sí. Según estos datos, resuelvan.

a. ¿Cuántos descendientes podrán plegar la lengua si este hijo tiene descendencia con una mujer que no puede enrollarla?

b. Verifiquen en su familia quiénes poseen esta capacidad, anoten los resultados y confeccionen los genotipos.

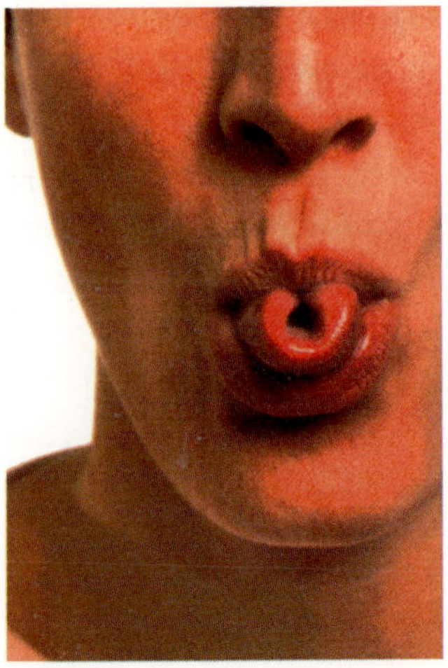

Científicos argentinos hallan un gen clave relacionado con el autismo

Un equipo de científicos del Conicet realizó un importante descubrimiento para el diagnóstico del autismo y la epilepsia. Secuenciaron y decodificaron, por primera vez, el genoma completo de tres hermanos con trastorno autista que son tratados en el Hospital Ramos Mejía y descubrieron la alteración genética que puede causar la patología. [...]

Los tres hermanos cuyos genes analizaron los investigadores sufren una misma patología relacionada con desórdenes del espectro autista y la epilepsia, y son pacientes de Kauffman en el Ramos Mejía. La secuenciación y posterior decodificación de sus genomas completos permitió identificar una alteración en el gen SHANK3. [...]

Los resultados obtenidos abren nuevos caminos que impactan de manera directa en la atención clínica de pacientes, mejorando los procesos diagnósticos y el tratamiento de enfermedades poco frecuentes (EPOF), a través de la utilización de tecnología local con recursos humanos altamente calificados. Se definen como EPOF a aquellas patologías que presentan una prevalencia menor a cinco personas cada 10.000 habitantes. Según la Federación Argentina de Enfermedades Poco Frecuentes (FADEPOF), la cantidad de afectados por EPOF en Argentina asciende a 3.200.000 personas, en su mayoría debido a alteraciones genéticas, y estas enfermedades conllevan difíciles procesos diagnósticos.

Adrián Turjanski, director de la Plataforma Bioinformática Argentina, cuyo nodo principal se ubica en el Instituto de Cálculo de la Facultad de Ciencias Exactas y Naturales de la Universidad de Buenos Aires (FCEN-UBA), sostuvo que "un aspecto muy importante para destacar es que ahora la Argentina cuenta con la tecnología necesaria para que este tipo de análisis pueda ser realizado a otros pacientes".

Por su parte, Kauffman, jefe del Consultorio y Laboratorio de Neurogenética del Ramos Mejía, explicó que "este trabajo pone de relieve los alcances de la medicina genómica y abre oportunidades a la investigación de tratamientos para los desórdenes del espectro autista que se caracterizan por una sociabilidad reducida, comportamientos repetitivos, trastornos conductuales, fallas severas en el desarrollo del lenguaje y otras manifestaciones clínicas". Además agregó que "si bien no hay un tratamiento específico conocido para corregir alteraciones en SHANK3, existen tratamientos en fase de investigación que, una vez aprobados, podrían beneficiar a estos y otros pacientes en el futuro". [...]

Adrián Turjanski, especialista en bioinformática.

Dr. Marcelo Kauffman.

Clarin.com, 07/04/15. (Adaptación).

Actividades

1. ¿Qué características tienen las personas con autismo?
2. ¿Por qué se clasifica al autismo como una enfermedad genética pero no ligada al sexo?
3. ¿En qué radica la importancia del diagnóstico temprano del autismo?

Formación de las gametas

La secuencia

Cuando un proceso tiene varias etapas, podemos numerarlas para recordarlas más fácilmente.

Hemos hablado a lo largo del capítulo acerca de la transmisión de características de padres a hijos. Estas características están contenidas en el ADN que se encuentra en el núcleo celular. La especie humana posee 46 cromosomas. La información genética de un individuo se conforma con una mitad de los cromosomas proveniente de la madre y la otra mitad procedente del padre. Un individuo se origina de la unión de un óvulo y de un espermatozoide. Si estas dos células tuvieran la cantidad completa de cromosomas, el nuevo ser tendría el doble de información genética. ¿Por qué no sucede esto? Porque las células sexuales, o gametas, poseen la mitad de la información genética de cada individuo. Las células somáticas, que tienen toda la información genética, se denominan **diploides** y se reproducen por mitosis. Las células sexuales, que tienen la mitad de la información genética, se llaman **haploides** y se reproducen por meiosis.

La **mitosis** es el proceso por el cual una célula se divide y se obtienen dos células hijas diploides idénticas en su genotipo a la célula original. En cambio, la **meiosis** es un proceso más complejo, en el cual una célula diploide pasa por dos divisiones sucesivas en las que se reduce el material genético, con lo que se obtienen cuatro células hijas haploides diferentes en su genotipo.

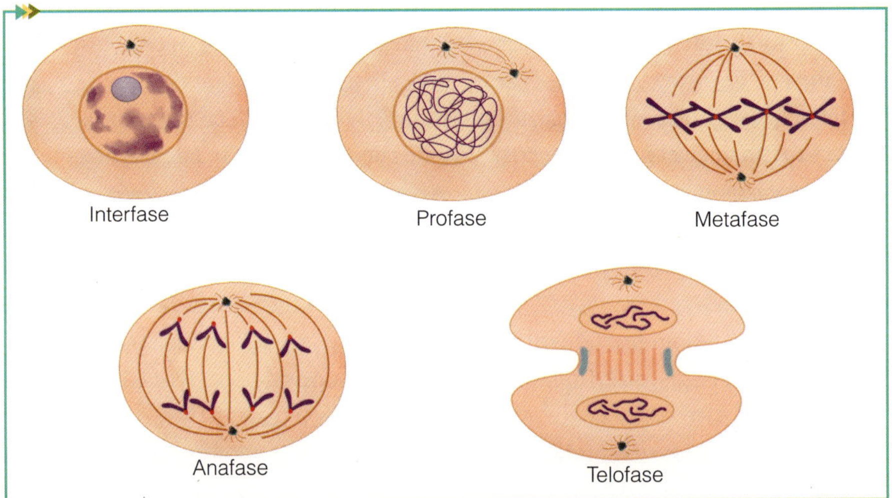

División por mitosis. Los cromosomas duplicados se ubican en el ecuador de la célula y se separan: un juego de cromosomas va para cada polo celular. La célula se estrangula por la mitad hasta separarse completamente, con lo que quedan dos células, cada una con toda la información genética.

Estructura de un centriolo

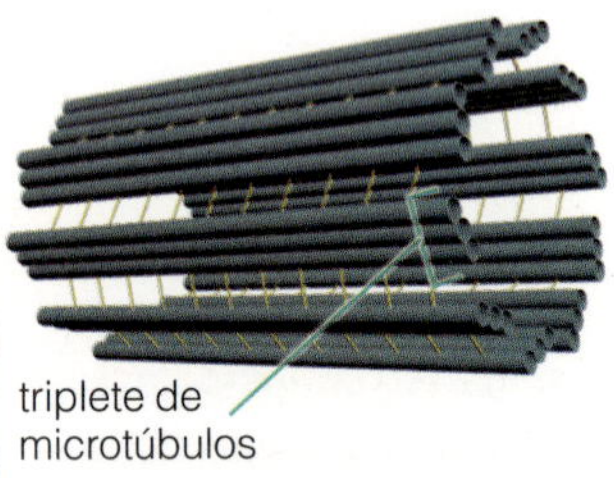

Centriolo, compuesto por nueve tripletes de microtúbulos. Los centriolos solo están presentes en las células animales y colaboran con el proceso de división celular para formar el huso mitótico.

Meiosis

Durante la vida celular, el ADN se percibe como filamentos enrollados a los que se denomina **cromatina**. Cuando la célula se prepara para dividirse, la cromatina se condensa y se forman los cromosomas. Cada cromosoma tiene dos cromátidas unidas por el centrómero (ver imagen de la página 188). Luego el ADN se duplica, es decir que se forman dos copias del material genético.

La meiosis consta de dos etapas: la meiosis I y la meiosis II. A su vez, cada una de ellas posee cuatro instancias.

Meiosis I

Una vez que el ADN se condensa en cromosomas y se duplica, comienza la primera etapa de la meiosis I.

▸ **Profase I**: cada uno de los cromosomas duplicados está conformado por cromátidas hermanas. Se forman pares de cromosomas homólogos duplicados, que se acercan y se aparean, intercambiando porciones de ADN. Este proceso de intercambio se llama **entrecruzamiento** o *crossing-over* y es lo que otorga variedad de genotipos. La membrana nuclear desaparece.

▸ **Metafase I**: los cromosomas homólogos duplicados y con regiones de ADN intercambiadas se unen, cada uno a la altura del centrómero, a un huso acromático* en el ecuador de la célula.

▸ **Anafase I**: los pares de cromosomas homólogos se separan de forma azarosa y se dirigen hacia los polos de la célula.

▸ **Telofase I**: los cromosomas homólogos en los polos son envueltos nuevamente por la membrana nuclear, mientras que el material genético comienza a cambiar su aspecto a cromatina. El citoplasma se estrangula hasta separarse totalmente y quedar como resultado dos células hijas haploides.

Etapas de la meiosis I

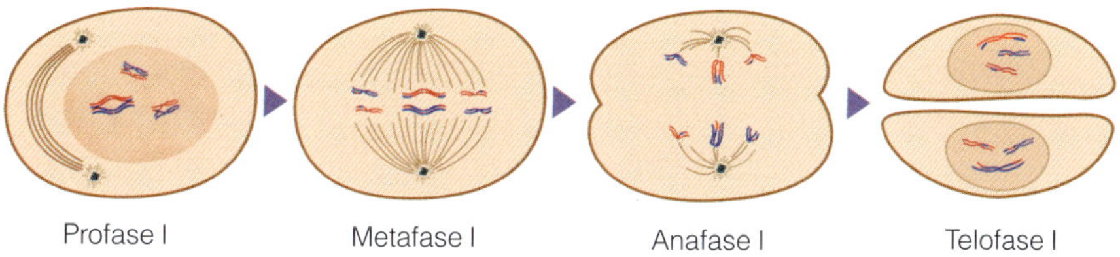

Meiosis II

Las dos células haploides resultantes de la meiosis I comienzan la segunda división meiótica.

▸ **Profase II**: se inicia sin duplicación del ADN. Los cromosomas se condensan. Las membranas nucleares de las dos células desaparecen. Las cromátidas hermanas de los cromosomas homólogos se separan.

▸ **Metafase II**: los cromosomas se unen por el centrómero al huso acromático y se ubican en el ecuador de la célula.

▸ **Anafase II**: las cromátidas de cada cromosoma se separan y cada una se dirige a un polo de la célula.

▸ **Telofase II**: se forma la membrana nuclear alrededor de cada juego de cromosomas, y estos comienzan a convertirse en cromatina. El citoplasma se comienza a estrangular hasta que se separa totalmente. Quedan como producto cuatro células hijas haploides.

Como conclusión de todo el proceso de meiosis, de una célula madre diploide resultan cuatro células hijas haploides.

Hay dos fenómenos que se producen durante la meiosis que promueven el hecho de que las gametas de un individuo sean todas diferentes genotípicamente. Estos fenómenos son el entrecruzamiento de porciones de ADN durante la profase I y la separación de los cromosomas homólogos al azar en la anafase I.

Glosario

huso acromático: conjunto de microtúbulos generados por los centriolos durante la reproducción celular.

Actividades

1. Con la información de estas dos páginas, construyan un cuadro comparativo entre la división celular por mitosis y la división por meiosis.

Etapas de la meiosis II

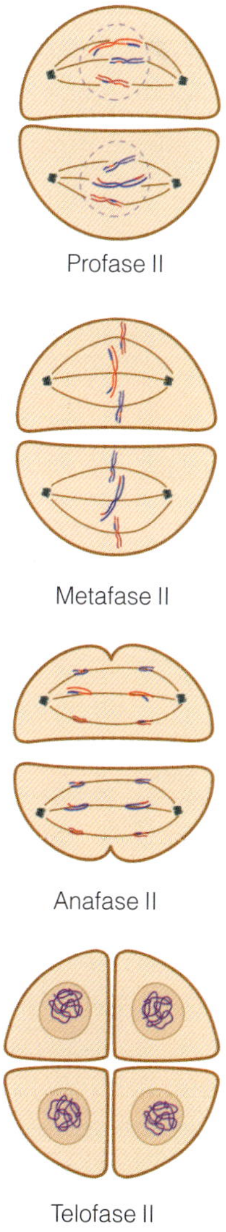

El enigma del monje loco y el zarévich Alexis

El zarévich Alexis.

Grigori Rasputín.

Los últimos zares de Rusia, Nicolás II y su esposa Alejandra, tuvieron cuatro hijas y un hijo, el zarévich Alexis, heredero de la corona. Alexis tenía una enfermedad hemorrágica, la misma que afectaba a otros descendientes de la reina Victoria, ya que ella era portadora de hemofilia.

Dos de las hijas de la reina Victoria, Beatriz y Alicia, transmitieron la hemofilia a través de sus hijos a las familias reales de España y Rusia.

Alicia se casó con el duque de Hesse-Darmstadt y tuvo siete hijos. En 1884, una de sus hijas, Alicia Alejandra, se casó con el zar Nicolás II, y tuvieron cinco hijos.

La sangre que se derramó de la rodilla del zarévich cuando sufrió el primer golpe parecía ser un elemento anunciador de que el Gobierno monárquico estaba destinado a desaparecer. Pues aunque el zarévich no hubiera sido hemofílico, tampoco habría reinado, ya que él y su familia fueron asesinados.

Grigori Rasputín, también conocido como "el Monje Loco" llegó a ser un buen amigo de la familia, en especial de la zarina, a la que fascinaba con sus conversaciones sobre Dios. Rasputín influyó en cuestiones políticas importantes, pero fue muy conocido por la capacidad que tenía para aliviar los dolores y detener las hemorragias causadas por las caídas que sufría el zarévich.

La zarina llegó a convencerse de que Rasputín obraba milagros. Entonces se pensaba que lo hacía por medio de dotes sobrenaturales o de la hipnosis. Y así, cada vez que surgía una nueva hemorragia, lo llamaban para que atendiera al pequeño Alexis.

Lo que ocurría en realidad era que como los hemofílicos tienen hemorragias intrarticulares que les provocan afecciones de la rodilla extremadamente dolorosas, se le administraban al zarévich fuertes dosis de aspirina, lo que a su vez no favorecía en nada la coagulación.

Cuando la zarina llamaba a Rasputín [...] lo primero que hacía era suspender toda la medicación, con lo cual, al eliminar la anticoagulante aspirina, "sin querer" paraba las hemorragias.

Diario *Rusia Hoy*, 07/07/13. (Adaptación).

Actividades

1. Observen el árbol genealógico de la reina Victoria de Inglaterra y sus descendientes.

a. ¿Cómo se identifican los individuos sanos, los portadores y los enfermos?

b. Escriban el genotipo de todos los descendientes de la reina Victoria. Tengan en cuenta que es una herencia ligada a los cromosomas sexuales.

c. ¿Cómo explicarían que la zarina Alejandra tuvo cuatro hijas sanas y un hijo hemofílico? ¿Podría haber tenido un hijo sano? ¿Y un hijo portador?

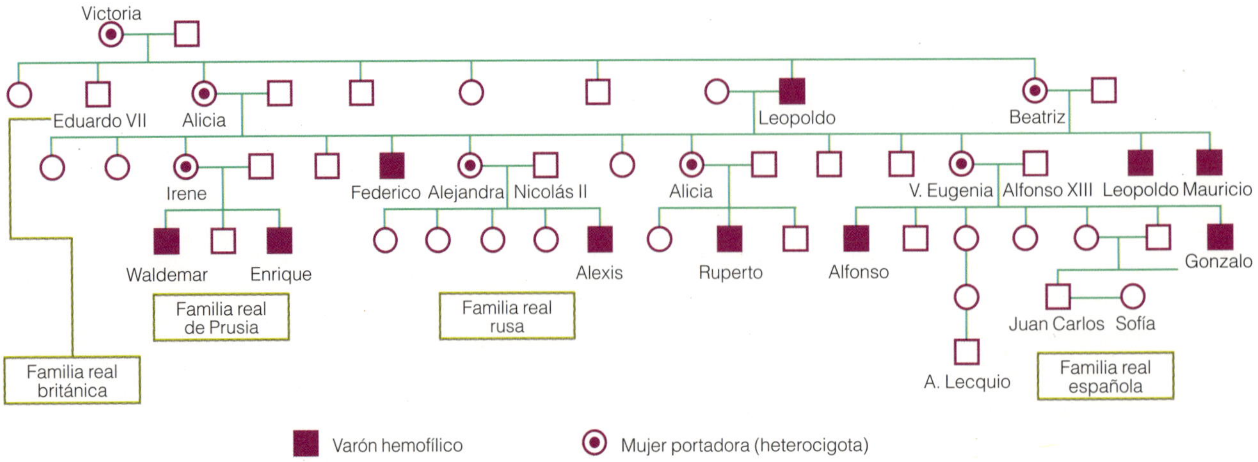

Ingeniería genética

La **ingeniería genética** es una rama de la genética que se ocupa de la manipulación del ADN de organismos con un fin determinado. La manipulación es una práctica donde se acciona con las manos o a través de un instrumento. Para poder llevar a cabo modificaciones en el ADN de un organismo se utilizan diversa técnicas. En algunas de ellas se usan dos tipos de enzimas. Las enzimas son proteínas que aceleran reacciones químicas. Existen bacterias que producen una enzima llamada de restricción. Estas enzimas pueden reconocer y "cortar" un gen de una cadena de ADN. Otras enzimas, las ligasas, se encargan de insertar un gen en el ADN. Por lo tanto, se puede tanto extraer como insertar genes de un organismo a otro. Pero para realizar un trabajo de ingeniería genética a gran escala se necesitan varias copias del gen de interés. Existen diferentes procedimientos para reproducir moléculas de ADN. Un método se realiza con una enzima llamada polimerasa, que tiene la capacidad de reproducir copias de fragmentos de ADN. Otra forma es implantarlo en bacterias y, a medida que estas se reproducen, también lo hace el gen de interés. Este método se denomina **clonación del ADN**.

Comprensión de textos

Para comprender mejor un texto, debe realizarse una lectura detenida y subrayar las ideas principales a modo de facilitar el estudio posterior.

Maíz transgénico.

Maíz común.

Aplicaciones de la ingeniería genética

La ingeniería genética se aplica en campos muy diversos. Por ejemplo, en la Medicina, en los seres vivos y en la industria farmacéutica.

Una de las aplicaciones es la generación de los **organismos transgénicos**, también llamados **organismos genéticamente modificados** (OGM). Son seres vivos que poseen uno o varios genes de otro organismo, que puede ser de la misma especie o no. Existen microorganismos, vegetales y animales transgénicos. Algunos de ellos son alimentos que consumimos.

Actividades

1. Lean el siguiente texto y luego resuelvan las consignas.

"El término **alimento transgénico** hace referencia generalmente a aquel que deriva de un organismo transgénico o genéticamente modificado. Un organismo genéticamente modificado (OGM) es aquella planta, animal, hongo o bacteria a la que se le ha agregado por ingeniería genética uno o varios genes con el fin de producir proteínas de interés industrial o bien mejorar ciertos rasgos, como la resistencia a plagas.

En su sentido más amplio, un alimento puede ser transgénico porque está formado en gran parte por materiales derivados de un OGM, o bien porque en su fabricación se emplean microorganismos GM o ingredientes que provienen de OGM, como aceites, ácidos orgánicos y enzimas".

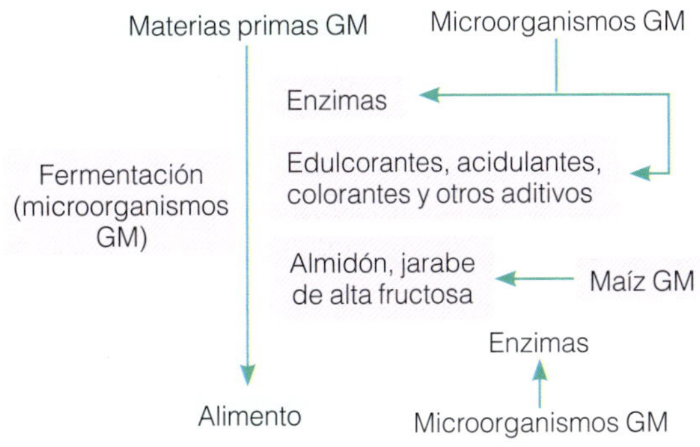

Fuente: www.argenbio.org/index.php?action=alimentos&opt=6

a. Busquen en su casa los alimentos que son genéticamente modificados y hagan una lista.

b. Luego, averigüen qué alimentos transgénicos se producen en la Argentina.

Otras aplicaciones de la ingeniería genética

Otro campo en donde se aplica la ingeniería genética es el de la Medicina. Gracias a los avances del estudio del ADN se pudieron identificar las localizaciones de varios genes causantes de enfermedades, como la distrofia muscular, la hemofilia o la fibrosis quística, lo que permitió lograr un diagnóstico temprano.

También se puede realizar la identificación genética de una persona a través de un análisis de ADN. Se hace a partir de la extracción de sangre, semen, un cabello o células de la piel. Se usa para saber el grado de parentesco entre dos personas y para resolver casos policiales.

Actividades

1. Otra aplicación es la terapia génica. Para conocer de qué se trata esta técnica, lean el siguiente texto.

Avatares de una ilusión

Hace veinte años, la revista *EXACTAmente* hacía conocer a su público el incipiente desarrollo de una novedosa estrategia dirigida al tratamiento de ciertas enfermedades genéticas. Aquella nota periodística, titulada "Genes que sanan", daba cuenta de la terapia génica, una técnica que posibilita la introducción de genes "sanos" en pacientes con genes "defectuosos" con el objetivo de reparar el origen de la afección. En aquel momento, el doctor Osvaldo Podhajcer sostenía que "se trata de una nueva forma de tratamiento no convencional que intenta corregir la causa genética que origina una dolencia y no solo sus efectos".

Hoy sabemos que una de las técnicas más utilizadas para introducir genes "sanos" en las células es el uso de un tipo particular de virus llamados retrovirus, aprovechando la capacidad natural de estos microorganismos para ingresar a las células e integrarse "con su material genético" al ADN celular. Para ello, se los modifica genéticamente con el fin de incorporarles el gen de interés y para que no produzcan enfermedad. [...]

Otro de los métodos utilizados para transferir un gen terapéutico al interior de las células es el uso de liposomas, que son pequeñas "bolsitas" de grasa que, cuando entran en contacto con la membrana celular, se funden con ella y descargan su contenido genético en el interior de la célula que se quiere tratar. [...]

Como se esperaba hace veinte años, la terapia génica está progresando significativamente en el campo de las enfermedades monogenéticas, es decir, las que son causadas por un solo gen. "Particularmente, aquellas en las cuales uno puede sacar las células del paciente, modificarlas genéticamente y restituirlas al organismo, como es el caso de las patologías de la sangre", acota Podhajcer. [...]

El procedimiento se complica cuando hay que trabajar *in vivo*, es decir, con el paciente "completo" y no solo con algunas de sus células. En este caso, el virus que porta el gen "sano" debe sortear ciertos obstáculos para alcanzar su destino. "Una de las dificultades es que más del 80% del virus es captado por el hígado antes de llegar a las células que uno quiere tratar", ejemplifica.

Revista *EXACTAmente*, N° 56, Octubre, 2014. (Adaptación).

a. Elaboren un cuestionario que se responda con el texto anterior.

b. Busquen en Internet en qué instituciones de nuestro país se investiga sobre terapias génicas.

Para conocer más

Díaz, A. y Golombek, D., *ADN, 50 años no es nada*, Buenos Aires, Siglo XXI Editores, 2004.

Korenbliihtt, A., "ADN: ahora, ¿hacia dónde?" y "Tres genes con historia", en *Revista Ciencia Hoy*, N°135. 01/10/2013.

La literatura de ciencia ficción

El ritmo vertiginoso de los avances científicos facilita mucho material a los autores de ciencia ficción, pero también les hace más difícil predecir el futuro. Luis Miguel Ariza, autor de varias novelas *sci-fi*, ha tomado el pulso a este género literario.

Los más críticos lo tachan de antiliteratura. Y a pesar de ello, algunas de las obras aceptadas por el gran público fueron un éxito y rompieron moldes al utilizar la ciencia en sus argumentos. Es lo que hicieron clásicos de buena cuña como Julio Verne, H. G. Wells, Isaac Asimov y Arthur C. Clarke. O representantes del fenómeno del *tecno-thriller* en un mercado cada vez más diverso, donde ya figuran insignes *abuelos* como Robin Cook, Douglas Preston y Lincoln Child. Se han ganado la fascinación de millones de lectores. ¿Por qué? La respuesta se esconde en la facilidad con la que escarban en los diversos campos científicos para convertirlos en una aventura apasionante; la forma que tienen de acercarlos al público; la credibilidad de sus argumentos, y la intuición de la que hicieron gala, adelantándose a lo que luego sería una realidad. [...] Del tan actual asunto de la clonación y manipulación genética ya se escribió un clásico hace más de 30 años: *Los niños del Brasil*, publicada por el escritor y dramaturgo norteamericano Ira Levin en 1976. El villano de la historia es el doctor Josef Mengele (1911-1979), un despiadado nazi que realizó experimentos con niños, especialmente con gemelos, en Auschwitz. El siniestro doctor, nos dice Levin, lleva diez años de adelanto en una técnica conocida como reproducción mononuclear o *cloning*: "Se destruye el núcleo de una célula huevo, dejando el cuerpo celular intacto [...]. En el interior de la célula enucleada* se pone el núcleo de un cuerpo celular tomado del organismo que se desea reproducir: el núcleo de una célula somática, no de una sexual".

Los niños del Brasil, 1976.

Otro aspecto fascinante de *Los niños del Brasil* es su hincapié en que los genes no lo son todo, sino que también importa el entorno. [...]

Parque Jurásico, 1990.

El otro gran título de genética ficción es *Parque Jurásico* (1990), del recientemente desaparecido Michael Crichton. [...] En la novela de Crichton, los grandes reptiles cobran vida en el rincón más oscuro e inquietante de los avances científicos. Aunque la recreación clónica de una persona está más cerca en el tiempo que la de un animal extinguido, resulta muy notable cómo se soluciona el problema de rescatar ADN prehistórico: procede de un insecto atrapado en ámbar. [...]

Luis Miguel Ariza, Elena Sanz, en *Revista Muy Interesante*, 25/02/2009. (Adaptación).

Glosario

enucleado: que no posee núcleo.

Actividades

1. Expliquen con sus palabras la primera oración del texto.

2. ¿Leyeron libros de ciencia ficción? ¿Cuáles? ¿Les parece que el avance científico que se relata en ellos puede ocurrir en realidad? ¿Por qué?

1. Escriban el concepto al que corresponden las siguientes definiciones.
a. Porción de ADN.
b. Una de las variantes para una característica.
c. Característica que predomina sobre otra.
d. Conjunto de características que se expresan en un individuo.
e. Conjunto de todos los genes de una especie.
f. Individuo con alelos iguales para una característica.

2. Escriban en una lista, sus propias características.
a. Indiquen si son heredadas o adquiridas.
b. ¿Algunas de estas características están influenciadas por el ambiente? ¿Cuáles?

3. Observen la siguiente imagen y respondan.

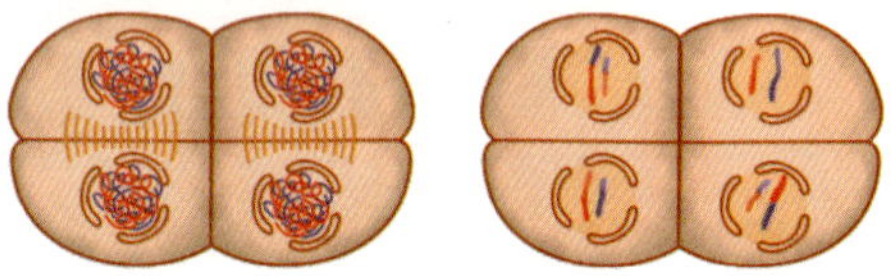

a. ¿Cuál es el proceso que está ocurriendo? Justifiquen su respuesta.
b. ¿Qué etapa está representada en la imagen?
c. ¿Qué diferencia hay entre la célula madre y estas células hijas resultantes?

4. La variedad de tomate de color rojo es dominante frente a la de color amarillo.
a. De acuerdo con las posibilidades presentadas en el cuadro, ¿cuáles son los fenotipos de las plantas de tomate de la generación parental?
b. ¿Cuál es la proporción de plantas que tendrán como fenotipo tomates rojos y tomates amarillos?

Gametas	R	r
r	Rr	rr
r	Rr	rr

5. ¿En cuáles de las situaciones problemáticas planteadas en las actividades del capítulo se cumplen las leyes de Mendel y en cuáles no? ¿Por qué?

6. Relacionen los siguientes términos y nombres, y confeccionen un texto.

Thomas Morgan ◆ leyes de Mendel ◆ teoría cromosómica
Gregor Mendel ◆ Sutton y Boveri

7. Indiquen si las siguientes afirmaciones son verdaderas (V) o falsas (F). Reescriban las oraciones falsas para que resulten verdaderas.
a. La Primera Ley de Mendel establece que los individuos que se obtienen en la F1 pueden ser iguales entre sí o no. ☐
b. La herencia es la transmisión de la información genética de padres a hijos. ☐
c. Los "factores" de Mendel son los cromosomas actuales. ☐
d. Las células sexuales son diploides. ☐
e. Cuando un alelo dominante no predomina totalmente sobre el recesivo, se llama dominancia incompleta. ☐
f. Según la teoría cromosómica, los genes se mezclan al producirse las células sexuales. ☐
g. El fenotipo de un individuo no puede modificarse a lo largo de su vida. ☐

8. ¿Cómo influye la variabilidad genética en la supervivencia del individuo y la conservación de una especie determinada?

9. Copito de nieve era un gorila albino homocigoto recesivo (nn), que vivió muchos años en el Jardín Zoológico de Barcelona. Si los especialistas hubieran pretendido obtener otros gorilas albinos descendientes de Copito…
a. ¿Qué tipo de cruzamiento podrían haber realizado?
b. ¿Cuál habrá sido el fenotipo de los padres de Copito?

10. En el ganado vacuno, el "no tener cuernos" (mocho) es una característica dominante, y el carácter "tener cuernos" es recesivo.
Cierto toro mocho es cruzado con tres vacas:
- La vaca A, con cuernos, tiene un ternero mocho.
- La vaca B, también con cuernos, tiene un ternero con cuernos.
- La vaca C, mocha, tiene un ternero con cuernos.

a. ¿Cuáles son los genotipos de los progenitores y de las crías?

Índice alfabético